Semiconductor System Automation

반도체 설비 자동화

저자 허준영

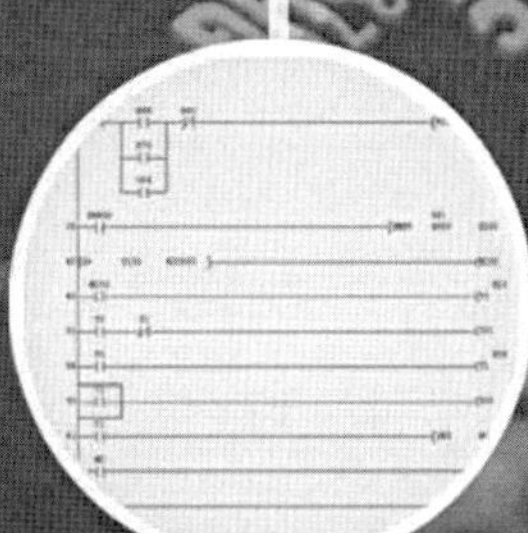

홍릉과학출판사

Preface

머리말

Automation of Semiconductor Manufacturing Facilities

이 책에서 반도체설비라고 함은 반도체 디바이스(IC · LSI 등)를 제조하기 위한 설비이다. 영어로는 Semiconductor Manufacturing Facility이다. 자동화라고 함은 PLC로 대표되는 것으로 PLC는 미국 General Motors사의 새로운 제어장치 요구에 의해 세상에 생겨났고, 요즈음은 시퀀스 전용의 컨트롤러 개념인 산업용 제어장치 분야를 넘어서 빌딩의 엘리베이터와 교통 신호기 등의 간단한 기계장치의 시퀀스 제어에서부터 로봇의 컨트롤은 물론 대규모적인 FA시스템까지 중심기기로 사용되고 있다.

최근의 자동화 응용의 동향은 FA의 진전에 의해 고도의 생산설비 라인화나 FMS화에 따라 네트워크의 요구가 강해지고 있으면, 생산설비의 사이클 타임의 단축이나 위치 정밀도 향상에 따른 품질향상 등을 추구하기 위한 고속, 고정밀도 위치결정 시스템의 확대, 생산설비의 생산실적이나 기계의 가동, 운전상황 및 공구류의 사용상태 등의 디스플레이를 위한 모니터링 및 정보기기의 접속 요구 등이 활발히 증가함에 따라 PLC에서는 각종 특수 기능 모듈과 통신 모듈의 추가 개발이 충실하게 이루어지고 있다.

그러나 상당수의 PLC 관련 서적은 지나치게 명령어 위주로 전개되었을 뿐만 아니라 PLC의 기본 시스템은 물론 특수 기능 모듈이 메이커에 따라 그 구성 체계와 사용법이 다르다는 이유 때문에 기초적인 PLC 기술만을 전개한 것들이 대부분이고 반도체설비의 자동화에 적용하여 기술한 것은 찾아보기 어려운 실정이다.

이에 저자는 반도체설비의 자동화를 염두에 두고 1장에서는 반도체 제조공정의 기초를 소개하고, 2장에서는 반도체 제조장비에 대하여 서술하고, 3장에서는 미쯔비시 PLC인 MELSEC Q의 기초적인 원리와 사용법에 대하여 4장에서는 프로그램 작성을 위한 소프트웨어인 GX Developer에 대하여 소개하고 실습할 수 있도록 하였다. 5장에서는 터치패널 사용법에 대하여, 6장에서는 인버터 등과의 PLC 인터페이스에 대하여, 7장에서는 PLC 통신에 대하여 강의할 수 있도록 경험을 통한 내용과 실습 위주로 서술하여 PLC 중급기술을 체계적으로 습득할 수 있도록 다루었으므로 자동화 관련 학과의 교재는 물론 PLC의 기초지식을 습득한 후 단 단계 업그레이드하려는 관련 기술자들에게 좋은 참고서가 되리라 기대한다.

내용 중 다소의 오류가 발견되더라도 독자 여러분의 애정어린 충고와 지도편달을 부탁드린다.

Contents

차 례

Automation of Semiconductor Manufacturing Facilities

제1장

반도체의 기초

1.1 반도체 재료

1.1.1 반도체란?

반도체와 절연체의 중간 정도의 전기 전도도를 가진 물질이다. 여기서 전도도는 온도 변화, 광학적인 여기상태 및 불순물 함유량에 따라 다르다. 사실 순수한 반도체는 부도체나 마찬가지다. 즉, 전기가 거의 통하지 않는다. 하지만 부도체와는 달리 어떤 인공적인 조작을 가하면 도체처럼 전기가 흐르기 시작한다. 빛을 비춰준다거나 열을 가한다거나 특정불순물을 넣어주면 도체처럼 전기가 흐르는 것이다. 그러나 도체가 전기는 잘 통하지만 사람이 조절하기 어려운 반면에 반도체는 사람이 어떻게 조작하느냐에 따라 조절이 쉽다는 특징이 있다. 이처럼 도체와 부도체의 장점을 다 가지고 있는 것이 바로 반도체이면 전기전도도의 조절 용이성이 바로 반도체의 무한한 가능성을 의미한다고 할 수 있다. 반도체를 한마디로 정의하면 "원래는 거의 전기가 통하지 않지만 빛이나 열, 또는 불순물을 가해주면 전기가 통하고 또한 조절도 할 수 있는 물질"이라고 할 수 있다.

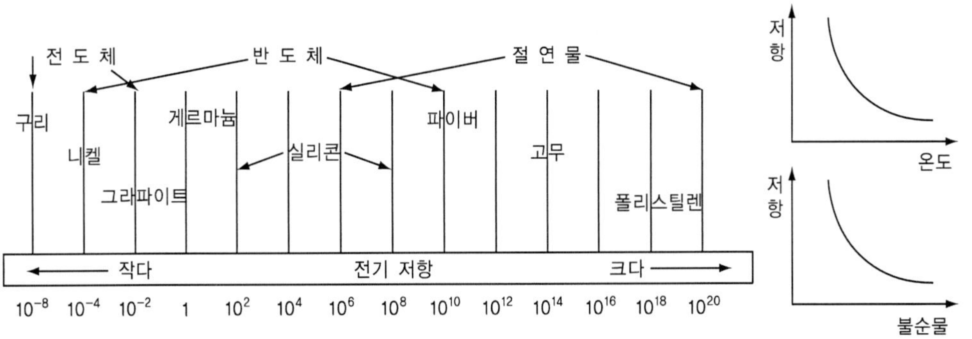

▸▸ **그림 1.1** 물질들의 저항률

(1) 일반적으로 전기저항의 온도계수가 마이너스(−)이면 반도체라 할 수 있다.
마이너스 온도계수란 온도가 증가할 때 저항이 감소함을 의미하며 금속 등의 전도체는 대개 플러스(+) 온도계수를 나타낸다.

(2) 반도체 내에 함유된 금속원자(불순물)의 양이나 결정의 불완전성 여부 등이 전기저항에 매우 큰 영향을 미치는 물질을 반도체라고 정의한다.

(3) 광전효과, 홀(hall)효과, 정류작용 등 특수한 효과를 나타내는 것을 말한다.

※ 광전효과 : 일반적으로 물질이 빛을 흡수하여 자유로이 움직일 수 있는 전자, 즉 광전자를 방출하는 현상.

※ 홀효과 : 자기장 속을 흐르는 전류에 관한 현상.

※ 정류작용 : 교류를 직류로 변환시키는 작용.

그러므로 위의 경우에 해당하는 물질들은 반도체인 것이다. 그러나 한두 가지만 만족하는 물질들도 있다. 실리콘이나 게르마늄은 위의 경우를 완전히 충족시키는 반도체이다.

<table>
<tr><td rowspan="2">원소 반도체</td><td>4족</td><td>실리콘(Si), 게르마늄(Ge)</td></tr>
<tr><td>6족</td><td>셀렌(Se), 테르르(Te)</td></tr>
<tr><td>3~5족
화합물 반도체</td><td colspan="2">갈륨비소(GaAs), 갈륨인(GaP)
인듐비소(InAs), 인듐인(InP)</td></tr>
<tr><td>2~6족
화합물 반도체</td><td colspan="2">황화아연(ZnS), 셀레화아연(ZnSe)
황화카드뮴(CdS), 셀렌화카드뮴(CdSe)</td></tr>
<tr><td>산화물 반도체</td><td colspan="2">산화아연(ZnO), 아산화동(Cu2O)</td></tr>
</table>

▸▸ **그림 1.2** 주요한 반도체 물질

1.2 반도체의 분류

(1) 유기 반도체 : 유기 화합물

(2) 무기 반도체

① 원소 반도체

- Ge, Si, Te, Se etc.(단일원소로 된 반도체. 주로 4족)

② 화합물 반도체

- SiC, INSb, CdS, GaAs(3족과 5족, 2족과 6족 원소가 결합된 반도체. 높은 전자 이동도 및 발광특성)

(3) 불순물 반도체

① 진성 반도체 : 불순물이 함유되어 있지 않고 결정학적으로 결함이 없는 순수 반도체. Si나 Ge 등의 반도체 결정에서는 원자가 공유 결합에 의해 결합되어 입체적인 결정을 구성하고 있다. <그림 1.3>은 공유 결합에 관여하는 가전자에, 그 결합력보

다 큰 광 에너지나 열 에너지가 주어지면, 공유 결합이 관여하는 가전자에 자유전자가 되어 결정안을 자유롭게 돌아다니게 된다. 그때의 전자가 빠져나간 구멍이 정공이며, 이때 전자는 Si-Si 결정 사이를 빠져서 이동한다.

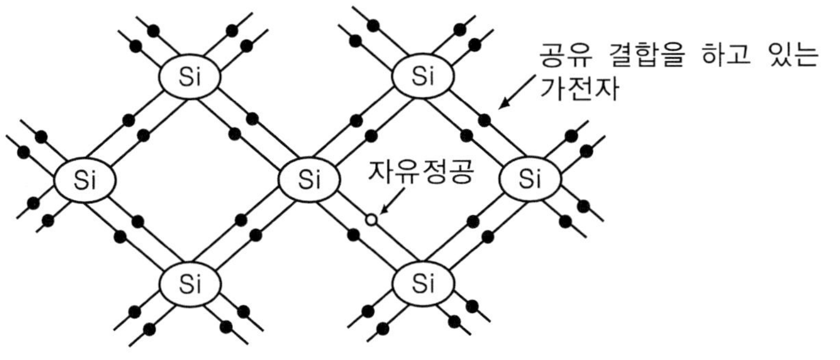

▸▸ **그림 1.3** 진성 반도체의 평면적 표시

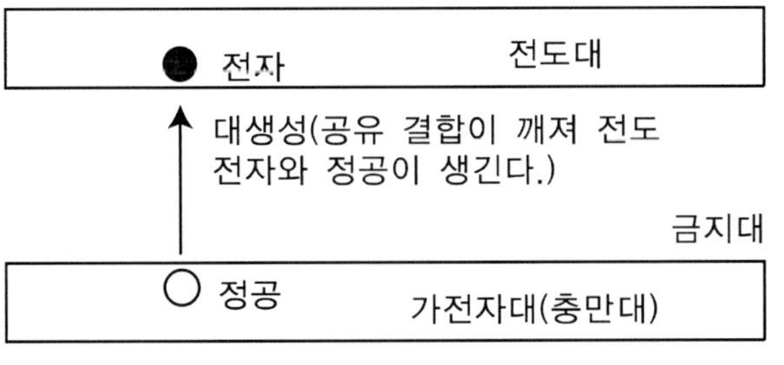

▸▸ **그림 1.4** 진성 반도체의 에너지대

<그림 1.4>에서 표시하는 것처럼 전자와 정공이 쌍이 되어 생성되는 과정을 전자와 정공의 쌍생성(ProductioN of a Hole-electroN Pair : EHP생성)이라한다.

진성 반도체에서는 캐리어생성은 EHP생성에 의해서만 이루어지므로 전자밀도와 정공밀도가 서로 같으며, 이것이 진성 반도체의 특징이다. 전도대의 전자와 가전자대의 정공은 모두 외부로부터의 전계작용에 의해 이동하며 전기전도에 기여한다.

※ 전도대 : 각각의 밴드의 특징에 따라 명칭을 붙이는데 최외각 전자가 이탈하여 들어갈 수 있는 밴드를 말하며, 이 밴드에 들어간 전자를 자유전자라 한다.

※ 충만대 : 원자의 맨 바깥쪽 전자궤도에 해당하는 것으로 전자가 많이 존재한다.

※ 금지대 : 이 지대는 전자가 들어갈 수도 없고 머무를 수도 없다. 그러므로 아무 쓸모없는 것 같이 보이지만 여러 에너지 준위는 모두 이 금지대 안에 이루어져 중요한 역할을 한다. 이 금지대의 너비는 반도체에 따라 다르며, 그 물질을 결정하는데 있어 매우 중요하다. 금지대를 기준으로 에너지 준위 차이를 에너지 갭이라 하며,

이것에 따라 도체, 반도체, 부도체로 물질을 구분한다.

② 외인성 반도체 : 반도체 안에 적당한 불순물을 첨가함으로써 캐리어 밀도를 대폭적으로 제어할 수 가 있다. 이것은 반도체가 갖는 중요한 성질 중의 하나이다. Si결정이나 Ge결정에 있어서의 대표적인 불순물은 3족의 B, Al, Ga, IN 원소와 5족의 P, As, Sb원소이다.

◉ N형 반도체

Si결정에 불순물로 5족의 P원자를 첨가하여 이것이 그림 3과 같이 Si원자 하나를 대치하였을 경우를 생각한다. P원자의 5개의 가전자 가운데 4개는 인접한 4개의 Si원자와의 공유 결합에 사용되고 나머지 1개의 전자가 남는다. 이 전자는 P원자에 약하게 속박되어 있기 때문에 실온 정도의 미미한 열 에너지를 얻는 것만으로도 P원자와의 결합을 이탈하여 자유롭게 결정 안을 움직이는 전도전자가 된다. 한편 전자를 잃어버린 P원자는 양이온이 되는데 이것은 결정격자에 고정되어 있으므로 전기전도에는 기여하지 못한다. 이 P원자와 같이 결정 안에 전자를 주는 불순물을 도너(donor)라 한다.

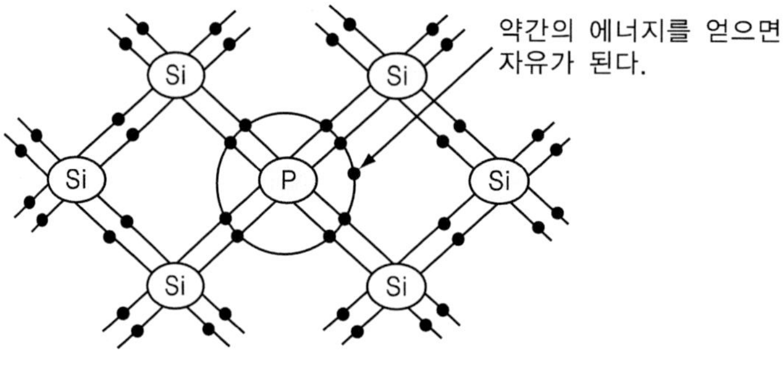

▸▸ 그림 1.5 N형 Si결정의 평면적 표시

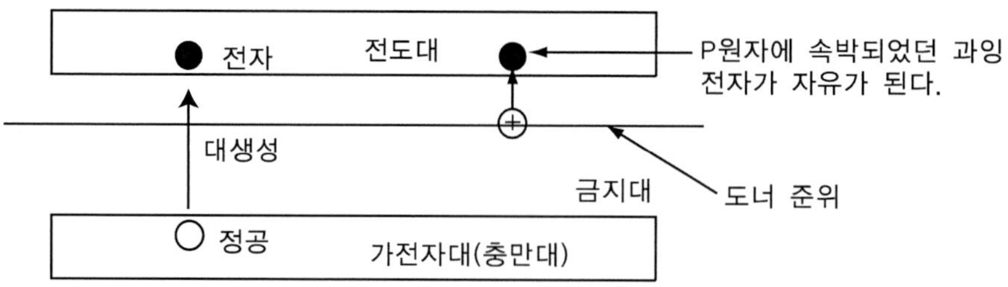

▸▸ 그림 1.6 N형 반도체의 에너지대

도너를 함유한 반도체의 전도전자의 밀도는 도너에서 공급된 전자와 EHP 생성에 의해 생긴 전자와의 합이기 때문에 단지 EHP생성에 의해 형성되는 정공의 밀도에 비해 높게 된다. 이것이 N형 반도체이다. 도너는 약간의 에너지를 얻어도 전자를 방출하고 그 자체가 양이온이 되기 때문에 <그림 1.6>과 같이 전도대의 하단 부근에 도너 준위를 배치시킨다. 도너 준위는 국부적으로 존재하는 준위이며 전기전도에는 기여하지 않는다.

◉ P형 반도체

Si결정 안에 불순물로써 3족의 B원자를 첨가하고 이것이 <그림 1.7>과 같이 Si원자와 대치되었을 경우를 생각한다. B원자의 가전자는 3개이므로 인접한 4개의 Si원자와의 공유 결합에 있어서 전자가 1개 부족하기 때문에 Si-Si 결합을 옮길 수가 있다. Si-Si 결합에서 전자가 빠진 구멍은 정공이 되어 Si-Si 결합을 이탈하여 자유로이 돌아다닌다. 전자를 받아들인 B원자는 음이온이 되는데 이것은 도너 경우와 같이 고정되어 있으므로 전기전도에는 기여하지 않는다. 이 B원자와 같이 전자를 받아들이는 불순물을 억셉터(acceptor)라 한다. 이 억셉터를 함유한 반도체의 정공밀도는 억셉터에 의해 만들어진 정공과 EHP에 의해 생긴 정공과의 합이며, 이것은 단지 EHP생성에 의해 결정되는 전자밀도에 비해 많아진다. 이것이 P형 반도체이다.

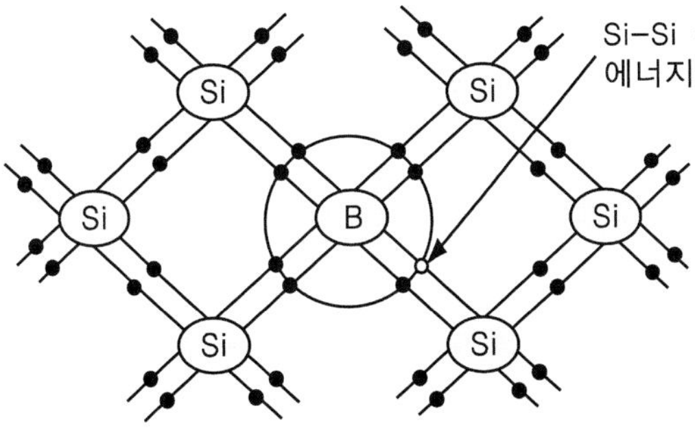

▸▸ **그림 1.7** P형 Si결정의 평면적 표시

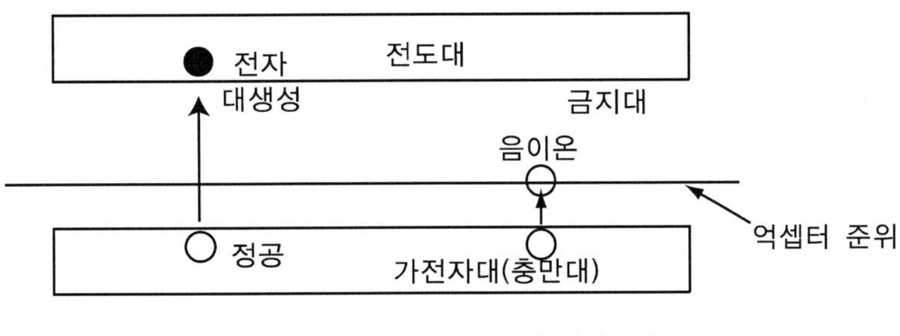

▸▸ **그림 1.8** P형 반도체의 에너지대

억셉터 준위는 <그림 1.8>처럼 가전자대의 상단 부근에 위치한다. 이것은 억셉터가 약간의 에너지를 얻어 Si-Si 결합의 가전자를 받아들여서 그 자신은 음으로 이온화되고 더불어 Si-Si 결합에 정공을 생성시킨다. 이 억셉터 준위는 도너 준위와 같이 국부적으로 존재하는 준위이며 전기전도에는 기여하지 않는다. 일반적으로 반도체에서 밀도가 많은 쪽의 캐리어를 다수 캐리어(majority carrier), 적은 쪽의 캐리어를 소수(minority carrier)라 한다. N형 반도체인 경우 다수 캐리어는 전자, 소수 캐리어는 정공이며 P형 반도체인 경우다. 다수 캐리어는 정공, 소수 캐리어는 전자이다.

1.3 공유 결합

어떤 원자들이 고체상태로 결합할 때 결정이라고 하는 고정된 형태로 그들 자체가 배열하게 되고 결정구조 내의 원자들은 공유 결합에 의해 함께 묶인다. 이것은 원자의 가전자들 상호작용에 의해 만들어진다. 실리콘은 결정성 물질이다.

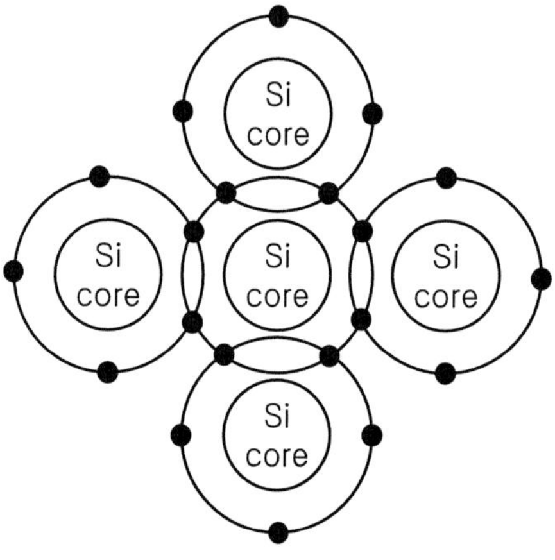

▸▸ **그림 1.9** 중앙원자는 서로 공유 결합을 이루는 4개로 둘러싸인 원자들이 갖는 전자들로 나누어진다.

<그림 1.9>는 각 실리콘원자가 실리콘 결정을 이루기 위해 4개의 인접한 원자들이 어떻게 위치하는가를 보여준 것이다. 4개의 가전자를 갖는 실리콘원자는 4개의 이웃의 각각과 전자를 서로 나눈다. 이것은 효과적으로 각 원자에 대해 8개 가전자들을 만들어 화학적 안정상태를 이룬다. 이 가전자의 분배는 원자들을 함께 묶는 공유 결합을 만든다.

각기 나누어진 전자는 나누어진 두 인접 원자들끼리 동일하게 묶인다

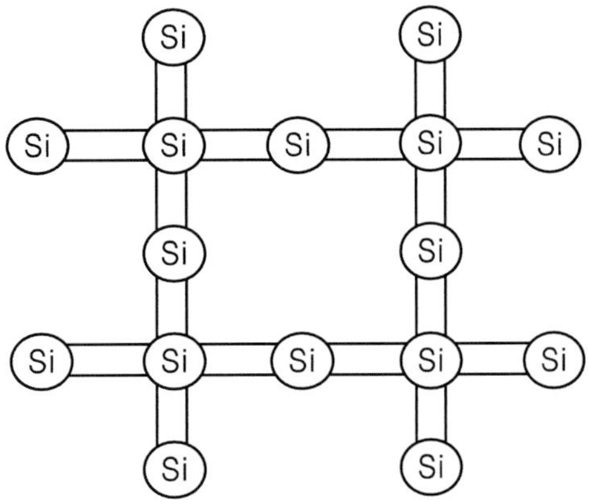

▸▸ 그림 1.10 결정구조를 형성하는 공유 결합

<그림 1.10>은 순수(진성) 실리콘결정 내에서 공유 결합하는 것을 보여준 것이다. 순수결정은 불순물을 갖지 않는 결정체의 하나로 게르마늄 공유 결합도 4개의 가전자를 갖고 있기 때문에 이와 유사하다.

1.4. 반도체 소자 및 IC 개요

1.4.1 다이오드(Diode)

P형 반도체와 N형 반도체를 접합시켜 만든 것으로 전류를 한 방향으로만 흐르게 하는 정류작용이 있다(P형에서 N형으로).

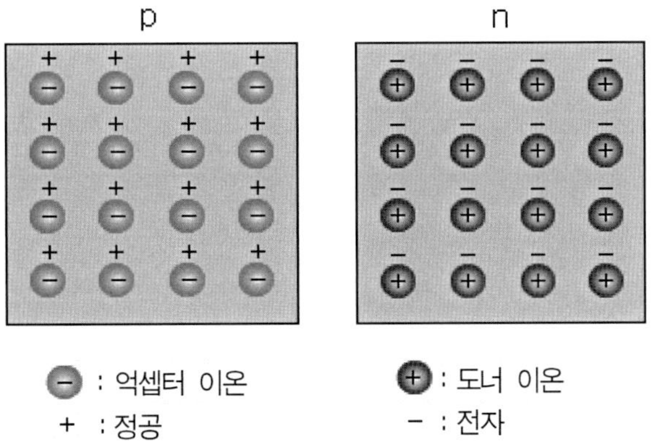

▸▸ 그림 1.11 PN 접합하기 전

P형 반도체와 N형 반도체를 접합시키기 전의 각 반도체의 상태를 개념적으로 <그림 1.11>에 표현하였다. P형 반도체는 실리콘결정에 3족의 불순물(억셉터:acceptor)을 첨가하여 만들어지므로 정공이 많이 생겨나게 되며, N형 반도체는 실리콘결정에 5족의 불순물(도너:donor)을 첨가하여 만들어지므로 전자가 많이 생겨나게 된다.

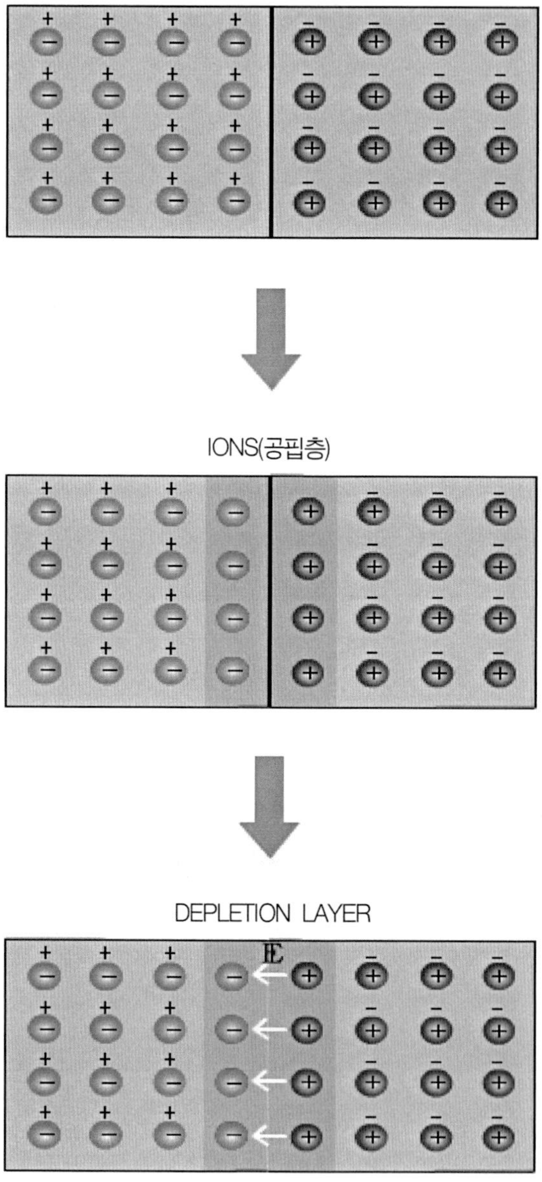

▸▸ **그림 1.12** PN 접합 후

P형 반도체와 N형 반도체가 접합되면 N형 영역의 접합 부근의 일부 전자는 P형 영역으로 확산되어 접합 부근의 정공과 결합하게 된다. 전자가 접합면을 넘어 정공과 결합하게 되면 도너원자는 접합 부근의 N형 영역에서 (+)전하로 대전되어 양이온이 된다. 또한 전자가 P형 영역의 정공과 결합할 때 억셉터 원자는 (-)전하로 대전되어 음이온이 된다. 이러한 재결합 과정의 결과로써 대부분의 양이온과 음이온이 접합면 부근에 존재하게 되며 이 영역에는 전자나 정공 같은 캐리어가 존재하지 않기 때문에 공핍층(depletion layer)이라 부른다. 처음에는 공핍층이 어느 정도까지 확대되는데 어느 순간이 되면 공핍층 내에 있는 이온으로 인해 생겨난 전계(electric field)로 인하여 더 이상 전자가 PN접합 면을 넘을 수 없게 되어 더 이상 공핍층이 확대되지 않게 된다. 이를 평형상태라 한다.

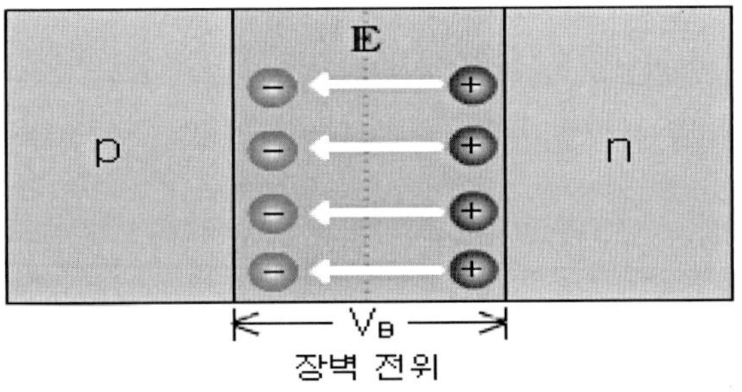

▸▸ 그림 1.13 장벽 전위

공핍층 내에서 형성된 전계에 의해 더 이상 접합 면을 넘어가는 전자가 존재하지 않게 된다는 것은 공핍층 양단에 전위차가 존재한다는 의미이다. 이 전위차를 장벽 전위(barrier potential)라 하며, 만일 외부에서 이 장벽 전위를 극복할 수 있도록 바이어스 전압을 인가하게 되면 전자는 접합 면을 이동할 수 있게 된다. 장벽 전위는 Si인 경우 대략 0.7V 정도이고 Ge의 경우에는 0.3V 정도이다.

1.4.2 MOSFET(Metal Oxide Semicinductor Field-Effect Transistor)

금속 산화막 반도체 전계효과 트랜지스터(MOS field-effect transistor)는 디지털 회로와 아날로그 회로에서 가장 일반적인 전계효과 트랜지스터 (FET)이다. 줄여서 MOSFET 이라고도 한다. MOSFET은 N형 반도체나 P형 반도체 재료의 채널로 구성되어 있고, 이 재료에 따라서 크게 nMOSFET과 pMOSFET 두 가지를 모두 가진 소자를 cMOSFET (combination MOSFET)으로 분류한다. 또한 일반적으로 nMOSFET, pMOSFET, nMOS FET, pMOS FET, nMOS FET. 등이 있다.

1.4.3 트랜지스터

1948년에 처음 개발되었으며 N형 반도체 양쪽에 P형을 붙여 만든 PNP형과 P형 반도체 양쪽에 N형을 붙여 만든 NPN형의 두 가지가 있다. 트랜지스터는 각각 베이스(B), 이미터(E), 컬렉터(C)라는 3개의 전극을 가지고 있으며, 스위치작용이나 증폭작용이 있다.

1.4.4 IC(집적 회로)

여러 개의 트랜지스터와 전자부품을 하나의 부품으로 만들었다. P형과 N형 반도체, 축전기, 저항 등을 초소형으로 기판에 설치하여 트랜지스터 20~300개를 한 개의 부품으로 만든 것이다. 논리 회로나 신호의 증폭에 쓰인다.

1.4.5 LSI(고밀도 집적 회로)

IC보다 축소시켜 회로의 집적도를 높였다. LSI보다 집적도를 더 높인 VLSI(초고밀도 집적회로)가 현재 많이 사용되고 있으며, ULSI(극초밀도 집적 회로)를 개발하고 있다.

1.5 반도체 제조 공정

1.5.1 반도체 제조

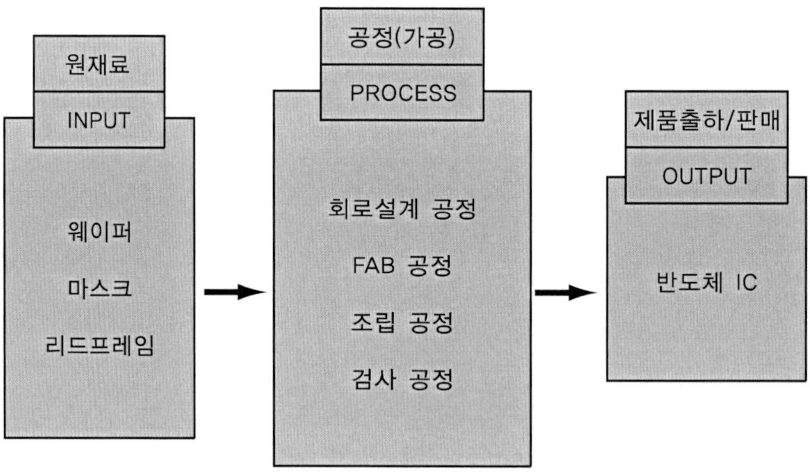

▸▸ 그림 1.14 원재료를 투입, 공정처리하여 IC를 만드는 반도체 제조과정

원재료, 장비(설비), 유틸리티(DI, Chemical, Gas, Electric) 등으로 만든다.

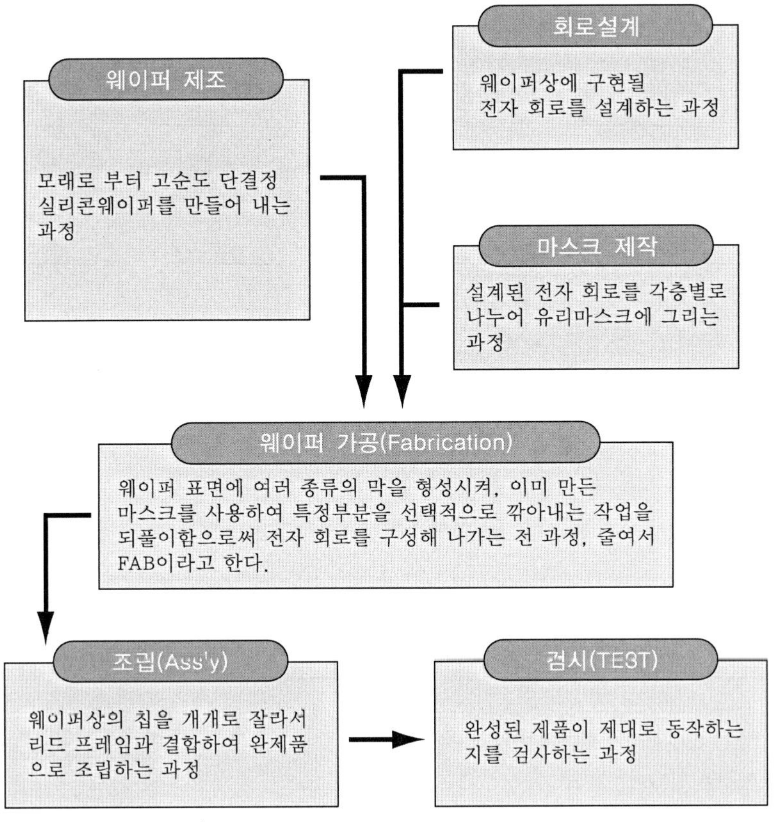

▸▸ **그림 1.15** 반도체 제조 순서도

반도체 집적 회로는 손톱만큼이나 작고 얇은 실리콘 칩에 지나지 않지만 그 안에는 수만 개에서 천 만개 이상의 전자부품들(트랜지스터, 다이오드, 저항, 캐패시터)이 가득 들어 있다. 이러한 전자부품들이 서로 정확하게 연결도어 논리 게이트와 기억 소자 역할을 하게 되는 것이다. 칩 속의 작은 부품들은 하나하나 따로 만들어서 조립되는 것이 아니다. 그것은 불가능하다. 대신 부품과 그 접속 부분들을 모두 미세하고 복잡한 패턴(문양)으로 만들어서 여러 층의 재료 속에 그려 넣는 방식을 사용한다. 그러기 위해서는 문양을 사진으로 찍어 축소한 마스크를 마치 사진 인화할 때의 필름처럼 사용한다.

1.5.2 웨이퍼(wafer) 제조 공정

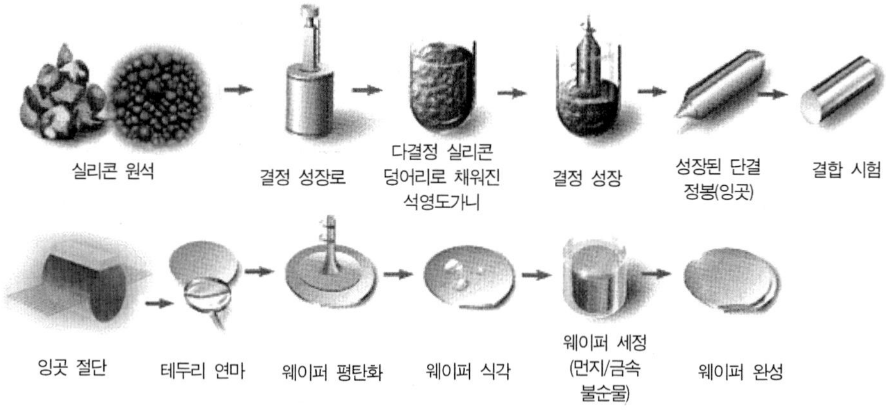

▸▸ **그림 1.16** 웨이퍼 제조 공정

1.5.3 반도체 제조 공정

(1) 단결정 성장 : 고순도로 정제된 실리콘 용융액에 SPEED결정을 접촉, 회전시키면서 단결정 규소봉(INGOT)을 성장시킨다.

▸▸ **그림 1.17** 단결정 성장

(2) 규소봉 절단 : 성장된 규소봉을 균일한 두께의 얇은 웨이퍼로 잘라낸다. 웨이퍼의 크기는 규소봉의 구경에 따라 만들어지며 생산성 향상을 위해 점점 대구경화 경향을 보이고 있다.

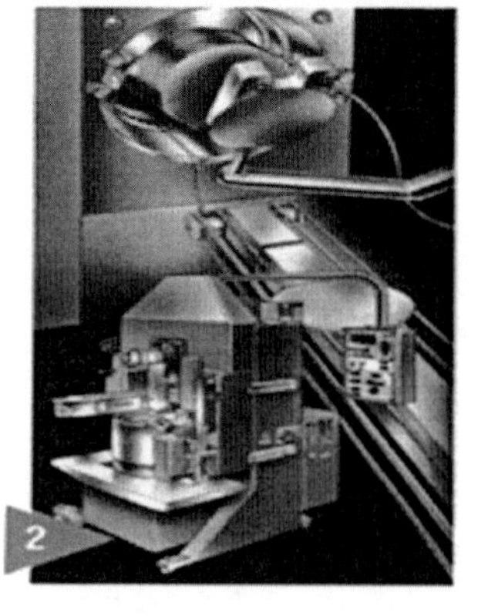

▸▸ **그림 1.18** 규소봉 절단

(3) 웨이퍼 표면 연마 : 웨이퍼의 한 쪽면을 연마하여 거울면처럼 만들어 주며, 이 연마된 면에 회로 패턴을 그려 넣게 된다.

▸▸ **그림 1.19** 웨이퍼 표면 연마

(4) 회로설계(CAD) : 시스템을 사용하여 전자 회로의 실제 웨이퍼 위에 그려질 회로 패턴을 설계한다.

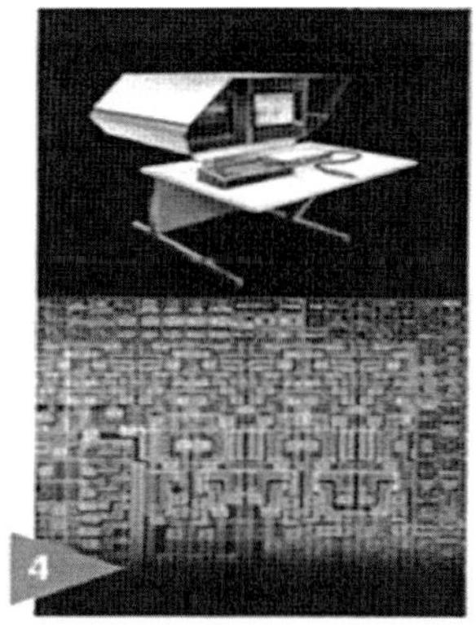

▸▸ **그림 1.20** 회로설계(CAD)

(5) Mask(reticle) 제작 : 설계된 회로 패턴을 E-beam서리로 유리판위에 그려 Mask(reticle)를 만든다.

▸▸ **그림 1.21** Mask(reticle) 제작

(6) 산화(oxidation) 공정 : 고온(800~1,200°)에서 산소나 수증기를 실리콘 웨이퍼 표면과 화학 반응시켜 얇고 균일한 실리콘 산화막(SiO_2)를 형성시키는 공정이다.

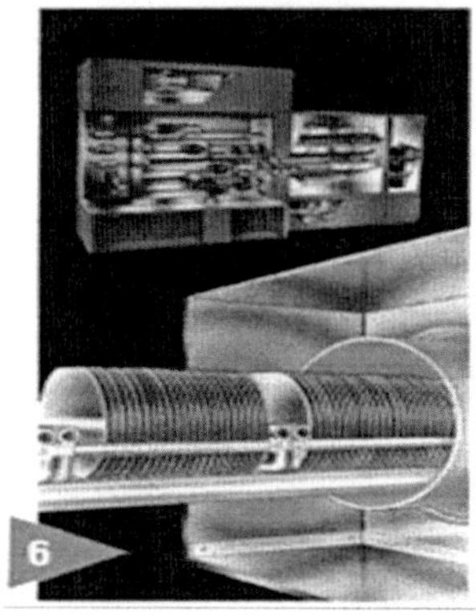

▸▸ **그림 1.22** 산화(oxidation) 공정

(7) 감광액(Photo Resist : PR)도포 : 빛에 민감한 물질인 PR을 웨이퍼 표면에 고르게 도포시킨다.

▸▸ **그림 1.23** PR 도포

(8) 노광(exposure) : Stepper를 사용하여 Mask에 그려진 회로패턴에 빛을 통과시켜 PR막이 형성된 웨이퍼 위에 회로 패턴을 사진 찍는 공정이다.

▸▸ **그림 1.24** 노광

(9) 현상(development) : 웨이퍼 표면에서 빛을 받은 부분의 막을 현상시키는 공정이다.

▸▸ **그림 1.25** 현상(development)

(10) 식각(etching) : 회로 패턴을 형성시키기 위해 화학물질이나 GAS를 사용하여 필요 없는 부분을 선택적으로 제거하는 공정이다.

▸▸ **그림 1.26** 식각(etching)

(11) 이온주입 공정 : 회로 패턴과 연결된 부분에 불순물을 미세한 GAS입자 형태로 가속하여 웨이퍼의 내부에 침투시킴으로써 전자 소자의 특성을 만들어준다.

▸▸ **그림 1.27** 이온주입(ION implantation)

(12) 화학 기상 증착 공정 : GAS 간의 화학 반응으로 형성된 입자들을 웨이퍼 표면에 증착하여 절연막이나 전도성막을 형성시키는 공정이다.

▸▸ 그림 1.28 CVD(Chemical Vapor Deposition)

(13) 금속배선 : 웨이퍼 표면에 형성된 각 회로에 알루미늄 선을 연결하는 공정이다.

▸▸ 그림 1.29 금속배선(metallization)

(14) 웨이퍼 자동선별 : 웨이퍼에 형성된 IC칩들의 전기적 동작 여부를 컴퓨터로 검사하여 불량품을 자동선별하는 공정이다.

▸▸ 그림 1.30 웨이퍼 자동선별(EDS test)

(15) 웨이퍼 절단 : 웨이퍼상의 수많은 칩들을 분리하기 위해 다이아몬드 톱을 사용하여 웨이퍼를 절단하는 공정이다.

▸▸ **그림 1.31** 웨이퍼 절단(sawing)

(16) 웨이퍼 표면 연마 : 웨이퍼의 한쪽 면을 연마하여 거울 면처럼 만들어주며, 이 연마된 면에 회로 패턴을 그려넣게 된다.

▸▸ **그림 1.32** 웨이퍼 표면 연마

(17) 금속연결 : 칩 내부의 외부연결 단자와 리드 프레임을 가는 금선으로 연결하여 주는 공정이다.

▸▸ **그림 1.33** 금속연결(wire bonding)

(18) 성형 : 칩과 연결 금선 부분을 보호하기 위해 화학 수지로 밀봉해주는 공정이다.

►► 그림 1.34 성형(molding)

(19) 최종검사 : 성형된 칩의 전기적 특성 및 기능을 컴퓨터로 최종검사하는 공정으로 최종 합격된 제품들은 제품명과 회사명을 마킹(marking)한 후 입고검사를 거쳐 최종 소비자에게 판매된다.

►► 그림 1.35 최종검사(final test)

1.6 반도체 조립 공정

1.6.1 칩 집착(Die Attach)

칩 집착(Die Attach : Die Mount 혹은 Die Bond) 공정은 실리콘 칩을 다이패드(die pad)나 반도체 패키지의 리드 프레임 구조 틀에 고정 하는 공정이다. 이 공정은 크게 접착(adhesive) 방식과 공융(eutectic) 방식으로 나누어 볼 수 있다.

(1) 접착 칩 집착(Adhesive Die Attach)

접착 칩 집착(adhesive die attach) 공정은 폴리이미드(polyimide), 에폭시(epoxy) 같은 접착물질을 사용하여 다이(die)를 부착시키는 방법이다. <그림 1.37>에서 보이는 것과 같이 다이패드(die pad)에 정확히 제어된 양만큼 에폭시(epoxy)를 바르고 웨이퍼에서 다이(die)를 가져와 집착시킨다. 웨이퍼 테이프에서 다이(die)를 떼어낼 때 '콜릿

(collet)'로 알려진 로봇 암이 사용 되며 다이본드(die bond)에 정확하게 위치시켜 집착 되도록 한다. 이와 같은 공정을 자동으로 해주는 장비를 (다이본더)die bonder라 부르며 <그림 1.38>에서 보이고 있다.

▸▸ **그림 1.36** 다이 이젝팅(die ejecting) 웨이퍼 테이프(from wafer tape)

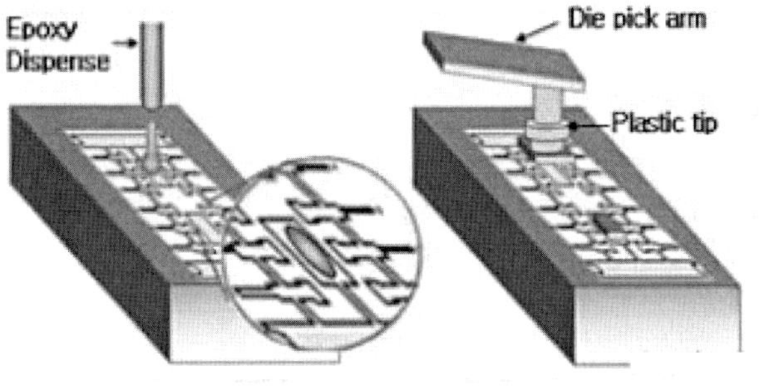

▸▸ **그림 1.37** 칩 집착 공정(die attach process)

▸▸ **그림 1.38** Kulicke & Soffa's 9022HSL

▸▸ 그림 1.39 E8033D 칩 집착 장비(die attach equipments)

- 다이패드(die pad) 에 에폭시(epoxy)를 바르고 그 위에 다이(die) 부착 시킬 때 다이(die) 가장 자리로 남은 에폭시(epoxy)가 올라오는데 이를 '칩 집착 필렛(die attach fillet)' 이라 하면 <그림 1.40>에서 보이고 있다. 과다한 칩 집착 필렛(die attach fillet)은 다이(die) 표면을 오염시킬 수 있으며 양이 너무 적으면 다이(die)가 들뜨거나 크래킹이 발생할 수 있다.
- 칩 집착(die attach) 공정 시 주의해야 할 접착제와 관련된 사항은 웨이퍼 테이프에서 다이(die)를 떼어낼 때 발생한다. 다이(die)를 추출하는 콜렛(collet)의 위치가 안 맞거나 마모 또는 부적절한 파라미터 셋팅으로 인하여 다이(die) 뒷 부분에 자국이 생기게 되면 나중에 다이 크래킹(die cracking)으로 이어질 수 있다.

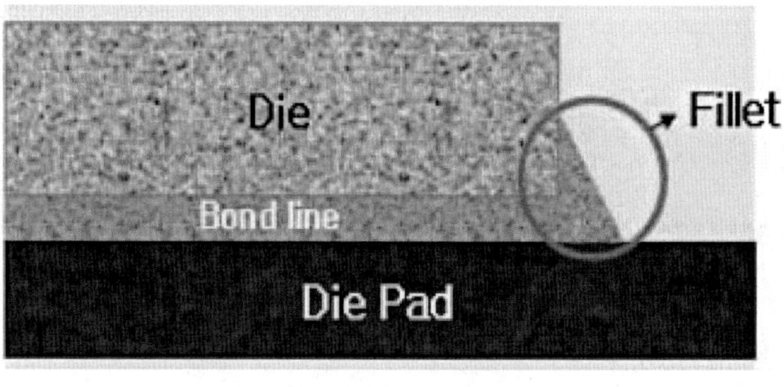

▸▸ 그림 1.40 칩 집착 필렛(die attach fillet)

(2) 용융 칩 집착(Eutectic Die Attach)

- 용융 칩 집착(eutectic die attach) 방법은 밀봉(hermetic) 패키지에 많이 사용되며 다이패드(die pad)에 다이(die)를 고정 붙일 때 용접 합금물질을 사용한다. 용접 합금

물질은 두 물질을 합금시켜 낮은 온도에서 녹아 용접되도록 한다. 일반적으로 Au-Si 합금이 반도체 패키징에 많이 쓰인다. 공정 순서는 다음과 같다.

패키지가 가열되는 동안 cavity 위에 gold preform을 올려놓는다. 다이(die)가 이 gold preform위에 올려놓고 에너지를 가하면 다이(die) 뒷면의 Si 성분이 gold preform으로 확산(diffuse) 되며 Au-Si 합금을 만들게 된다. 가열이 지속될수록 좀더 많은 Si 입자가 gold preform에 흡수되면서 합금률이 증가하게 되고 정해진 합금률에 도달할때까지 계속하게 된다. 이 Au-Si 합금은 Si가 2.85% 정도이며 녹는점은 363℃이다. 그러므로 칩 집착(die attach) 공정 온도는 이 Au-Si 합금의 녹는점 보다 높아야 한다. Si원자들이 gold preform 쪽으로 계속 확산하여 어느 한계점에 다다르면 이 합금은 굳어지기 시작한다. 이때 패키지를 냉각시켜 칩 집착(die attach) 공정을 마무리 하도록 한다.

Au-Si 합금 이외에 반도체 용융 칩 집착(eutectic die attach) 공정에 다른 물질을 사용할 수도 있는데 <표 1.1>에 가용한 물질을 나타내고 있다.

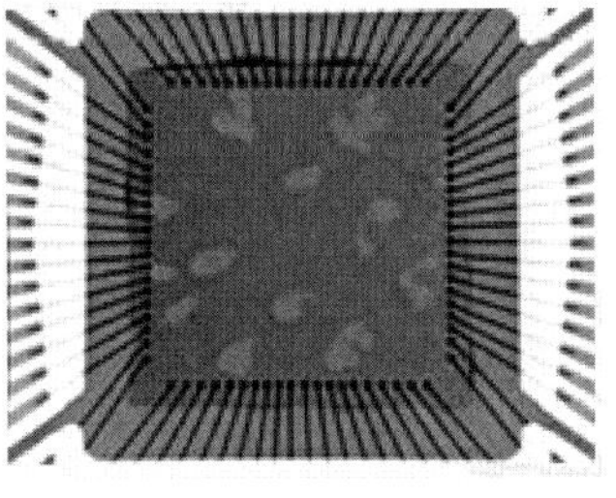

▸▸ **그림 1.41** 칩 집착(die attach) 공간(void)

▸▸ **표 1.1** 합금 용융점(Alloy melting point)

Composition	Temperature(deg C)	
	Liquidus	Solidus
80% Au, 20% Sn	280	280
92.5% Pb, 2.5% Ag, 5% In	300	–
97.5% Pb, 1.5% Ag, 1% Sn	309	309
95% Pb, 5% Sn	314	310
88% Au, 12% Ge	356	358
98% Au, 2% Si	800	370
100% Au	1,063	1,063

- 칩 집착(die attach) 공정 중에 다이(die)와 접착면 사이에 빈 공간(void <그림 1.41>)이 생길 수 있는데 이는 디바이스의 질과 신뢰성에 영향을 끼친다. void가 크게 되면 접착 강도가 약해지고 열과 전기 전도성이 떨어지게 되며 다이 크래킹(die cracking)을 유발할 수 있는 문제가 된다. 작은 void들은 접착 강도와 열, 전기 전도성에 큰 영향을 끼치지는 못한다. 이러한 void들이 아주 없다는 것은 접착 강도가 매우 높음을 의미하고 이는 크기가 큰 다이(die) 경우 크랙(crack)을 유발할 수도 있다. 접착 강도는 다이 셰어 테스트(die shear test)를 통해 측정된다.

(3) 칩 집착(Die Attach) Failure

- 다이 들뜸(die lifting) : 다이(die)가 다이패드(die pad)나 다이캐비티(die cavity)로부터 떨어지는 현상으로 다이패드(die pad), 다이캐비티(die cavity), 다이(die) 뒷면이 오염되거나 과다한 칩 집착 공간(die attach void), 다이(die)를 장착하는 위치를 잘못 잡아 접착 면적이 부적절할 때 발생한다.
- 다이 크랙킹(die cracking) : 다이(die) 상에 갈라진 틈이 발생하는 것으로 과다한 칩 집착 공간(die attach void), 접착 면적이 부족하거나, 접착제의 두께가 충분하지 않거나 웨이퍼 테이프(wafer tape)에 다이(die)를 떼어낼 때 과도한 힘을 주었거나 칩 집착 공간(die attach void)이 아예 없어도 발생한다.
- 집착 숏팅(adhesive shorting) : 노출된 금속 배선과 다이 본드(die bond), 패드(pad) 간의 전기적 쇼트 또는 die 표면에 잘못하여 에폭시(epoxy)를 부적절한 곳에 다른 배선과의 간섭으로 생기는 쇼트 현상으로 칩 집착(die attach)물질의 점성이 부정확하거나 접착제의 낙하량을 잘못 조절하여 생긴다.
- 다이 스크래칭(die scratching) : 다이(die) 자체에 생기는 물리적인 손상으로 작업자의 부주의나 웨이퍼 테이프(wafer tape)에서 다이(die) 떼어내는 콜릿(collet)의 마모나 오염이나 부적절한 툴을 사용할 때 생긴다.
- 다이 메탈리제이션 스미어링(die metallization smearing)
  다이(die) 표면의 금속 층이 고르지 못하거나 일그러지는 현상으로 웨이퍼를 잘못 다루거나 콜릿(collet)의 오염이나 마모로 발생한다.

1.6.2 다이코팅(Die Coating)

다이코팅(die coating)은 다이(die) 표면에 패키지의 손상을 방지하거나 추가적인 오염을 방지하기 위하여 유연성과 방습 성분의 물질을 도포하는 공정이다. 실리콘물질은 이러한 방지에 효과적인 물질이다. 다이코팅(die coating)은 선택적으로 다이(die) 표면의 일부분에만 시행될 수도 있고 표면 전체를 실행할 수도 있다. 다이코팅(die coating)은 조립비용이 들어가기 때문에 되도록이면 이 공정이 필요 없도록 설계해야 한다. 다이(die)의 레이아웃, 팹(fab) 공정 방법, 회로 디자인 등을 잘하여 패키지 스트레스에 덜 민감하도록 만듦으로써 조립 공정 시 다이코팅(die coating) 공정을 생략하도록 해야 할 것이다.

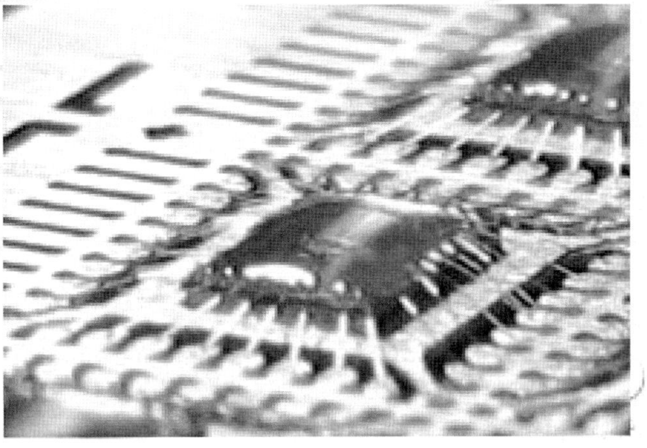

▸▸ **그림 1.42** 다이코팅의 예(example of die coating)

▸▸ **그림 1.43** ALLTEQ's UV 스폿 다이 코터(ALLTEQ's UV spot die coater)

◉ 다이 코팅(Die coating) Failure

- 다이 스트레싱(die stressing) : 과도한 패키지 스트레스의 발생으로 전기 전도가 안 되는 현상으로 다이코팅(die coating)으로 경감시킬 수 있다.

- 다이 스크래치(die scratch) : 작업자의 취급 부주의나 부적절한 공정순서, 부적절한 툴의 사용으로 다이(die)에 물리적인 데미지를 유발시킨다.
- 다이 메탈리제이션 스미어링(die metallization smearing)
  다이(die) 표면에 금속배선의 변형으로 오염되거나 마모된 pick-and-place 툴을 사용하거나 부주의한 웨이퍼 취급으로 발생한다.
- 다이 부식(die corrosion) : 다이(die)의 금속배선의 오염으로 다이(die) 표면에 오염물질이나 습기로 인해 발생한다.
- 넥 브레이킹(neck breaking) : 볼 본딩(ball bonding)된 부분의 금속배선이 끊어 지는 현상으로 다이(die)에 과도한 코팅(coating)으로 발생한다.

1.6.3 다이 프리파레이션(Die preparation)

다이 프리파레이션(die preparation)은 칩을 조립하기 위하여 웨이퍼를 조각내는 공정이다.

(1) 웨이퍼 마운팅(Wafer Mounting)

웨이퍼 마운팅(wafer mounting)은 웨이퍼 소잉(sawing)과 칩 집착(die attach) 공정을 위한 작업 환경을 제공하기 위한 준비 단계이다. 이 공정 중에 웨이퍼는 웨이퍼 프레임<그림 1.44>이나 디싱 테이프(dicing tape)가 동시에 붙여지게 된다. 웨이퍼 프레임은 금속이나 플라스틱 재질이 사용되는데 휘거나 구부러짐, 오염이나 열을 견딜 수 있어야 한다. 디싱 테이프(dicing tape)(또는 wafer film)는 PVC 재질로 웨이퍼 프레임과 웨이퍼를 고정할 수 있도록 한쪽 면이 합성 접착제가 발라져 있다. 일반적으로 두께는 3mils(약 0.076mm) 정도이며 유연성이 있는 반면 질겨야 한다. 웨이퍼 마운팅 머신(wafer mounting machine)을 사용하면 다음과 같은 작업이 자동으로 진행된다. 1) 웨이퍼 프레임 로드(wafer frame load), 2) 웨이퍼 로드(wafer load), 3) 디싱 테이프(dicing tape)로 웨이퍼(wafer)와 웨이퍼 프레임(wafer frame) 부착, 4) 테이프(tape) 절단, 5) 웨이퍼 언로드 웨이퍼 마운팅(wafer unload wafer mounting) 시에는 다음 사항을 미리 방지해야 한다.

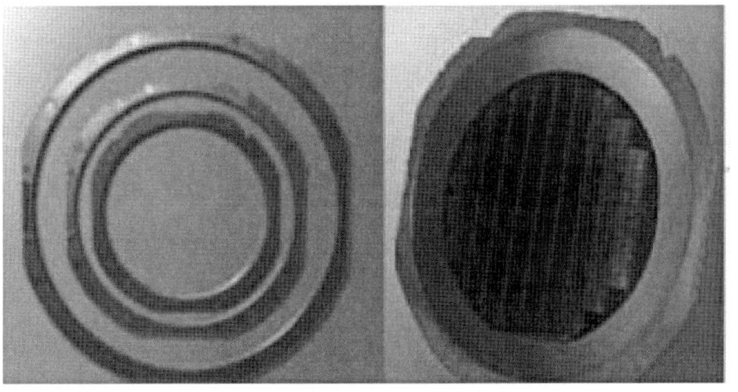

▸▸ **그림 1.44** 메탈 웨이퍼 프레임과 웨이퍼(metal wafer frame and wafer)

▸▸ **그림 1.45** 웨이퍼 마운팅 머신(wafer mounting machine)

- 물리적인 힘에 의한 웨이퍼 자체 손상, 칩이 있는 부분의 스크래치, 테이핑 시 공기 방울의 생성, 테이프 자체가 균일한 장력이 없어 테이프가 비틀리는 현상

(2) 웨이퍼 소우(Wafer Saw)

웨이퍼 마운팅(wafer mounting) 공정이 끝나면 바로 웨이퍼 소잉(wafer Sawing) 공정이 실시된다. 이는 IC 패키지를 조립하기 위해 웨이퍼를 조각으로 잘라내는 공정이다. 절단하는 방법은 물리적인 톱(dicing saw)를 이용하거나 laser를 이용하는 방법이 쓰이고 있다. 디싱(dicing) 공정 중에 실리콘 웨이퍼는 디싱 테이프(dicing tape)에 붙여지는데 이 테이프는 한쪽이 접착 성분이 있어 웨이퍼 프레임(wafer frame)에 고정되도록 한다. 웨이퍼가 조각모양으로 절단되면 테이프에 남아 있는 부분을 다이(die)라고 부르며 리드 프레임(lead-frame)이나 PCB 기판에 붙여지게 된다. 웨이퍼 절단 시 잘려나가는 부분은 다이 스트리트(die street)라고 부르며 일반적으로 폭이 75μm 정도된다. 웨이퍼 절

단 공정 후 테이프에 남아 있는 die는 다시 다이 본더(die bonder), 다이 소터(die sorter)에 의해 다음 공정이 진행된다. 이때 다이(die)의 크기는 일반적으로 0.5~35mm 정도가 되며 직선으로 가공되기 때문에 직사각형이나 정사각형 모양이 된다.

(3) 디싱 소우(Dicing Saw)

디싱 소우(dicing saw)는 웨이퍼를 절단하는데 사용되며 <그림 1.46>, <그림 1.47>와 같은 형태로 공정이 진행된다. 공정순서는 웨이퍼 프레임(wafer frame에 wafer를 고정 시키고 디싱머신(dicing machine)에 로드되어 잘려질 부분을 맞춘다. 그 다음 웨이퍼는 두께에 따라 미리 프로그램된 크기로 고속으로 회전하는 다이아몬드 휠 블레이드(wheel blade)로 절단하게 된다. 이때 고압의 DI water를 뿌려 잔유물을 제거한다.

▸▸ **그림 1.46** 디싱 소우 공정(dicing saw process)

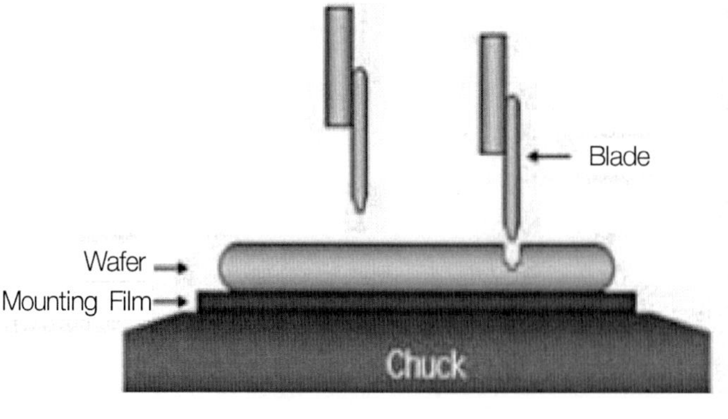

▸▸ **그림 1.47** 디싱 소우 블레이드 공정(dicing saw blade process)

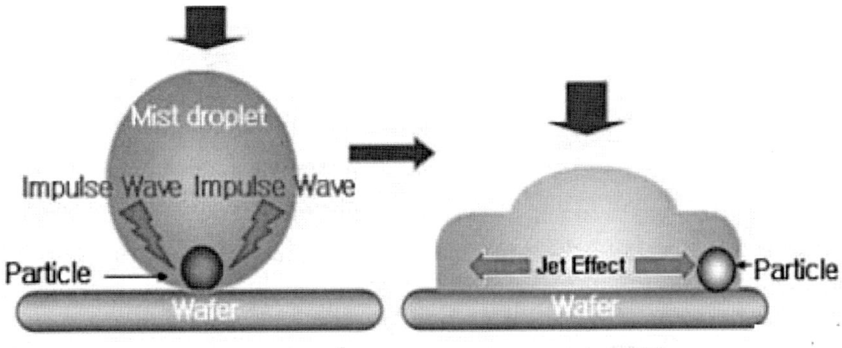

▸▸ **그림 1.48** 아토마이징 노즐 기술(atomizing nozzle technology)

(4) 레이저 풀 컷 디싱(Laser Full Cut Dicing)

- GaAs 같은 화합물 반도체는 높은 주파수를 사용하는 디바이스이다. 이러한 화합물 반도체를 기존의 다이아몬드 블레이드로 디싱(dicing)을 하게 되면 절단진행 속도가 느려지게 되고 높은 생산성을 기대하기 어렵게 된다. 근래의 공정이 SIP(System in Package) 같은 고집적 기술로 변화함에 따라 다이(die) 자체도 얇게 만드는 것이 필요하게 되었다. 어쨌거나 웨이퍼의 두께가 더욱 얇아짐에 따라 블레이드 디싱(blade dicing)의 어려움은 증가하게 된다. 이와 같은 문제를 해결하기 위하여 레이저를 이용하는 기술이 등장하였다.
- 레이저를 이용하는 방법은 패턴이 새겨진 웨이퍼의 앞면에 레이저를 한번 또는 여러 차례 발사하여 웨이퍼를 절단하게 된다. 디싱(dicing) 중에 GaAs 웨이퍼는 파손이 쉽게 일어날 수 있는데 이는 웨이퍼 재질 자체가 무르기 때문이다. 이것 때문에 블레이드(blade)를 이용하여 하면 절단 시 웨이퍼의 주입 속도를 높이기 어렵게 된다. 레이저를 이용하면 웨이퍼의 주입 속도를 블레이드(blade) 보다 수배 이상의 속도를 높일 수 있어 생산성 향상을 가져온다. 레이저를 이용할 경우 <그림 1.49>에서 보이는 바와 같이 스트리트 위드스(street width)를 최대한 줄일 수 있어 블레이드(blade) 를 사용할 때보다 생산성이 좋아진다. 화합물 반도체 웨이퍼들은 기술의 발달과 더불어 더욱더 작은 사이즈의 다이(die)로 설계되므로 스트리트 위드스(street width)를 적당하게 줄이게 되면 결과적으로 생산성이 증가하게 된다.

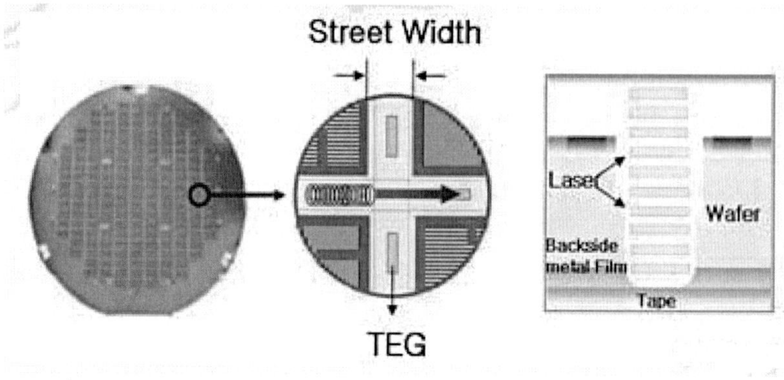

▸▸ 그림 1.49 레이저 컷팅 공정(laser cutting process)

▸▸ 그림 1.50 disco's dfl7169

- 커프 폭(kerf width)은 절단 폭에 에러율을 더한 값의 평균값이다. 절단된 다이(die)들은 칩 집착(die attach)공정을 위해 웨이퍼 테이프에 붙여져 있는 상태로 있거나 차후 조립 공정을 위해 와플 팩(waffle pack)에 각각 보관 된다. 주요 공정 변수로는 절단 방법(방향이나 절단 종류), 웨이퍼를 밀어 넣는 속도, 블레이드(blade) 회전 속도, 블레이드(blade)의 높이 등이 있다. 다이(die)를 세정할 때는 세정횟수, 세정 속도, DI water 압력, 건조 시간, 온도, 공기 흐름 속도 등이 있다.

1.6.4 플립 칩(Flip-Chip)

플립 칩(filp-chip) 이라는 용어는 전기적 장치나 반도체 디바이스들을 "face-down"의 형태로 기판, 보드에 직접 장착할 수 있는 디바이스들을 일컫는다. 이러한 디바이스들을 기판에 장착할 때, 전기적인 연결은 chip 표면에 생성한 전도성 bump들 통해 이루어 진다. chip을 기판에 장착할 때, chip이 뒤집어 져서 장착 되므로 여기에 기인하여 플립 칩(flip-chip)이라고 한다. 플립 칩(flip-chip)은 와이어 본드가 필요하지 않기 때문에 일반적인 와이어 본딩(wirebonding) 공정을 거치는 디바이스들에 비하여 사이즈가 훨씬 작다. 플립 칩(filp-chip)은 와이어 본딩(wire-bonding)보다 비용이 절감되는데 chip과 기판의 연결이 와이어 본딩(wire-bonding)에서는 한번에 하나씩 붙이는 반면 플립 칩(flip-chip)에서는 동시에 수행할 수 있다는 점이다. 또한 연결되는 길이가 와이어 본딩(wire-bonding)보다 짧기 때문에 성능 또한 향상되는 점이 있다. 플립 칩(flip-chip)은 새로운 개념은 아니고 1960년대 ibm의 메인프레임 컴퓨터에 사용하기 시작하면서 많은 회사가 수많은 응용 분야에 적용하기 위해 개발되었다. 플립 칩(flip-chip)은 <그림 1.52>와 같이 구조적으로 전통적인 반도체 패키지구조와 달라서 조립 공정도 다르다.

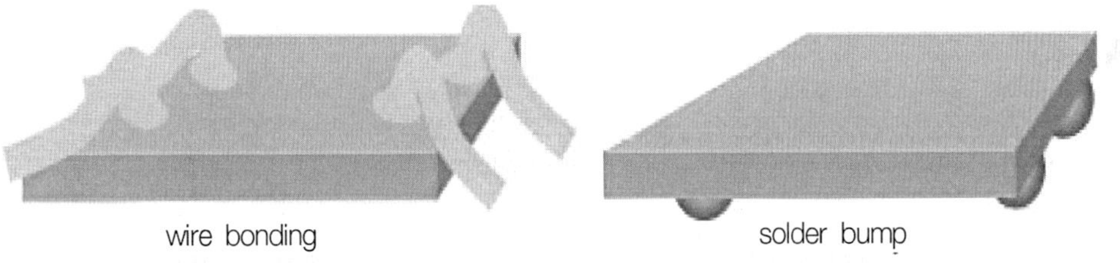

▸▸ **그림 1.51** 와이어 본딩 vs 플립 칩 솔더 범프
(wire-bonding vs. Flip-Chip solder bump)

◉ 장점(Advantage)

- 작은 사이즈(smaller size) : 와이어 본드가 필요하지 않기 때문에 일반적인 와이어 본딩 공정을 거치는 디바이스들에 비하여 사이즈가 작다
- 증가된 기능(increased functionality) : signal, power, ground 연결을 증가시켜 보다 많은 I/O 연결을 만들 수 있다.
- 개선된 성관(Improved performance) : 기판과의 연결이 짧기 때문에 인덕턴스 (inductance), 레지스턴스(resista-nce), 일렉트리컬 딜레이(electrical delay), 터미널 패스(thermal path) 등을 줄일 수 있다.
- 개선된 신뢰도(improved reliability) : 플립 칩(flip-chip)은 핀당 연결 수를 줄일 수 있다.
- 개선된 열 능력(improved thermal capabilities) : 플립 칩(flip-chip)은 캡슐화되지 않기 때문에 chip의 뒷 부분을 냉각시키는데 사용할 수 있다.
- 낮은 가격(low cost) : 범핑(bumping) 공정이 배치(batch)로 이루어지므로 전체 비용이 감소한다.

◉ 단점(Disadvantage)

- PCB에서는 pitch들이 매우 가늘어 bump들의 개수가 많아진다.
- 안 보이는 연결지점을 검사하기 위해 X-ray 장비가 필요하다.
- SMT와는 잘 맞지 않는다.
- bare chip을 핸들링하기가 어렵다.
- 고도의 조립 정확도가 필요하다.
- 언더필링(underfilling) 공정시 컷팅 타임(curing time)이 필요하다.
- 일부 기판에 대해서는 신뢰도(reliability)가 낮다.
- 수리가 어렵거나 불가능하다.

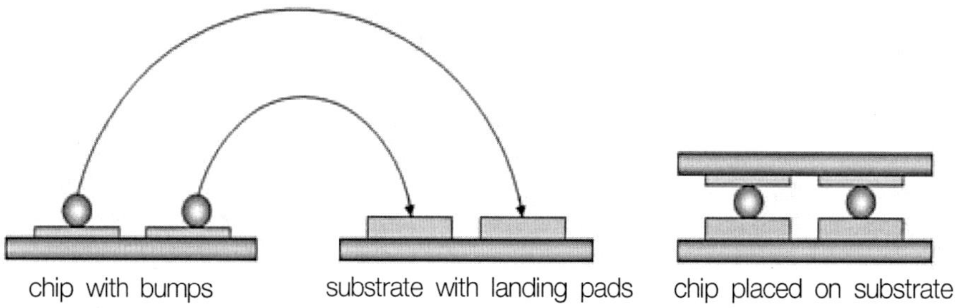

▸▸ 그림 1.52 플립 칩 공정 구조(Flip-Chip process structure)

◉ 기본적인 플립 칩(Flip-Chip) 조립 공정은 다음과 같다.

- 칩(chip) 표면에 범프(bump)를 입힌다.
- 범프드(bumped)된 칩(chip)을 기판에 'face-down'으로 장착한다.
- 칩(chip)과 기판 사이의 빈 공간을 비 전도성 물질 물질로 채우는 언더필링(underfilling) 공정을 한다.

(1) 플립 칩 범핑(Flip-Chip Bumping)

범핑(bumping)이란 웨이퍼 Al Pad 위에 Au 또는 솔더(solder) 등의 소재로 5 ~10㎛ 크기의 외부 접속 단자(bump)를 형성해 주는 차세대 공정을 말한다. 다이(die) 표면의 bump들은 여러 기능을 수행할 수 있는데 기판과의 전기적 연결, 칩에서 기판으로 열전달을 제공함으로써 열 방출, 칩과 칩 사이 또는 칩과 기판 사이에 공간을 제공하여 전기적 쇼트를 방지, 물리적으로 칩을 지탱할 수 있는 역할 등을 한다.

① 솔더 범프(Solder Bump)

솔더 범핑(solder bumping)은 스퍼터링(sputtering), 플레이팅(plating) 등에 의해 UBM(Underbump Metallization)을 chip에 도포한다. UBM을 입히는 공정은 본드패드(bond pad)에 있는 옥사이드(oxide) 층을 제거하고 솔더링(soldering)할 부분을

정하는데 쓰인다. 그 다음 UBM 층 위에 증발(evaporation), 전기 도금(electroplating), 스크린-프린팅(screen-printing), 니들-데포지팅(needle-depositing) 등으로 솔더(solder)를 도포하게 된다.

◉ 증발 범프 공정(Evaporated bump process)

1960년대 IBM에 의해서 특허가 된 C4(Controlled Collapse Chip Connection) 증발 범프(evaporated bump) 공정은 메인 프레임 컴퓨터를 위한 멀티칩 모듈을 생산하는데 쓰였다. 증발 범프(evaporated bump) 공정은 Mo(molybdenum) shadow 마스크를 통해 선택적으로 도포한다. 초기 공정에서는 Ar(argon) 스퍼터 에치(sputter etch) 공정에 의해 다이본드 패드(die bond pad)의 산화막을 제거하고 전기 접촉 저항성을 낮추는 역할을 한다. 그 후에 Cr/Cr:Cu/Cu/Au를 증발(evaporation)하여 UBM 층을 형성한다. UBM layer 도포가 끝나면 Pb, Sn을 차례대로 도포하여 범프(bump)를 생성시킨다.

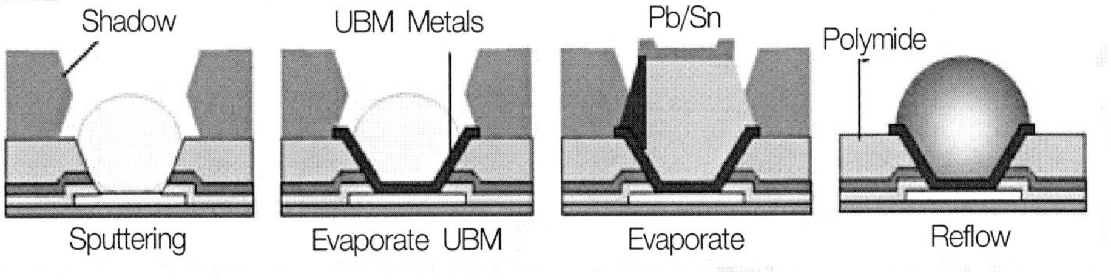

▸▸ 그림 1.53 Evaporated bump process

◉ 일렉트로 플레이트 범프 공정(Electroplated bump process)

초창기 범핑(bumping) 공정 중에는 1960~1970년대 초에 UBM을 도포할 때 TAB(Tape automated bonding)으로 일렉트로 플레이팅(electroplating) 방식이 등장하였다. Au(gold)는 TAB bump에 가장 많이 쓰이는 금속이었으며 일본인들에 의해 계산기나 시계 같은 저가의 소비형 제품을 제작할 때 생산성을 높이기 위해 이 기술이 도입되었다. 그 후로부터 일렉트로 플레이트(electroplate) 방식은 여러 단계의 진화과정을 거쳐 플립칩(flip chip)을 위한 웨이퍼 범프(bump)에 사용하기에 이른다.

일렉트로 플레이팅(electroplating)을 위해서는 맨 먼저 웨이퍼 표면 세정 공정을 거쳐 전기 접촉성과 범프(bump)의 고착을 높이게 한다. 세정 공정 후, 범프(bump)의 UBM 기초구조 중 첫 번째 금속 층이 스퍼터링(sputtering) 공정에 의해 도포된다. 이 첫 번째 금속 층은 대개 타이타늄과 내열성의 다른 금속과 혼합하여 디바이스와 전기 접촉성을 최적화시킨다. 이렇게 함으로써 웨이퍼 표면에 강한 접착성을 가지게 되고 솔더 범프(solder bump)와 다이(die) 금속 층 간의 확산 장벽(diffusion barrier)으로서 작용하게 된다. 그 다음, 구리와 같은 얇은 금속 시드(seed)층을 도포하여 일렉트로 플래이팅(electroplating) 공정 시 저 저항성을 가지도록 한다. 스퍼터링(Sputtering)된 UBM 표면에 일렉트로 플레이팅(electroplating) 공정을 할 부분을 선택하기 위해 photo 공정을 수행하게 된다. photo 공정이 끝난 후에는 물리적 안정을 위해 좀더 많은 구리를 첨가하고 그 위에 솔더 범프(solder bump)를 위한 합금을 플레이팅(plating) 하여 범프(bump)구조를 완성한다. bump(범프)구조가 완성 되면 포토레지스트(photoresist) 를 제거하고 습식 에치(wet etch)로 UBM 층을 식각하여 벗겨낸다. 마지막으로 아싱(Ashing), 플럭싱(fluxing), 리플로윙(reflowing), 클리닝(cleaning) 공정을 거쳐 마무리한다.

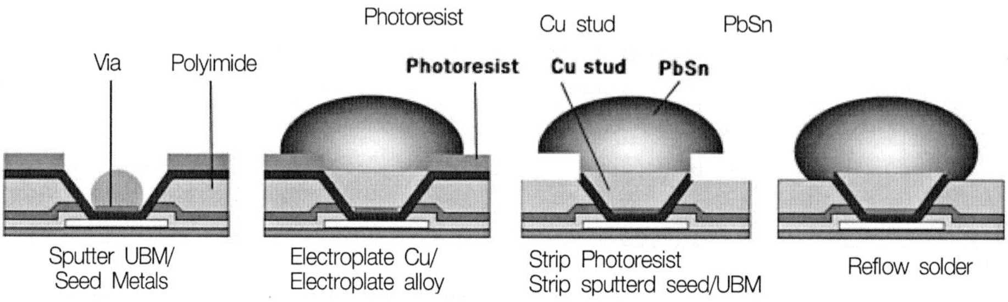

▸▸ 그림 1.54 일렉트로 플레이트 범프 공정(electroplate bump process) a.

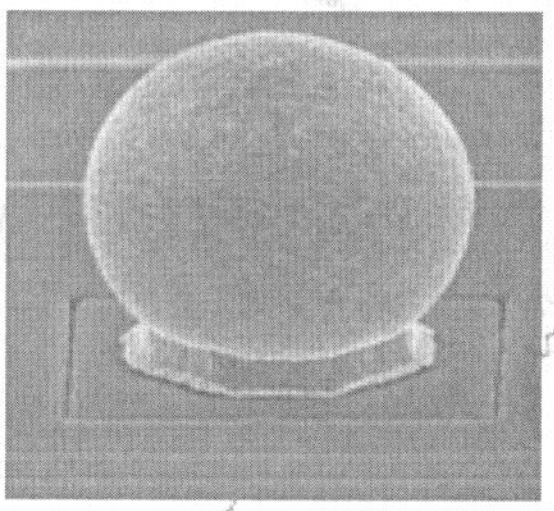

▸▸ 그림 1.55 피니시드 솔더 볼(finished solder ball)

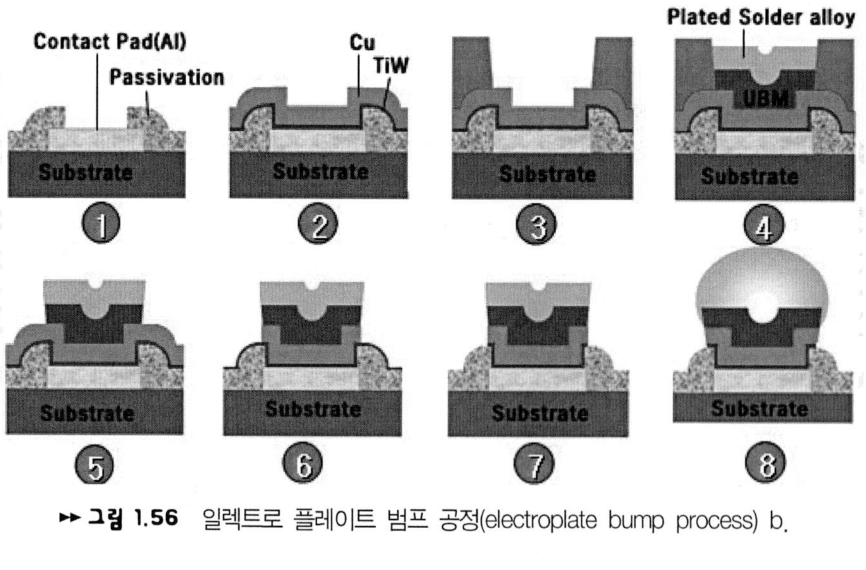

▸▸ 그림 1.56 일렉트로 플레이트 범프 공정(electroplate bump process) b.

일렉트로 플레이팅(electroplating) 의 공정순서를 <그림 1.54>에서 보여 주고 있다. 공정순서는 아래와 같다.

- 외관검사(visual inspection)을 통하여 육안으로 파티클(particle)을 검사한다. IC 본드 패드(bond pad)의 마지막 층은 와이어 본딩(wire bonding)을 위해 Al(알루미늄)으로 구성된다.
- Al 자연 산화막을 제거하고 Ti-W 층과 Cu 층을 도포한다.
- photo 공정으로 노출과 현상을 통해 포토 레지스트(photoresist)를 생성한다. 이때 범핑(bumping)할 영역이 정해지게 된다.
- UBM(Under Bump Metallurgy - 일반적으로 Ni을 사용)를 생성하고 그 위에 솔더 합금(solder alloy)를 도포한다.
- 솔벤트(Solvent)와 울트라사운드(ultrasound)로 포토레지스트(photoresist)를 제거한다.
- 습식 에칭(wet etching)을 통하여 Cu 부분을 제거한다.
- 습식 에칭(wet etching)을 통하여 Ti-W 금속 층을 제거한다.
- 솔더 리플로우(solder reflow), 백 그라인딩(backgrinding), CMP 공정을 거쳐 완성한다.

② Au 스터드 범프(Stud bump)

Au 스터트 범핑(stud bumping)은 상업적으로 판매되고 있는 와이어 본더(wire-bonder) 장비에 의해 공정이 이루어 질 수 있다. 실제 Au 범핑(bumping)은 50년 이상된 와이어 본딩(wire-bonding) 공정에서 진화된 공정이다. <그림 1.57>은 일반적인 IC의 와이어 본딩(wire-bonding) 모습을 보여주고 있는데 Au 범핑(bumping) 공정은 이 와이어 본딩(wire-bonding) 공정을 약간 변형시킨 것이다. 다이 본드(die bond)에 첫 번째 Au 범핑(bumping) 연결이 이루어진 후 와이어(wire)를 끊어 내게 된다. 즉 <그림 1.57>에서 점선 부분을 잘라내어 Au 범핑(bumping)을 만드는 것이다.

<그림 1.58>은 와이어 본딩(wire-bonding) 후 생성된 Au 범프(bump)의 모습이다.

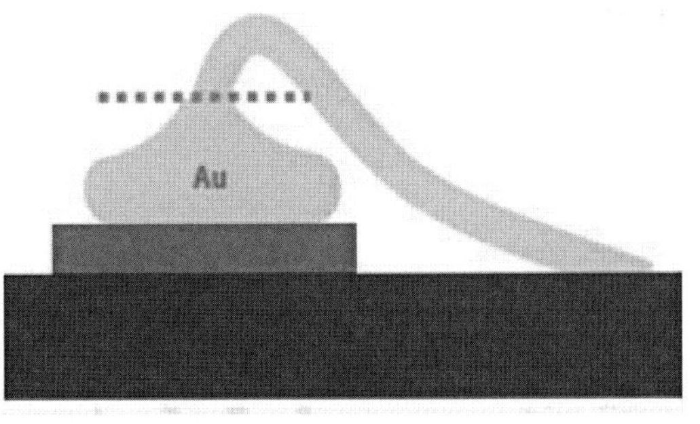

▸▸ **그림 1.57** 와이어 본딩 공정의 형태(typical wire-bonding process)

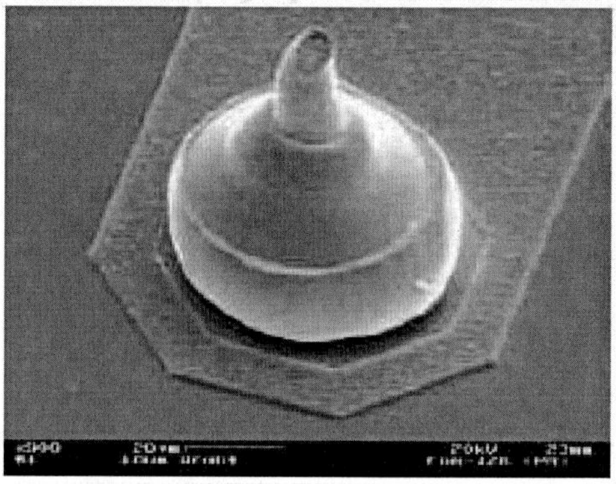

▸▸ 그림 1.58 Au 펌프

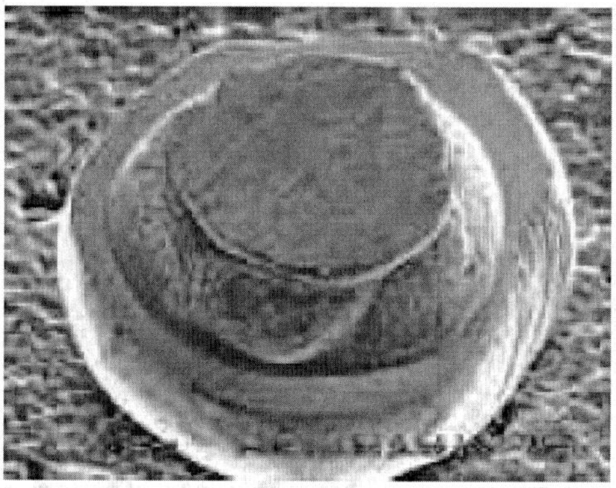

▸▸ 그림 1.59 코이닝 후의 Au 범프(Au bump after coining)

(2) 범핑 법(Bumping Methods)

① 솔더 조인(Solder Join)

플립 칩 솔더링(flip-chip soldering) 공정에서는 솔더 범프(solder bump)를 회로 기판에 생성한다. 솔더(solder)는 전부 그런것은 아니지만 일반적으로 기판 패드(pad)에도 생성한다. 미세 피치(pitch)를 요구하는 분야에는 솔더(solder)를 일렉트로 플레이팅(electroplating), 솔더 잉크 젯(solder ink jet) 등에 의해 생성한다. 리플로(reflow) 공정 후에는 잔유 플럭스(flux)를 세정한다. 언더필(underfill) 물질을 칩의 한쪽이나 양쪽에서 점성이 낮은 에폭시 계열로 밀어 넣어 칩과 기판 사이의 공간을 채우게 된다. 마지막으로 열에 의해 언더필(underfill)물질을 경화시킨다. 언더필(underfill) 공정이 끝나면 플립 칩(flip-chip)접합의 수정은 매우 어려우므로 리플로(reflow)가 끝난 후 언더필(underfill) 공정 전에 테스트를 수행해야 한다. 대략적인 플립 칩 솔더 조인(flip-chip solder join) 공정은 다음과 같다.

- 다이(die) 준비(testing, bumping, dicing)
- 기판(substrate) 준비(flux application or solder paste printing)
- 리플로 솔더링(reflow soldering)
- 플럭스 잔여물의 클리닝(cleaning of flux residues)
- 언더필(underfill) 주입
- 언더필(underfill) 경화

② 열압착 조인(Thermocompression Join)

열압착 조인(thermocompression Join)에서는 칩의 범프(bump)들이 일정 힘과 열에 의해서 기판 패드(pad)에 접착된다. 이 공정은 칩(chip)이나 기판 표면에 골드 범프(gold bump)가 있어야 한다. 접착 온도는 Au의 경우 300℃ 이상이 필요하고 이는 범프(bump)를 무르게 하고 확산 본딩(diffusion bonding) 공정을 향상한다. 이 공정에 필요한 누르는 힘과 온도가 높기 때문에 알루미나(alumina)나 실리콘 같은 단단한 재질의 기판에 사용하도록 제한된다. 추가적으로, 기판은 반드시 높은 평탄화가 되어 있어야 하며 높은 균일도를 가져야 한다. 누르는 힘은 데미지를 최소화하기 위해 점차적으로 늘려야 한다. 공정순서는 기판 위에 칩(chip)을 정확하게 맞춘 다음에 기판을 가열하여 접촉 부분을 녹인다. Au 범프(bump)가 사용될 경우 녹는 점은 320℃ 이상으로 가열해야 한다. 이와 동시에 칩(chip)에 정확히 제어된 힘을 가하게 된다. 일반적으로 누르는 힘은 범프(bump)당 50~80cN 정도이다.

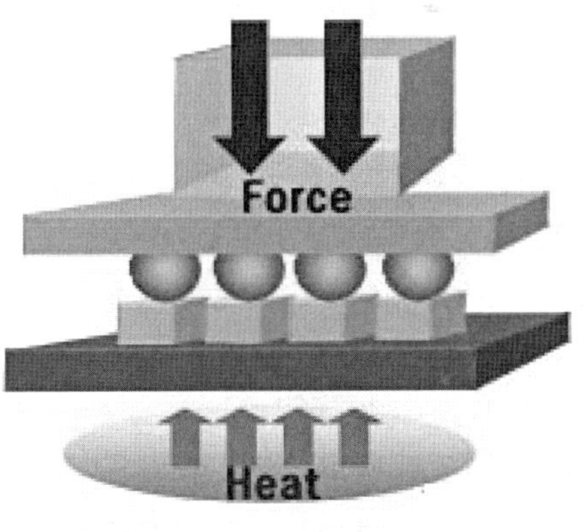

▸▸ **그림 1.60** 열압착 공정(thermocompression process)

③ 열 초음파 조인(Thermosonic Join)

열 초음파 본딩(thermosonic bonding) 공정은 초음파 에너지를 이용하여 접합 공정을 보다 빨리 진행할 수 있다. 초음파 에너지는 pick-up tool로부터 칩(chip)의 뒤쪽 표면을 통과하여 접착 지점으로 전달된다. 이렇게 전달된 초음파 에너지는 접착물질을 무르게 하여 형태를 변형시킨다. 열압착(thermocompression)과 가장 큰 다른 점은 접착 공정 온도가 낮으며 공정 시간이 짧다는 것이다. 이 공정의 잠재적인 문제점으로는 실리콘에 구멍이 생길 수 있는데 이와 같은 데미지는 과도한 초음파 진동 때문인 것으로 알려졌다.

공정순서는 칩(chip)을 정확한 위치에 고정 하고 초음파 에너지를 한 방향으로 왕복으로 쏘게 된다. 기판을 가열시키고 위에서 누르는 힘에 의해서 칩(chip)의 범프(bump)는 기판에 접착되게 된다. 칩(chip)의 범프(bump)와 기판의 접촉 부분은 일반적으로 Au(gold)를 많이 쓰고 있다.

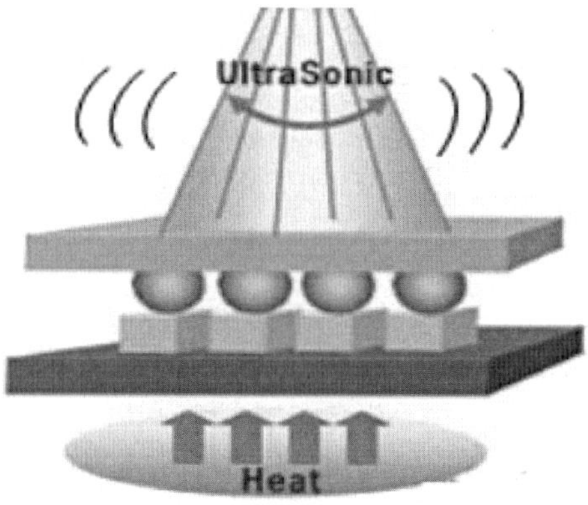

▸▸ **그림 1.61** 열 초음파 공정(Thermosonic process)

④ 접착 조인(Adhesive Join)

접착 조인(adhesive join)에서는 칩(chip)과 기판 사이에 접착물질을 도포하고 열과 누르는 힘에 의해 접착시키는 방법이다. 접착물질은 여러 방법으로 도포될 수 있는데 한쪽에서 접착물질을 쏘아 도포하거나 스텐실 프린팅(stencil printing), 핀 트랜스퍼(pin transfer) 등에 의해 도포될 수 있다. 이방성 접착 전도물질을 사용하면 전기적 접촉은 한쪽 방향으로 제한된다. film 형태의 접착물질을 사용할 수 있는데 가장 큰 장점은 낮은 온도에서 접착이 가능하다는 것이다. 하지만 접착시 두 물질 간의 접촉을 강화시키기 위해서 보다 큰 힘으로 눌러야 하는 점이 있다. 접착물질은 온도나 UV 광선에 의해서 경화된다.

(3) 언더 필링(UnderFilling)

플립 칩(flip-chip) 표면과 보드나 기판의 빈 공간을 비 절연체 접착물질로 채우는 작업을 언더필링(underfilling)이라고 한다. 이는 범프(bump)와 플립칩(flip-chip) 표면을 습기, 오염, 기타 다른 환경적 재해로부터 방지한다. 이 층은 chip과 기판의 열 확산 차이에 의한 스트레스로 인하여 발생하는 데미지를 방지한다. 플립 칩(flip-chip)의 언더필링(underfilling)은 <그림 1.62>와 같이 가장자리에서 바늘 모양의 주입기에 의해 채워진다.

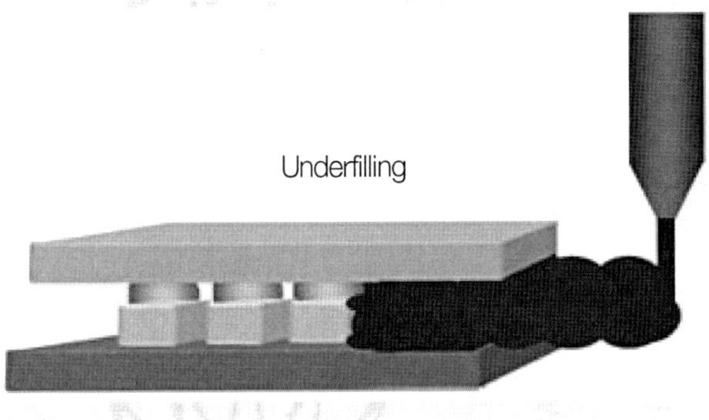

►► 그림 1.62 언더 필링 공정(underfilling Process)

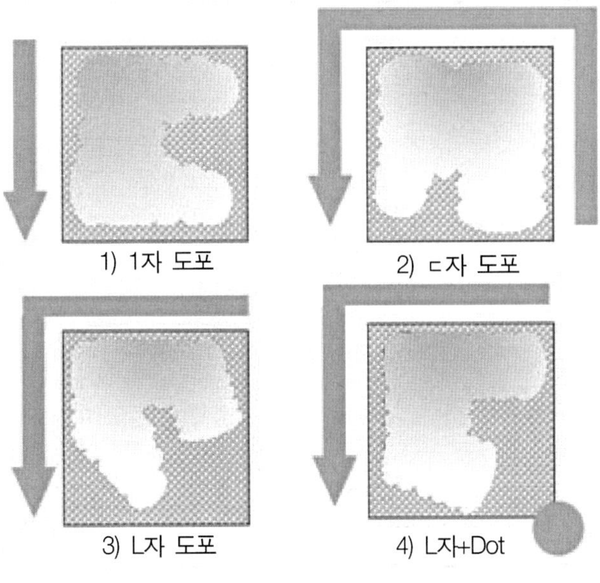

►► 그림 1.63 언더필(underfill) 도포 방법

언더필링(underfilling)의 주의 사항으로는 기판과 칩(chip) 사이를 언더필(underfill)물

질로 채울 때 내부 공기가 전부 빠져나가지 않으면 빈 공간이 생길 수 있다. 이를 에어 트래핑(air trapping) <그림 1.64>라 하며 전체적인 언더필(underfill)이 이루어지지 않아 습기 등에 의해 오염을 발생시켜 패키지에 데미지를 줄 수 있다.

▸▸ **그림 1.64** 에어 트래핑의 예

(4) UBM(Under Bump Metallization)

UBM은 플립 칩(flip chip) 공정 중 가장 첫 번째로 시작되는 공정이 된다. UBM 은 실생활과 비교하면 건물 건축 시 기초 공사에 해당된다. 건물 기초 공사와 마찬가지로 문제가 발생되지 않으면 UBM는 외부에서 거의 보여지지 않게 된다.

대부분의 IC 본드 패드(bond pad)의 마지막 층은 와이어 본딩(wire bonding)을 위해 Al(알루미늄)으로 구성된다. 하지만 이 Al 표면은 대부분의 전도성 범프(bump)와 호환성이 떨어진다. Al은 공기에 노출되자마자 자연 산화막이 생기게 되고 이 산화막이 절연체로 작용하게 된다. 따라서 bumping을 하기 위해서는 우선 이 알루미늄 산화막 층을 제거하고 다른 금속물질을 입히게 되는데 이 층을 UBM이라 하는 것이다. UBM은 강도가 높아야 하며 알루미늄과 전기적 연결이 좋도록 낮은 저항을 가지고 있어야 하며 알루미늄과 접착이 잘 이루어져야 한다. 또한 IC에 범프(bump) 금속 재질이 스며들지 못하도록 한다. IC pad의 Al 산화막 층은 스퍼터 에치(sputter etch), 플라즈마 에칭(plasma etching), 아이온 에칭(ion etching)이나 화학품 처리로 제거될 수 있다.

현재 생산되는 75% 정도의 UBM은 스퍼터(sputter)나 증발(evaporate)에 의한 여러 층의 금속 층으로 구성된다. 일반적인 공정순서는 다음과 같다.

- 스퍼터(sputter) 공정으로 Al의 산화막 층을 제거한다.
- Ti / Cr / Al을 100nm 두께로 도포하여 접착막(adhesion layer)을 생성한다.

• Cr:Cu를 80nm 두께로 도포하여 확산 장벽막(diffusion barrier layer)를 생성한다.
• Cu / Ni:V를 300nm 두께로 도포하여 솔더 웨터블 막(solder-wettable layer)을 생성한다.
• Au를 50nm로 도포하여 옥시다이션 장벽 막(oxidation barrier layer)를 생성한다.

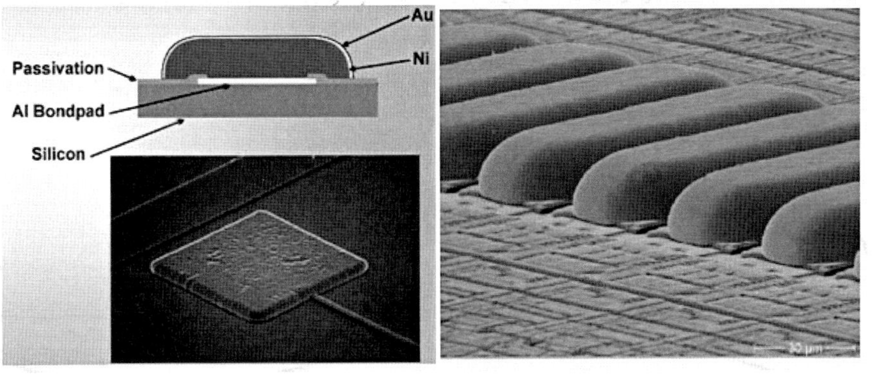

▸▸ **그림 1.65** UBM의 예

1.6.5 리드 피니시(LeadFinish)

리드 피니시(leadfinish) 공정은 IC의 리드(lead) 를 금속물질로 코팅하는 공정이다. 이는 리드(lead)들의 오염 방지, 마찰에 의한 손상 방지, 접착력 강화 등을 위한 공정이다. 반도체 산업에서는 리드 피니시(leadfinish) 공정은 크게 플레이팅(plating) 공정과 코팅(coating) 공정으로 나눌 수 있다. 플레이팅(Plating) 공정은 tin 같은 순수 금속을 쓰는 것과 tin/lead와 같은 합금을 쓰는 방법이 있다.

코팅(coating)은 솔더(solder) 같은 물질로 표면을 도포하여 금속접합을 하는 공정이다. 코팅(coating)에 쓰이는 물질은 315℃ 이하에서 녹아야 한다. 솔더 코팅(solder coating) 공정에서 중요한 변수는 표면 장력 즉, 솔더(solder)에 의해 코팅될 표면은 코팅물질을 흘러내리지 않도록 붙잡고 있어야 한다. 솔더(solder)층은 코팅(coating)공정 중에 표면에 솔더(solder)가 퍼지는 정도에 따라 생성된다.

틴 플레이팅(tin plating)은 전도물질이나 전해질 용액에 플레이팅(plating)하고자 하는 물질을 넣고 전류를 가하여 코팅이 이루어진다. 일렉트로 플레이팅(electroplating) 시스템은 다음과 같이 구성된다.

• Cathode : 코팅될 표면
• Anode : 코팅하고자 하는 소스물질

- Electrolyte(전해질) : anode에서 cathode로 금속 이온을 전달하는 역할을 하는 용액
- Power Source : anode 쪽의 소스 물질을 금속 이온화시키는 전류나 에너지 코팅이 이루어지는 cathode 측에서는 이온들이 소모 되는 환원 반응이 일어난다. 이와 반대로 소스 역할을 하는 anode 측은 산화 반응이 일어나며 다음과 같은 식으로 표현된다.

$$\text{환원 반응: } Sn^{+2} + 2e^{-} \Rightarrow Sn^{0}$$

$$\text{산화 반응: } Sn^{0} \Rightarrow Sn^{2+} + 2e^{-}$$

1.6.6 마킹(Marking)

마킹(marking) 공정은 IC 패키지 위에 IC를 식별하거나 다른 것들과 구별하기 위하여 일종의 표식을 새기는 공정이다. 일반적으로 디바이스 이름, 제조사 로고, 생산일자, lot id 등이 일반적으로 새겨진다. 이러한 표식들은 조립 공정 중에 새겨질 수도 있고 또는 테스트 공정 중에 새겨지기도 한다. 일반적으로 마킹(marking)에는 잉크 마킹(ink marking)과 레이저 마킹(laser marking)으로 구분된다. <그림 1.66>은 Infineon사의 마킹(marking) layout을 보여주고 있다.

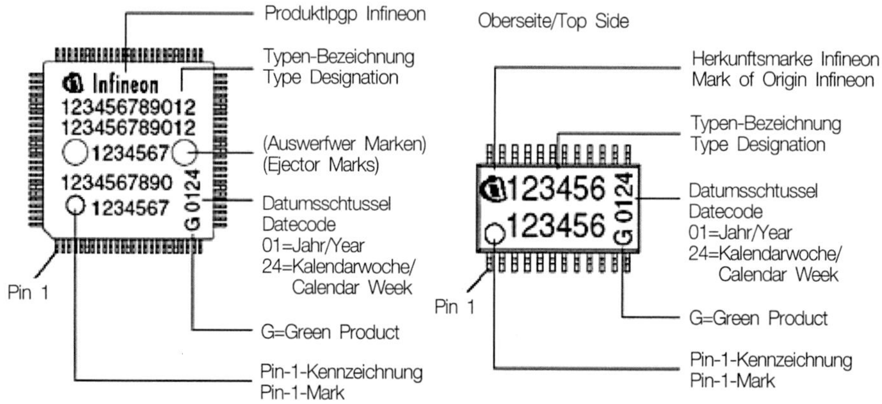

▸▸ **그림 1.66** Infineon's 레이저 마킹(Laser Marking) Layouts

(1) 잉크 마킹(Ink marking)

반도체 공정에서 일반적인 잉크 마킹(ink marking)은 패드 프린팅(pad printing) 방식이다. 패드 프린팅(pad printing)에서는 잉크 패턴이 미리 새겨진 틀 모양의 실리콘 루버(rubber)로 잉크를 묻히고 이를 패키지 위에 가져다 놓고 찍어 문양을 새기게 된다. 실리콘 루버(rubber)는 유연하고 탄력이 있어 표면이 고르지 못해도 프린팅이 가능하다.

공정은 우리가 도장을 찍는 것 같이 다음과 같이 간단히 나타낼 수 있다.

패드(pad)가 잉크 위로 이동하여 패드에 잉크를 묻히고 패드를 다시 패키지 표면 위에 찍으면 잉크가 묻게 되고 다시 패드(pad)를 들어 올리면 잉크만 남게 된다. 마킹(marking)의 질 이외에도 마킹(marking) 성능은 ic 패키지 마킹(marking) 공정에서 중요한 역할을 한다. 마킹(marking) 성능의 저하 요인으로는 부적절한 잉크 사용, 공정에 쓰이는 잉크를 잘못 보관하거나 마킹(marking) 표면이 오염 등이 있다. 마킹(marking) 표면에 잉크가 잘 붙어야만 좋은 성능을 내며 이를 위해서는 잉크의 표면 장력은 마킹(marking) 하는 위치의 표면 장력보다 적어야 한다. 그러므로 잉크의 표면 장력 데이터와 패키지의 표면 장력 데이터를 면밀히 분석하여 사용해야 한다.

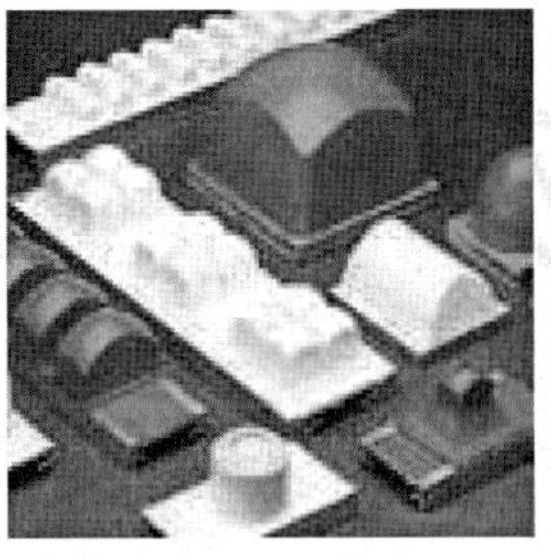

▸▸ **그림 1.67** 실리콘 루버 패드(Silicone Rubber Pads)

▸▸ **그림 1.68** 잉크 마킹의 예(Example of Ink Marking)

(2) 레이저 마킹(Laser Marking)

레이저 마킹(laser marking)은 레이저(laser) 빔을 이용하여 표면에 표식을 각인하는 공정이다. 레이저 마킹(laser marking)은 IC 패키지 마킹(marking)으로 크게 자리 잡고 있으며 레이저를 이용함으로써 빠른 작업 공정과 비접촉 공정으로 인하여 소모되는 재료가 없다는 장점이 있다. 레이저의 종류는 많이 있지만 반도체 산업에서 주로 쓰이는 것은 CO_2 레이저, YAG 레이저, diode 레이저가 많이 쓰이고 있다. 레이저에 의해 각인되는 표식은 레이저 빔의 촛점 사이즈만큼 표면이 파이면서 이 음영으로 인하여 표식으로 보여지게 된다. 레이저의 안정성과 beam의 이동을 정확하게 제어 함으로써 마킹(marking)의 질을 제어할 수 있게 된다. 25㎛~150㎛ 정도 넓이의 라인은 15㎛~25㎛ 통과 깊이를 갖는다. 패키지에 대한 잠재적인 데미지를 고려하게 되면 마킹(marking)되는 깊이가 얕아지는 경우가 있다. 각인된 표식은 패키지 몰딩 컴파운드(molding compound)의 재질이나 빔의 특성에 따라 흰색이나 엷은 노란색을 띄는데 이는 패키지의 표면 색깔에 대비되어 잘 보여지도록 해준다.

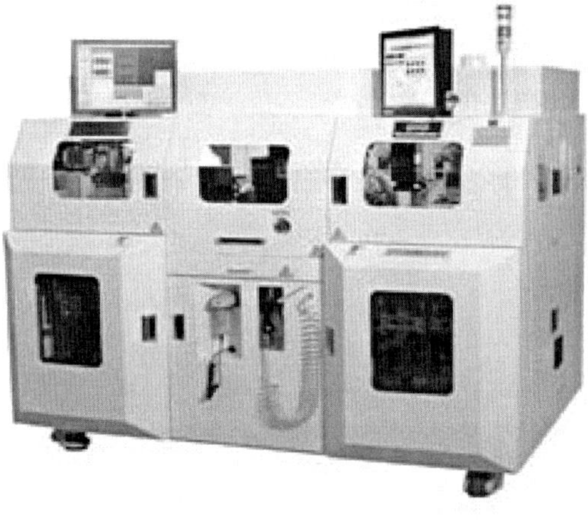

▶▶ 그림 1.69 레이저 마킹 시스템(laser marking system)

▶▶ 그림 1.70 레이저 마킹 시스템의 예(example of laser marking system)

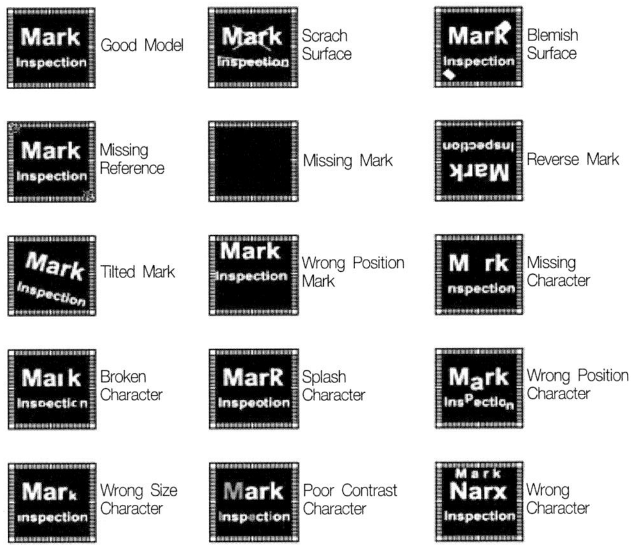

▸▸ 그림 1.71 레이저 마킹 실패 유형(laser marking failure types)

1.6.7 몰딩(Moding)

몰딩(molding)은 플라스틱 재질로 디바이스를 감싸는 공정이다. 반도체 제조 산업에서는 트랜스퍼 몰딩(transfer molding) 공정은 가장 많이 쓰이는 몰딩(molding) 공정 중의 하나인데 복잡한 구조를 가지는 작은 디바이스를 몰딩(molding)할 수 있기 때문이다. 이 공정 중 몰딩 컴파운드(molding compound)는 몰딩 챔버(molding chamber)에 로드되기 전에 예열 과정을 거치게 된다. 몰딩 컴파운드(molding compound)의 예열과정이 끝나면 플런저(plunger)에 의해 챔버 속으로 밀어 넣어지게 되고 녹는 점에 달하여 액체 상태로 된다. 플런저(plunger)에 힘을 더 가하여 액체상태의 몰딩 컴파운드(molding compound)를 러너(runner) 속으로 밀어 넣게 된다. 러너(runner)는 액체상태의 몰딩 컴파운드(molding compound)가 다이(die)를 전부 감쌀 수 있도록 이동할 수 있는 통로로 작용한다.

▸▸ 그림 1.72 MGP mold

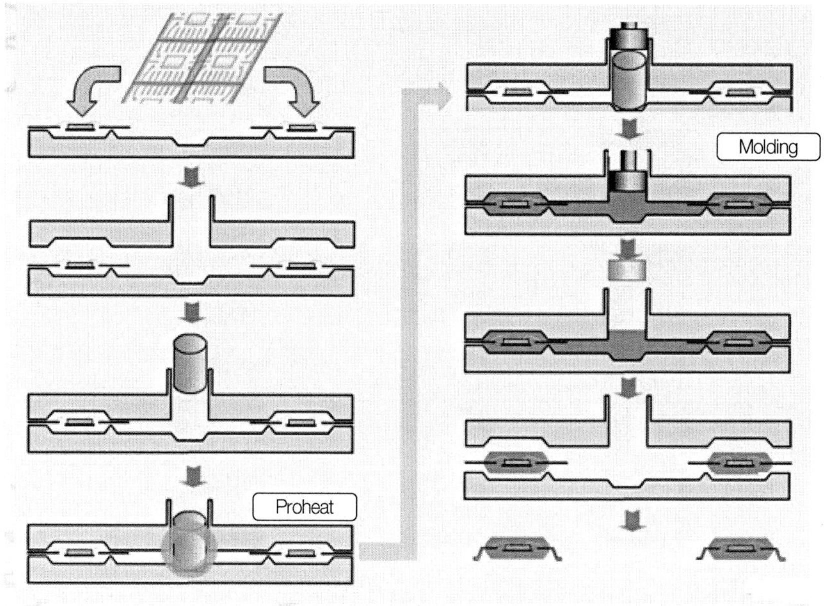

▶▶ **그림 1.73** 몰딩 공정(molding process)

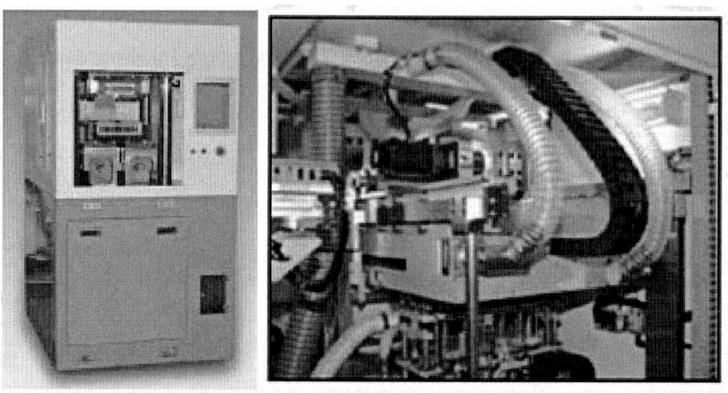

▶▶ **그림 1.74** 몰딩 머신(molding machine)

◉ 몰딩과 관련된 단점(Molding related failure)

- 패키지 크래킹(package cracking) : 패키지에 있는 크래킹
- 패키지 스트레스와 관련된 일렉트리컬 단점
  (package stress-related electrical failure) : 다이(die) 표면에 스트레스로 다이(die) 구성 물질의 변형으로 전기적 성질이 변형.
- 와이어스위핑(wiresweeping) : 몰딩(molding) 공정 시 몰딩(molding)의 방향에 따라 배선이 뒤틀리거나 이동하여 단선이나 쇼트가 발생.

- 패키지 표면과 피츠(package voids and pits)
  플라스틱 molding 재질의 빈 공간으로 인하여 패키지 표면에 발생되는 결함 pits이나 몸체에 발생되는 void.
- 불완전 필링(incomplete filling) : 몰딩(molding) 공정 시 몰딩 컴파운드(molding compound)가 die를 완전하게 감싸지 못하는 현상.
- 블리스터링(blistering) : 패키지 표면에 발생하는 물집처럼 생기는 부풀어 오르는 현상.
- 패키지 갈림(package delamination) : 몰드 컴파운드(molding compound)와 패키지 사이에 접합이 안 되는 현상.
- 애세시브 플래시(excessive flashes) : 몰딩(molding) 후에 패키지의 가장자리에 과도하게 남아 있는 몰딩 컴파운드(molding compund)
- 솔더 보이드(solder voids) : 리드 피니시(leadfinish) 공정 중에 리드(lead)를 덮고 있는 액세스 플래시(excess flash)가 제거될 때 다이(die)의 금속 층이 드러나는 현상.
- 마크 지속성 실패(mark permanence failure) : 패키지 위에 남아 있는 잉크 마크.

1.6.8 TAB(Tape Automated Bonding)

(1) 소개(Introduction)

TAB(Tape Automated Bonding)은 폴리이미드(polyimide) 같은 폴리머(polymer) 계열의 물질로 만들어진 유연성의 테이프 위에 다이(die)를 자동으로 배치하는 공정을 말한다. 다이(die)의 접합 부분은 대게 Au, 솔더(solder)로 재질의 범프(bump)나 볼(ball) 모양으로 되어 있고 테이프 위의 미세 절연체와 연결된다. 이 미세 절연체는 다이(die)를 패키지나 다른 외부 회로와 연결하는 통로를 제공한다.

다이(die)와 테이프(tape)를 접합하는 TAB 공정은 IBL(Inner Lead Bonds)이라 하고 테이프(tape)와 패키지나 다른 외부 회로의 접합을 OLB(Outer Lead Bonds)이라고도 한다. TAB 공정에서 쓰이는 테이프(tape)는 보통 단면이 부착 가능하며 Cu가 일반적으로 쓰인다. Cu는 일렉트로 디포짓(eletro-deposit)에 의해 도포되거나 cu 롤(roll)을 접착제로 붙이는 방법이 있다. 그 다음 회로 소자의 이미지를 포토(photo) 공정으로 Cu 위에 새기게 된다. 일반적인 폴리이마이드(polyimide) 계열의 테이프(tape)의 넓이는 35mm, 45mm, 70mm 등이 있으며 두께는 50~100μm 정도이다. 테이프(tape)가 롤(roll) 형태로 감겨 있기 때문에 회로의 길이는 스프로킷 피치(sprocket pitch)로 측정되며 각각 스프로킷 피치(sprocket pitch)는 4.75mm 정도이다. 그러므로 16pitch라 하면 76mm 길이가 된다. 다이 범프(die bump)를 TAB 회로상의 해당 lead선에 접착시키기 위해서 테이프(tape)에 범프(bump)가 들어갈 구멍을 뚫게 된다. 이 뚫려진 구멍 위로 다이 범프(die bump)를 맞추기 위해 테이프(tape)를 이동시켜 접착지점을 찾게 된다.

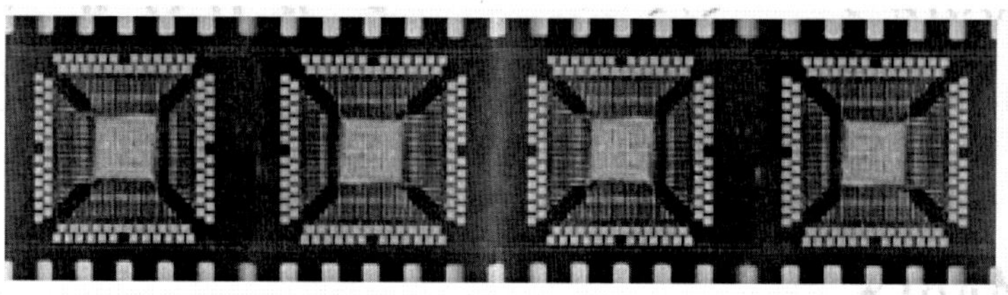

▸▸ 그림 1.75 TAB 테이프와 다이의 예(Example of TAB tape and Die)

(2) 공정 방법(Process methods)

TAB 공정은 초창기 와이어본딩(wirebonding)이 수동적이고 느린 단점을 대체하기 위해 개발되었는데 초기 페어차일드(fairchild), 내셔널(national)이 SSI 디바이스 패키징에 이 공정을 채택하여 사용하였고 Japan, Europe에서는 시계 제작에 이 공정을 사용하였다. 그러던 중 와이어본딩(wirebonding) 기술이 자동화되고 공정 속도가 빨라짐에 따라 TAB 공정의 이점이 줄어들자 마침내 퇴보하게 된다. Japan에서만 계산기, 카메라, 시계 등 접합 기술로 계속 사용했었다. TAB 공정은 주로 FPD(Flat Panel Display) 산업에서 사용되며 디스플레이(display)의 글래스(glass)에 칩(chip)을 배치하는데 사용된다. 또한 스텝 모터의 센서 같은 응용 분야에도 쓰인다. TAB 공정에 쓰이는 유연성 회로는 180°까지 구부려질 수 있다.

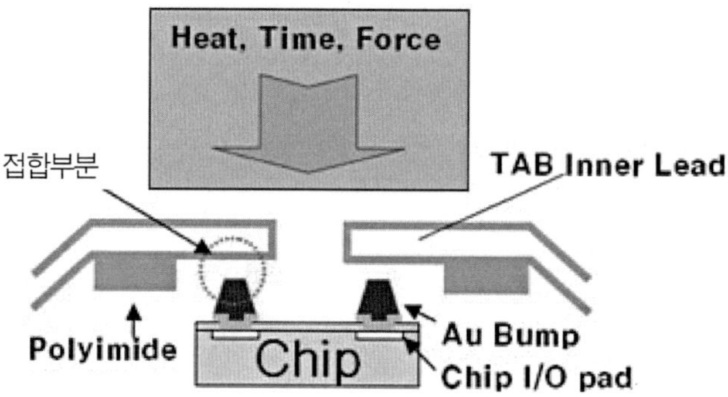

▸▸ 그림 1.76 TAB 내부 리드연결(Inner lead connection)

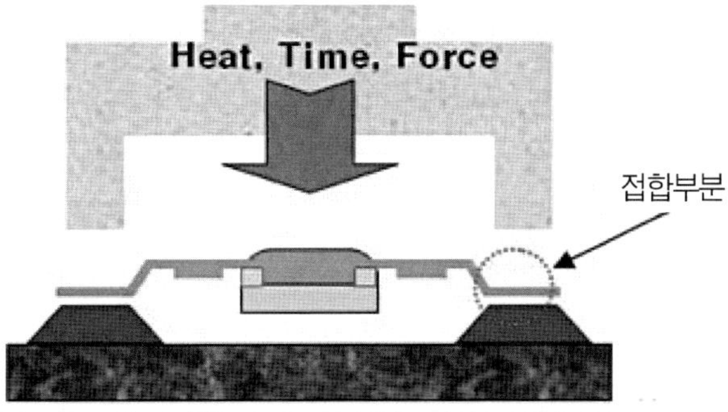

▸▸ **그림 1.77** TAB 외부 리드연결(outer lead connection)

다이(die)와 회로(circuit)를 연결하는 방법은 아래 두 가지로 나눌 수 있다. 첫 번째 방법으로 싱글 포인트 열초음파 본딩(single point thermosonic bonding)이 있다. 이 방법은 본드 패드(bond pad)의 Au 범프(bump)들을 각각 열(heat), 시간(time), 힘(force), 초음파(ultrasonic)에 의해 TAB 리드(lead)와 접합하게 된다. 이 방법은 특별한 툴이 필요하지 않지만 갱 본딩(gang bonding) 보다 공정 시간이 더 걸린다.

두 번째는 갱 본딩(gang bonding)으로 열압착 본딩(thermocompression bonding) 방식이다. 이 방법은 동시에 모든 리드(lead)와 범프(bump)들 간에 확산 본드(diffusion bond)를 하기 위해 열압착(thermocompression)방식으로 공정이 진행된다. 이 방법에서는 특별히 고안된 본딩 툴(bonding tool)이 열(heat), 시간(time), 힘(force) 등을 제어하여 높은 처리율(throughput)을 낼 수 있다. 회로의 최종 높이는 다이(die)의 두께 (+) 범프(bump) 두께 (+) 구리 트랙(copper track)이 되므로 전체 사이즈를 최소화할 수가 있다.

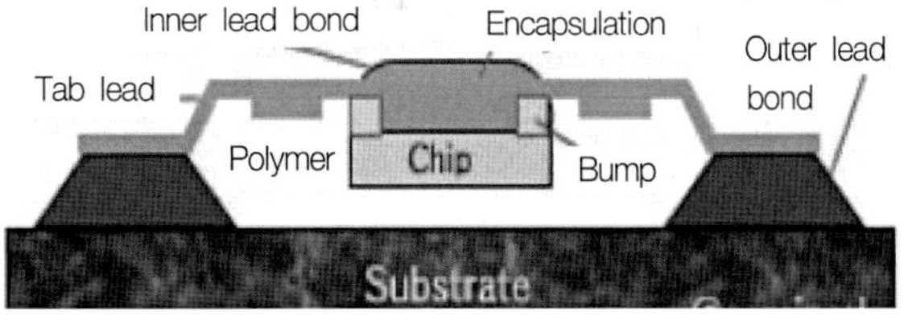

▸▸ **그림 1.78** TAB 공정 후(after TAB process)

갱 본딩(gang bonding)후 에는 다이(die), 본드(bond), 테이프 리드(tape lead)는 캡슐화하여 굳히면 물리적, 화학적 오염을 방지할 수 있다. 그 다음 다이(die)는 전기적 테스트과정을 거쳐 마지막 패키징 공정으로 이동된다.

(3) 장점 vs 단점(Advantage vs. Disadvantage)

① 장점(Advantage)

- 보다 작은 본드 패드(bond pad)와 더 미세한 본딩 피치(bonding pitch)를 사용할 수 있다.
- 다이(die) 전체에 본드 패드(bond pad)를 사용할 수 있어서 주어진 사이즈에서 I/O의 수를 증가시킬 수 있다.
- 본딩(bonding)에 필요한 Au의 양을 줄일 수 있다.
- 생산 주기가 짧다.
- 소음(noise)과 고주파를 줄여 전기적 성능이 좋다.
- 회로를 휘거나 구부러지게 유연성을 가지게 할 수 있다.
- MCM(Multi-Chip Module) 제조를 쉽게 할 수 있다.

② 단점(Disadvantage)

- 테이프(tape)를 가공하는데 시간과 비용이 든다.
- 테이프(tape)의 패턴(pattern)은 각각의 다이(die)에 정확하게 맞아야 한다.
- TAB 제조 공정은 기존에 공정에 쓰였던 장비들과 전혀 다른 형태의 장비가 필요하기 때문에 투자 비용이 많이 든다.

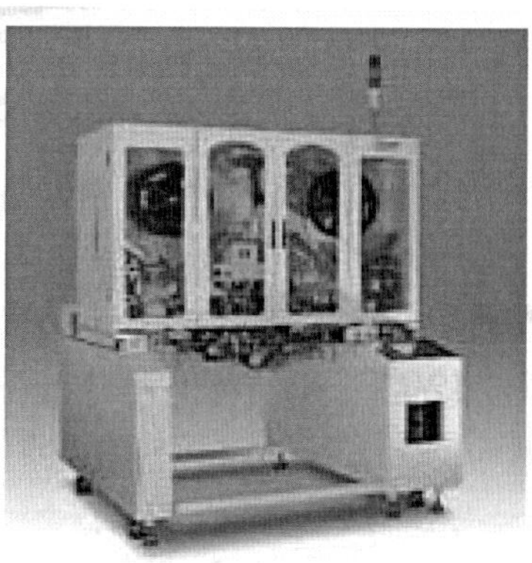

▶▶ 그림 1.79 TAB 핸들러(handler)

1.6.9 웨이퍼 백그라인드(Wafer backgrind)

웨이퍼 백그라인드(wafer backgrind) 공정은 조립 공정 전에 웨이퍼의 두께를 균일하게 바로 잡기 위해 뒷면을 갈아 내는 공정이다. 오늘날 대부분의 반도체 산업에서 웨이퍼의 두께는 8~20mils(0.203~0.508mm)의 두께를 사용한다.

웨이퍼는 백그라인드(backgrind) 공정을 하기 앞서 세정과 표면 연마과정을 거친다.

표면 연마는 백그라인드(backgrind) 공정 중 발생할 수 있는 웨이퍼상 회로의 물리적 데미지와 오염을 방지하기 위해 <그림 1.80>과 같은 보호 테이프를 붙인다. 표면 연마를 거친 웨이퍼는 카셋트에 담겨져 백그라인드(backgrind) 머신에 주입된다. 백그라이드(backgrind) 머신에서는 로봇 암이 카셋트에서 웨이퍼의 뒷면을 잡아 백그라인드(backgrind)하는 위치로 이동시킨다. 백그라인드(backgrind) 공정은 <그림 1.81>의 그라인딩 휠(grinding wheel)에 의하여 자동적으로 수행된다.

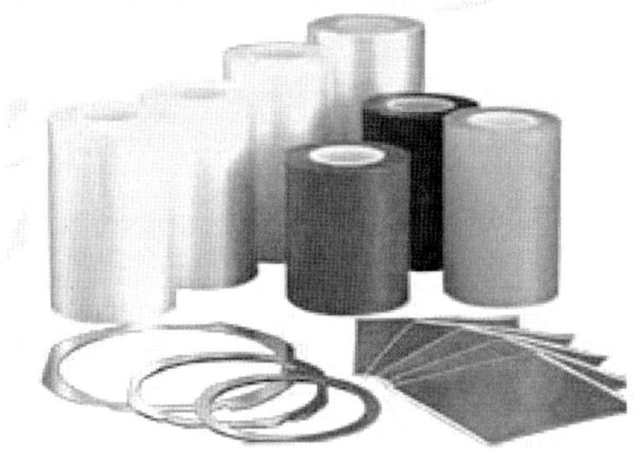

▸▸ **그림 1.80** 백그라인드 테이프(backgrind tape)

▸▸ **그림 1.81** 백그라인드 그라인딩 휠(backgrind grinding wheel)

웨이퍼 백그라인드(backgrind) 공정 중 발생되는 이물질을 제거하기 위해서는 DI water로 계속하여 씻어준다. 공정이 끝나면 카셋트로 반환되고 다음 웨이퍼가 다시 백그라인드(backgrind)된다. 주요 공정 변수로는 연마 회전 속도, DI water 온도와 유속, 초기와 마지막 웨이퍼 두께, 진행 속도 등이 있다.

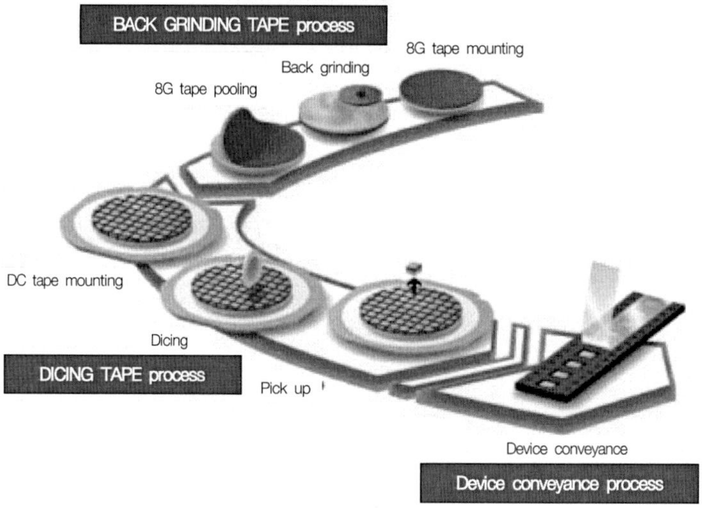

▸▸ **그림 1.82** 웨이퍼 백그라인딩과 테이핑 공정
(wafer backgrinding and taping process)

반도체 디바이스들은 고온, 고압, 고전력상태에서 제조가 되므로 웨이퍼를 얇게 만들면 다이(die)의 열저항성을 낮추게 되고 이는 열 발산을 향상해 성능 향상을 가져온다. 그러나 너무 얇은 웨이퍼는 자체 하중을 견디는 능력이 감소하고 백그라인드(backgrind) 공정 중 받게되는 힘을 견디는 능력이 줄어들게 된다. 따라서 백그라인드(backgrind) 공정 후 발생되는 데미지를 줄여 웨이퍼의 질을 향상해야 한다.

100μm 이하 두께의 웨이퍼들이 IC 제조 산업계에서 가장 많이 쓰이며 180μm의 웨이퍼는 IC card에 주로 쓰여왔다. 실제 칩 공정에 쓰이는 두께는 디바이스에 따라 5~10μm 정도이다. 그러므로 20~30μm 정도의 두께 한계가 있으며 백그라이딩(backgrinding)에서 최종 한계치가 된다. 칩의 수요 증대와 공정 처리율(throughput)을 향상하기 위해서 웨이퍼의 직경은 증가되어야 한다. 이는 웨이퍼의 초기 두께 역시 늘어나야 함을 의미하며 일 예로, 300mm 웨이퍼는 평균 31mils(0.787mm) 정도의 두께가 필요하다. 이는 그라인딩(grinding) 시 웨이퍼 표면을 더 많이 깎아야 한다는 것이다.

백그라인드(backgrind) 공정은 웨이퍼 앞면에 여러 층에 걸쳐 집적회로를 프린팅하는 포토리소그래피(photolithography) 공정이 끝난 후에 시행된다. 그 다음 웨이퍼는 DI water에 씻어 말린 후 회로를 보호하기 위해 보호 테이프를 붙이게 된다. 카세트에서 로드된 웨이퍼는 그라인드 휠(grind wheel)이 회전하면서 웨이퍼상의 모든 표면에 접촉하여 연마하게 된다.

▸▸ **그림 1.83** 웨이퍼 표면 그라인딩 시스템(wafer surface grinding systems)

▸▸ **그림 1.84** 그라인딩 공정(grinding process)

1.6.10 와이어 본딩(Wire bonding)

와이어 본딩(wirebonding)은 실리콘 칩과 반도체 디바이스의 외부선을 매우 미세한 배선으로 전기적 연결을 하는 공정이다. 와이어본딩(wirebonding)에 사용되는 배선은 대게 Au나 Al 계열이 많이 쓰이며 Cu도 반도체 제조 산업에서 쓰이기 시작하고 있다. Au는 산화작용이 적어 본딩(bonding) 시 크게 문제가 되지 않으나 Cu의 경우 산화되는 것을 방지하기 위해 와이어본딩(wirebonding) 공정 중에 질소 가스를 사용해야 한다. Cu는 Au보다 강하기 때문에 칩의 표면에 쉽게 데미지를 줄 수 있다. 어쨌거나 Cu는 Au보다 값이 싸고 전기적으로 우수한 성질을 가지고 있으므로 어느 것을 선택하는가는 회사정책에 맞게 선택되어야 한다.

(1) 골드 볼 본딩(Gold ball bonding)

현재 모든 볼 본딩(ball bonding) 공정은 열, 압력, 초음파 에너지를 이용하여 와이어(wire) 끝 부분에 용접점(weld)을 만든다. 사용되는 wire는 15μm 정도의 작은 직경에서부터 사람 머리카락 두께 정도의 용접점도 이용된다. 와이어(wire)가 주입되는 가는 바늘 모양의 것을 'capillary'라 하며 주입된 와이어(wire)에는 고 전압이 걸어준다. 이로 인해 capillary <그림 1.87> 끝 부분에서 와이어(wire)가 녹게 되고 용해된 금속의 표면 장력으로 인하여 와이어(wire) 직경의 1.5~2.5배 정도의 볼(ball) <그림 1.85> 모양을 하게 된다. 이 ball은 쉽게 경화되므로 capillary는 칩의 표면에 접착하기 위해 내려가고 칩은 사전에 125℃ 이상 가열되어 있어야 한다.

▸▸ **그림 1.85** 와이어 본딩(wire bonding)

▸▸ **그림 1.86** 25μ m 골드 와이어 본딩(gold wire bonding)

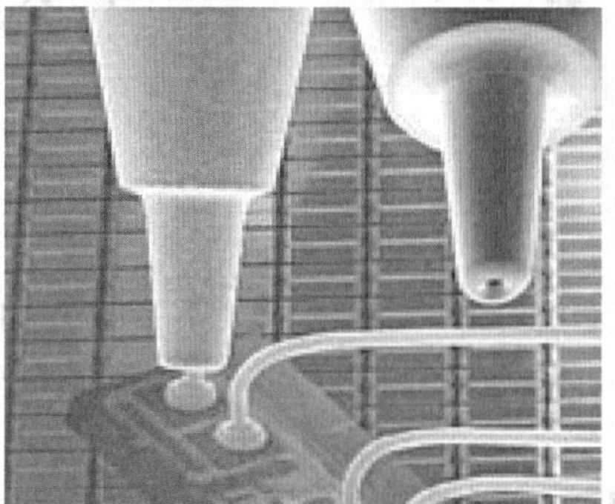

▸▸ **그림 1.87** 와이어 본딩(wire bonding) capillary

(2) 알루미늄 웨지 본딩(Aluminum Wedge bonding)

알루미늄 웨지 본딩(aluminum wedge bonding)에서는 <그림 1.88>와 같은 웨지 툴(wedge tool)이 사용되며 와이어(wire)를 일정한 힘으로 기판 위로 누르고 있는 동안 초음파 에너지가 정해진 시간 동안 와이어(wire)에 가해지게 되면 <그림 1.89>와 같이 기판에 밀착되어 첫 번째 본딩(bonding)을 하게 된다. 그 다음 리드선을 따라 다음 지점으로 와이어(wire)를 이동시킨 후 기판에 와이어(wire)를 누른 상태에서 초음파를 가하여 기판에 밀착시키고 나머지 부분을 끊어 내어 본딩(bonding)을 마무리한다.

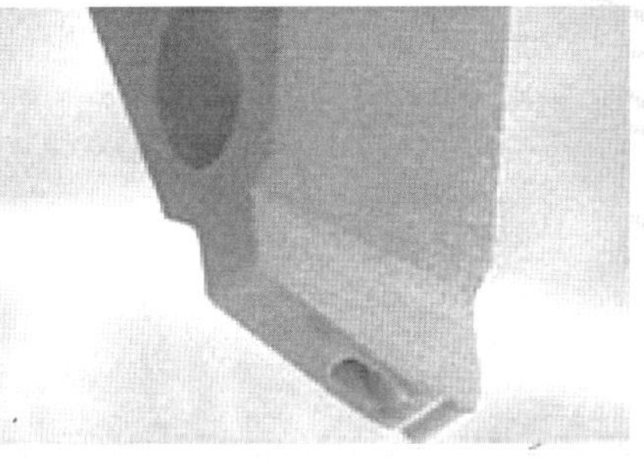

▸▸ **그림 1.88** 와이어 웨지 툴(wire wedge tool)

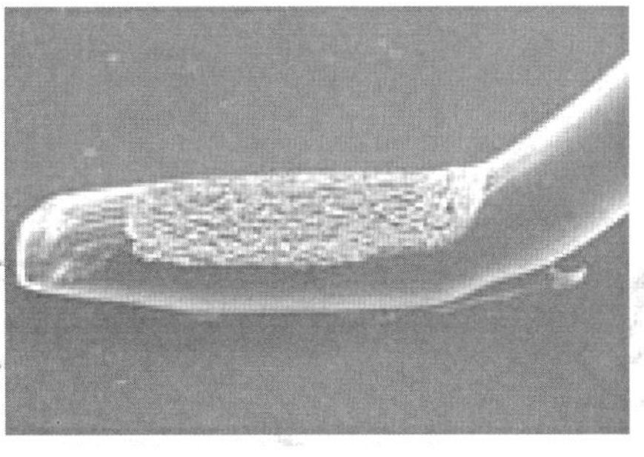

▸▸ **그림 1.89** 와이어 웨지 첫 번째 본딩(wire wedge first bonding)

웨지 본딩(wedge bonding)에서 와이어(wire)는 웨지 툴(wedge tool)에 30~60° 정도의 기울기로 공급된다. 일반적으로 첫 번째 본딩(bonding)은 다이(die)에 두 번째 본딩(bonding)은 기판에 실시된다. 웨지(wedge)가 IC 본딩 패드(bond pad)에 내려가면서 와이어(wire)를 기판 위에 내리눌러 밀착시킨 후 초음파(ultrasonic)나 열초음파(thermosonic)를 가하면 와이어(wire)에 기판에 붙이게 된다. 그 다음 웨지(wedge)를 들어 올려 두 번째 본딩(bonding) 위치로 이동하면 와이어(wire)가 지붕모양을 이루게 된다. 이때 웨지(wedge)의 구멍에 와이어(wire)가 공급되는 방향과 첫 번째 본딩(bonding) 위치와 두 번째 본딩

(bonding) 위치가 평행을 이루도록 하여 와이어(wire)가 꺽임 없이 일직선으로 공급되도록 한다.

웨지 본딩(wedge bonding) 기술은 Al이나 Au 본딩(bonding)에 쓰일 수 있는데 기본적으로 다른 점은 Al 와이어(wire)는 실온에서 초음파 본딩(ultrasonic bonding)으로 진행되고 Au 와이어(wire)는 150℃ 이상의 열 초음파(thermosonic bonding) 공정으로 진행되는 점이다. 웨지 본딩(wedge bonding)의 가장 큰 장점은 매우 작은(공간 50μm까지) 에서 공정이 진행될 수 있다는 것이다. Al 초음파 본딩(ultrasonic bonding)공정은 웨지 본딩(wedge bonding) 공정 중에 가장 많이 쓰이는데 낮은 비용과 공정 온도가 낮은 곳에서 실시될 수 있기 때문이다. 또한 웨지 본딩(wedge bonding) 공정은 볼 본딩(ball bonding) 공정에 비해 용접 자국이 작아 Au로 본딩(bonding)해야 하는 작은 디바이스 제조에 적합하다.

표 1.2 와이어 본딩의 다른 타입(Different Types of wirebonding)

Specifications / type	Pressure	Temperature	Ultrasonic energy	Wire	Pad
Thermocompression	High	300~500℃	No	Au	Au, Al
Ultrasonic	Low	25℃	Yes	Au, Al	Au, Al
Thermosonic	Low	100~200℃	Yes	Au	Au, Al

- 와이어 본딩(wire bonding)의 공정 변수는 많이 있지만 특히 초음파(ultrasonic) 과 열 초음파(thermosonic)이 큰 영향을 미친다.
- 초음파(ultrasonics) : 성공적인 공정을 위해서는 트랜스듀서(transducer)에서 본딩 툴(bonding tool)까지 초음파 진동을 효율적으로 전달하는 데 있다. 그러므로 본딩 툴(bonding tool)은 정확한 높이와 트랜스듀서(transducer)에 정확한 토크로 단단히 조여져 있어야 한다.
- 클램핑(clamping) : 본딩(bonding) 시 기판 자체는 스테이지에 완전히 고정돼 있어야 한다. 약간이라도 움직이게 되면 전체 공정을 그르칠 수 있다.
- 재료상태(material condition) : 본딩(bonding) 사용되는 재질의 오염은 특히 신중하게 다루어야 한다.

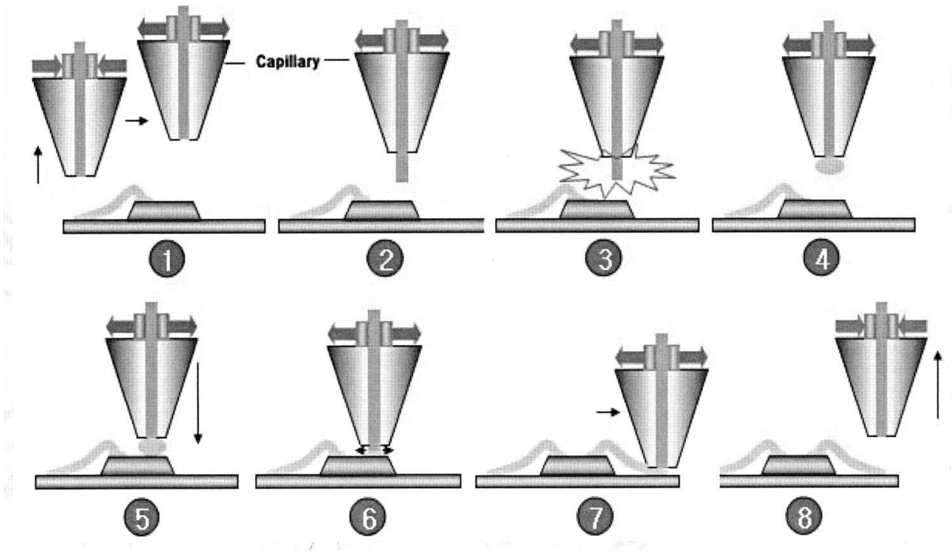

▸▸ **그림 1.90** 와이어 본딩 공정(wire bonding process)

① Capillary가 다음 본딩(bonding) 할 위치로 이동한다. 이동 중 클램프(clamp)는 닫혀 있는 상태이다. 다음 본딩(bonding)할 위치에 다다르면 클램프(clamp)가 열린다.
② 와이어(wire)가 capillary 속으로 주입된다.
③ EFO(Electronic Flame-off)으로 와이어(wire)와 capillary 끝 부분에서 스파크를 일으킨다.
④ 와이어(Wire)가 녹으면서 볼(ball)모양이 된다.
⑤ Capillary가 내려오면서 다이(die)상 연결한 위치의 표면에 접촉한다.
⑥ 초음파 에너지를 쏘아 볼(ball)이 다이(die) 표면에 접착 되도록 한다.
⑦ Capillary가 와이어(wire)를 끊어낼 위치까지 이동하고 패키지 패드(pad) 면에 접촉한다. 그리고 초음파를 쏘아 와이어(wire)를 끊어낸다.
⑧ Capillary가 다음 본딩(bonding) 할 위치로 이동한다.

(3) 와이어 본딩 오류(Wirebonding Failure)

- 볼 본딩 리프트(ball bonding lift) : 실리콘 칩으로부터 접착된 볼(ball) 부분이 떨어진 상태로 본드 패드(bond pad)가 오염되었거나 잘못된 와이어 파라미터(wire parameter) 세팅 등으로 발생된다.
- 와이어 브로큰(wire broken) : 와이어(wire)가 끊어지는 현상으로 와이어(wire) 재질이 불안정하거나 과도한 힘으로 와이어(wire)를 당길 때 발생한다.
- 와이어 미싱(wire missing) : 공급되는 wire가 부족하거나 본딩 툴(bonding tool)이

막혀 공정진행이 안 된 경우이다.

- 볼 숏팅(ball shorting) : 볼 본딩(ball bonding) 부분이 서로 접촉하는 것으로 본드 패드(bond pad) 사이의 거리가 불충분하거나 본딩(bonding)지점을 잘못 정하거나 와이어 파라미터(wire parameter)가 잘못되었을 때 발생한다.
- 와이어 숏팅(wire shorting) : 본딩(bonding)된 와이어(wire)끼리 접촉하는 것으로 잘못된 와이어 루핑(wire looping)이나 과도한 힘으로 와이어(wire)를 끌어당길 경우 또는 와이어(wire)와 와이어(wire) 사이의 거리가 좁을 때 발생한다.
- 웨지 스티치 리프팅(wedge stitch lifting) : 웨지 본딩(Wedge bonding)된 부분이 떨어지는 상태로 본드 패드(bond pad)나 리드핑거(leadfinger)의 오염, 잘못된 파라미터(parameter) 세팅 등을 유발한다.

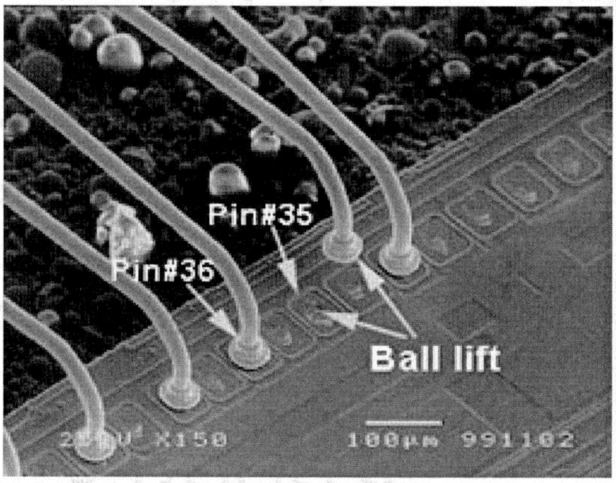

▸▸ **그림 1.91** 볼 본딩 리프팅(ball bonding lifting)

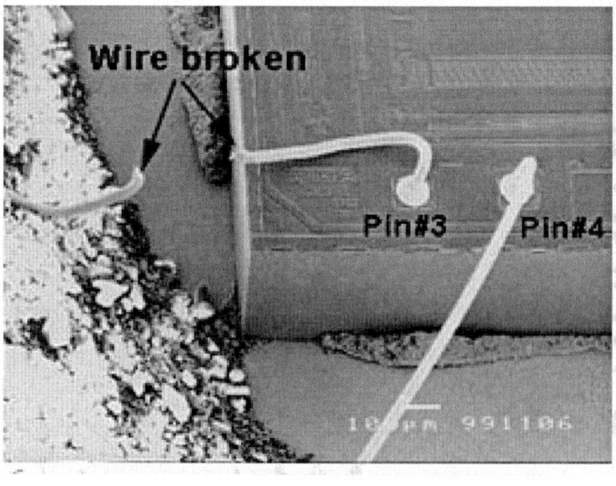

▸▸ **그림 1.92** 와이어 브로큰(wire broken)

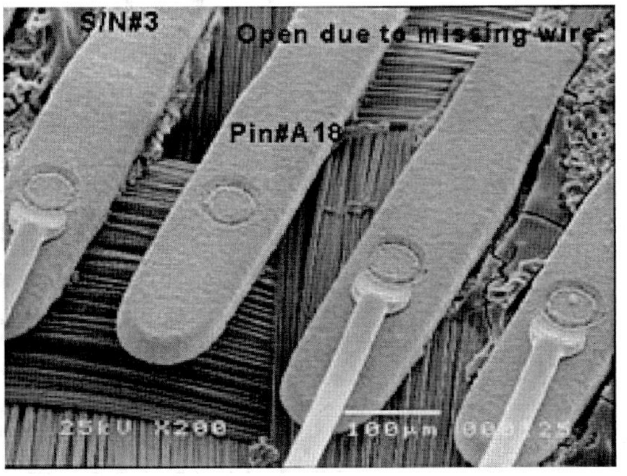

▸▸ **그림 1.93** 와이어 미싱(wire missing)

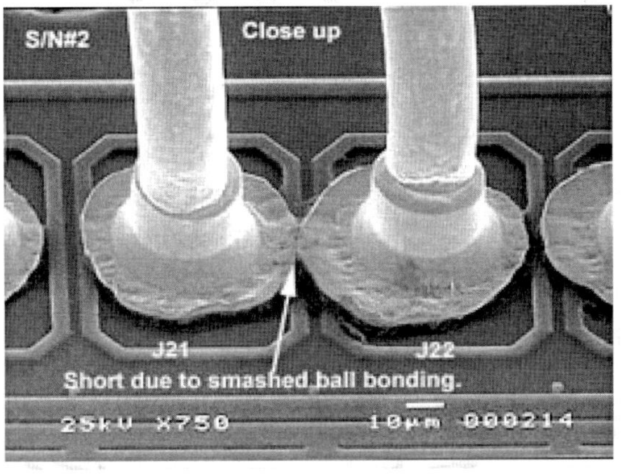

▸▸ **그림 1.94** 볼 숏팅(ball shorting)

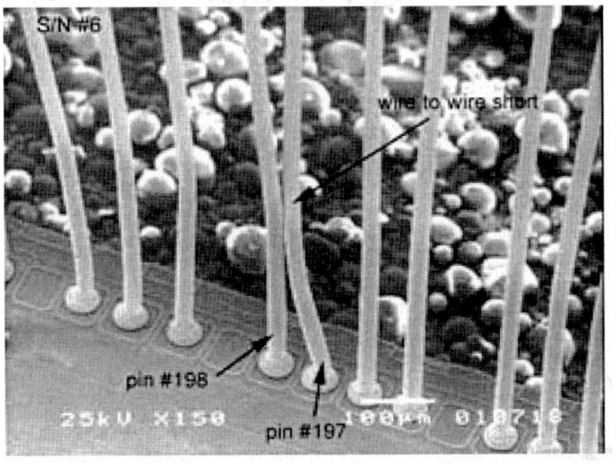

▸▸ **그림 1.95** 와이어 숏팅(wire shorting)

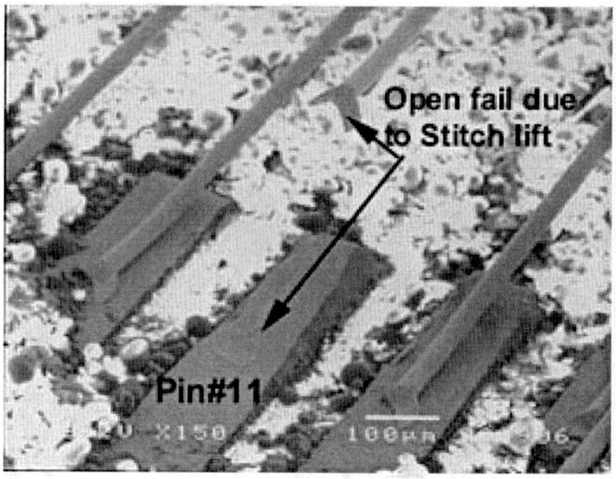

▸▸ **그림 1.96** 웨지 리프팅(wedge lifting)

제2장

반도체의 장비

2.1 웨이퍼 팹(Wafer Fab) 장비

2.1.1 에피택시얼 증착 장비(Epitaxial Deposition Equipment)

웨이퍼 위에 에피택시얼 막(epitaxial layer)을 도포하는 장비는 '에피택시얼 리액터(epitaxial reactor)'라고도 불린다. 에피택시얼 리액터(epitaxial reactor)는 고온의 CVD 시스템이다. 여기에는 '팬케이크 리액터(pancake reactor)'와 '배럴 리액터(barrel reactor)'의 두 종류가 있다. 이는 EPI 층을 성장시키는 과정에서 웨이퍼를 잡고 있는 부분의 모양에서 분류되어 나온 명칭들이다. 기본적인 에피택시얼 리액터(epitaxial reactor)들은 적어도 다음과 같이 구성되어야 한다.

- 외부 환경과 완전히 차단할 수 있는 리액터 튜브(reactor tube)나 챔버(chamber)
- 다양한 경로와 여러 방법으로 화학물질을 이동시킬 수 있는 장치
- 웨이퍼를 가열시킬 수 있는 장치
- 폐 가스를 제거하는 장치

▸▸ **그림 2.1** applied material's centura 5200 EPI equipment

2.1.2 산화 시스템(Oxidation System)

실리콘 면의 SiO_2는 산화(oxidation) 형태로 존재한다. 일반적으로 이러한 산화 공정은 열에 의해 공정이 진행되는데 웨이퍼에 점진적으로 열을 가하여 생성된다. 그러므로 산화 공정에는 점진적으로 열을 조절할 수 있는 열원(heat source)과 웨이퍼에 산화 반응 가스를 주입할 수 있는 시스템이 필요하다.

기본적인 산화 공정 시스템은 다음과 같이 구성된다.

- 용광로(furnace)의 여러 부품들이 배치되는 캐비넷
- 가열(heating) 장치
- 열 측정 및 제어 장치
- 웨이퍼가 산화 반응이 일어나는 프로세스 튜브
- 프로세스 튜브 내외에 산화 가스를 전달하는 장치
- 프로세스 튜브에서 웨이퍼를 로딩, 언로딩하는 장치

열 산화 공정은 기본적으로 확산 공정(diffusion process)이므로, 웨이퍼에 도펀트(dopant)를 도포 및 산화 공정도 할 수 있게 디자인된 확산(diffusion) 장치에 의해 수행 될 수 있다. 용광로(furnace) 업체로는 tempress system, bruce technologies, tystar 등이 있다.

2.1.3 이온 주입 시스템(Ion Implantation System)

이온 주입(ion implantation)은 웨이퍼 표면에 도펀트(dopant)를 선택적으로 주입하기 위해 쓰인다. 이 공정은 고에너지로 충전된 원자를 목표 지점까지 도달하도록 하는 것이다. 반도체 제조 시에는 실리콘 격자구조에 어떠한 데미지(damage)도 주지 않고 정확한 위치와 깊이에 정확한 양의 도펀트(dopant)만을 주입시켜야 한다. 두 말할것도 없이 이온 주입 장치는 매우 복잡하고 정확한 이온 주입이 되는지 수시로 모니터링해야 한다.

일반적인 이온 주입 장치는 다음과 같이 구성된다.

- 피드 소스(feed source) : 이온 주입할 물질을 저장하는 장치
- 이온 소스(ion source) : 원하는 불순물의 이온을 발생(gas와 solid 소스가 있다).
- 이온추출 및 분석 장치 : 주입하고자 하는 이온만을 추출
- 가속 tube : 이온의 에너지 양을 결정
- 스캐닝 장치 : 이온들이 목표 지점까지 동일한 확산을 가지도록 함
- 엔드 스테이션(end station) : 주입된 양과 에러를 최소화
- 진공 장치 : 이온 빔(ion beam)의 생설경로 주입부의 진공을 형성
- 컴퓨터 제어 장치 : 전체적인 시스템을 제어

▸▸ 그림 2.2 SEN ORion II

▸▸ 그림 2.3 Varian VIIStar 3000XP

2.1.4 확산 시스템(Diffusion System)

확산(diffusion) 시스템은 산화 공정이나 도펀트(dopant) 도포 등에 쓰이지만 일반적으로 후자 쪽이 많이 쓰인다. 초창기 반도체 제조에서는 확산(diffusion) 시스템은 실리콘 표면에 불순물 원자나 도펀트(dopant)를 도포하는데 주로 쓰였다. 근래에는 이온 주입(ion implantation)이 도펀트(dopant)를 도포하는데 주로 쓰이고 있지만 확산(diffusion) 시스템은 아직까지 특정 부분에 쓰이고 있다.

확산 용광로(diffusion furnace)로도 알려진 일반적인 확산(diffusion) 장치는 산화 공정 용광로(furnace)와 매우 유사하다. 이 장치는 웨이퍼에 고온상태를 유지하고 가스 흐름을 제어하기 위해 디자인되었다. 이 장치는 다음과 같은 파트들로 구성된다.

웨이퍼는 용광로(furnace) 안에 고온의 상태로 도펀트(dopant) 가스에 노출되는데 이는 SiO_2 필름을 성장시킬 때 쓰이는 산화 공정 메커니즘과 비슷하다. 장비 업체로는 ASM, tempress system, tystar 등이 있다.

- 열 발생 장치
- 확산 튜브(diffusion tube)
- 확산 보트(diffusion boat)
- 도펀트(dopant) 이동 장치

▸▸ **그림 2.4** ASM's diffusion furnace model 250

2.1.5 물리적 증기 증착 시스템(Physical Vapor Deposition System)

PVD(Physical Vapor Deposition)은 표면을 물질로 도포하는 과정인데 도포하고자 하는 물질을 활성 가스상태로 만들고 압력을 조절하여 표면에 이동시키면 목표지점에서 증기가 응고되어 도포되는 것이다. 이 방법은 웨이퍼 표면에 알루미늄 박막(thin-film) 층을 도포하는데 널리 쓰이고 있다. 도포하는 물질은 증발이나 원자를 분리하는 방법을 써서 증기상태로 만든다.

일반적인 스퍼터 형(sputter-type) PVD 장치는 다음과 같이 구성된다.

- 스퍼터 챔버(sputter chamber)
- 전처리 챔버(chamber)
- 베큠 펌프
- 파워 서플라이
- 가스 주입 장치
- 가스 흐름 제어 장치
- 모니터링 장치
- 웨이퍼 동작 제어 장치

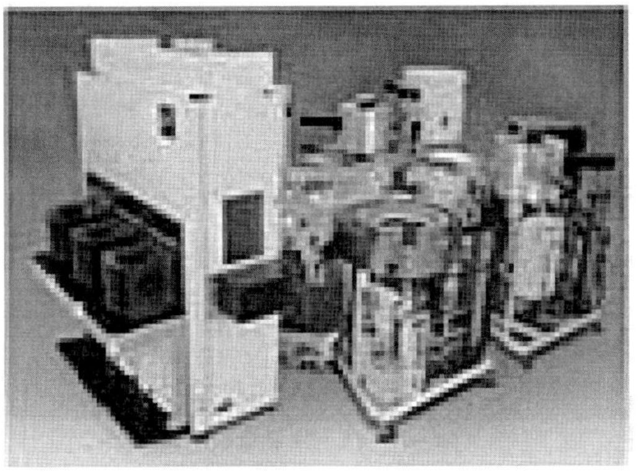

▸▸ **그림 2.5** novellus INOVA PVD system

2.1.6 화학적 증기 증착 시스템(Chemical Vapor Deposition System)

CVD(Chemical Vapor Deposition)은 반응성 가스를 반응로에 주입하여 적당한 활성 및 반응 에너지를 공급하여 기판의 표면에 원하는 박막을 형성하는 기술이다. CVD 기술도 각각 용도 및 공정 방법에 따라 LPCVD(Low Pressure CVD), PCVD(Photo CVD), MOCVD(Metal Organ CVD), APCVD(Atmosphere Pressure CVD), SACVD(Subatmospheric CVD), PECVD (Plasma Enhanced CVD) 등이 있다. 이중 가장 널리 알려지고 많이 쓰이는 방법이 PECVD 이다. PECVD에서는 박막을 입히기 위해 SiH4 같은 반응 가스를 분해하기 위해 플라즈마를 사용한다. 진공상태의 PECVD 반응로 안에서 높은 전기장을 형성하여 플라즈마를 유도하고 이 전기장에 의해 높은 에너지를 얻은 전자가 중성상태의 가스 분자와 충돌하여 가스 분자를 분해하고 이 분해된 가스가 원자가 기판에 부착되는 반응을 하여 박막을 증착시킨다. 장비 업체로는 Novellus, Applied Materials가 있다.

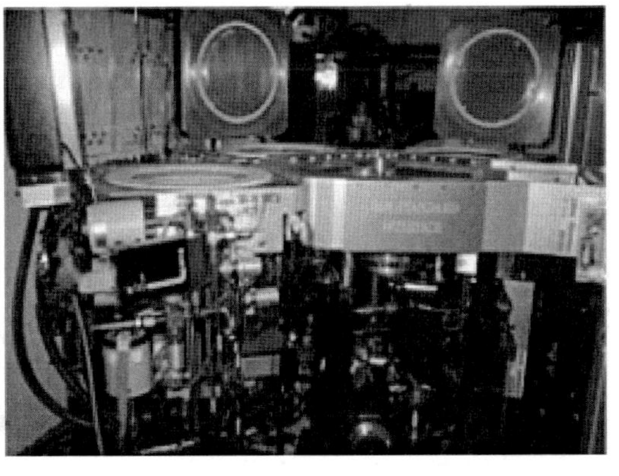

▸▸ **그림 2.6** AMAT's P5000 CVD System

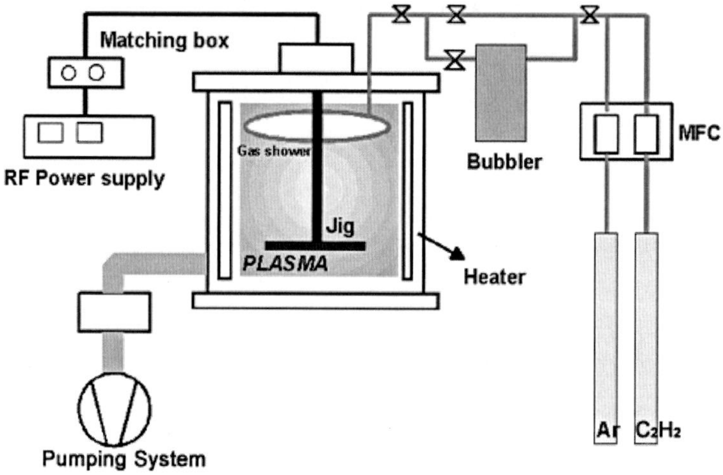

▸▸ **그림 2.7** PECVD를 이용한 coating 장비의 개념도

▸▸ **그림 2.8** PECVD 드락 및 챔버

2.1.7 포토리소 그래피 시스템(Photolithography System)

포토리소 그래피(photolithography)는 실리콘 웨이퍼상에 회로 패턴을 입히는 광학 공정이다. 이 공정은 감광제와 마스크를 이용하여 노출 부위를 결정하여 나중에 식각(etching)을 하거나 새로운 물질을 도포하는데 이용된다. 포토 장비는 다음과 같이 구성된다.

- 웨이퍼에 감광제를 도포하는 코팅 장치
- 감광제를 soft-bake하기 위한 오븐

- 노광 장치
- 현상 장치

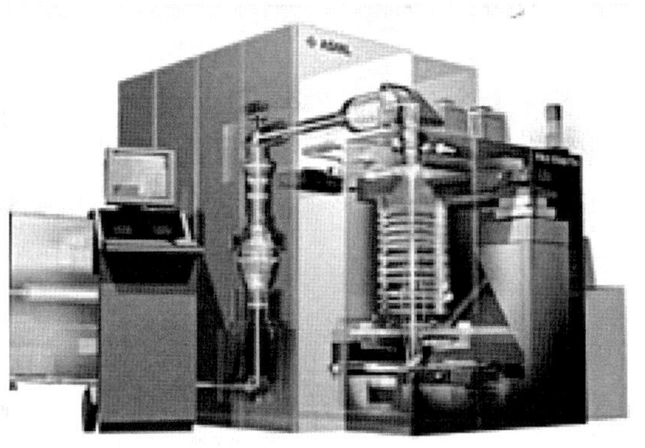

▸▸ **그림 2.9** 노광 시스템(exposure system)

▸▸ **그림 2.10** 코터(coater)

▸▸ **그림 2.11** 핫 플레이트(hot plate)

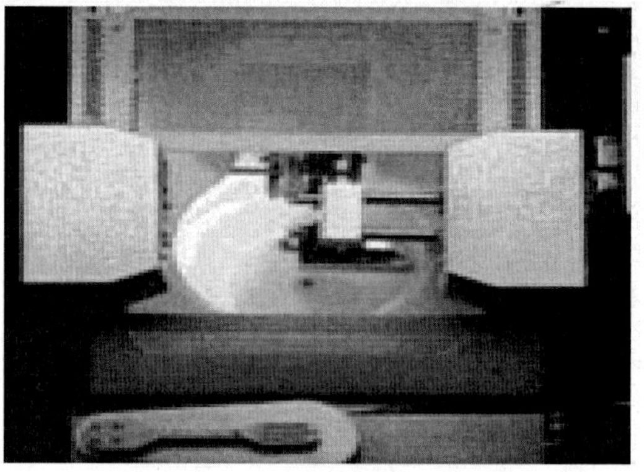

▸▸ 그림 2.12 디벨로퍼(developer)

2.1.8 에칭 시스템(Etching System)

에칭(etching) 공정은 웨이퍼 위에 도포된 물질을 제거하는 공정으로 크게 건식 에치(dry etch)와 습식 에치(wet etch)로 구분된다. 습식 에치(wet etch)는 화학 용액을 이용하여 식각하는 것이고 건식 에치(dry etch)는 물질을 제거하기 위해 반응 가스를 이용한다.

습식 에치(wet etch) 장비는 다음과 항목들을 갖추고 있어야한다.

- 웨이퍼 표면에 반응물질을 골고루 퍼트리는 장치
- 반응물질이 제거하고자 하는 물질과 화학 반응이 잘 이루어지도록 하는 환경 조성
- 화학 반응 후 표면에 남은 물질을 제거

▸▸ 그림 2.13 ULVAC's NE-7800H etch system

플라즈마 에칭은 건식 에치(dry etch)의 일종으로 플라즈마를 사용하여 주입 가스로부터 화학 반응물질을 생성한다. 반응 가스는 이후 식각하고자 하는 물질과 반응하여 식각된다.

- 에칭 챔버(Etching chamber)
- 펌핑, 압력 제어 장치
- RF 파워 서플라이
- 가스 제어 장치
- 전극(electrode)

2.2 어셈블리(Assembly) 장비

2.2.1 다이 어태치 장비(Die Attach Equipment)

다이 어태치 머신(die attach machine) 또는 다이 본더(die bonder)는 다이(die)를 다이 패드(die pad)나 다이(die) 구멍에 접착시키는데 사용된다. 일반적인 다이 어태치 머신(die attach machine)는 리드프레임(leadframe)이나 마운트되는 패키지를 구별하여 고정하고 다이 패드(die pad) 나 다이(die) 구멍에 다이 어태치(die attach) 물질을 도포하며 웨이퍼로부터 다이(die)를 잡아 원하는 위치로 이동시키는 일을 한다.

주요 장비 업체로는 Alphasem, ESEC, K&S 등이 있다.

▸▸ 그림 2.14 examples of die bonders Kulicke&Soffa's E8088

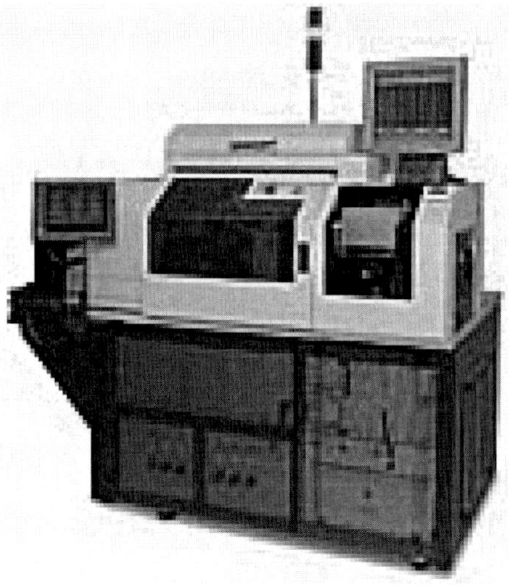

▸▸ 그림 2.15 ESC's apollo 3000

2.2.2 와이어 본더 장비(Wirebonder Equipment)

와이어 본딩(wirebonding) 장비는 디바이스의 다이(die)를 매우 가는 선으로 패키지의 리드(lead)와 전기적으로 연결하는 장비이다. 이 장비는 리드프레임(leadframe)을 고정하거나 와이어본딩(wirebonding) 시 발생하는 열을 적정 온도를 유지해야 한다.

주요 장비 업체로는 ESCS, ASM, Kaijo, K&S 등이 있다.

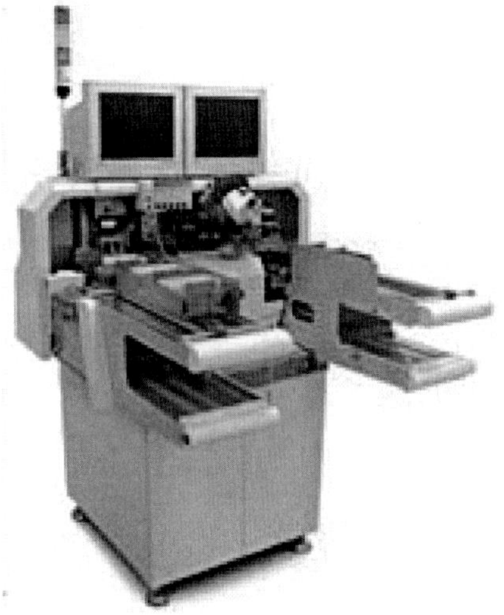

▸▸ 그림 2.16 examples of wirebonders ASM's eagle 60

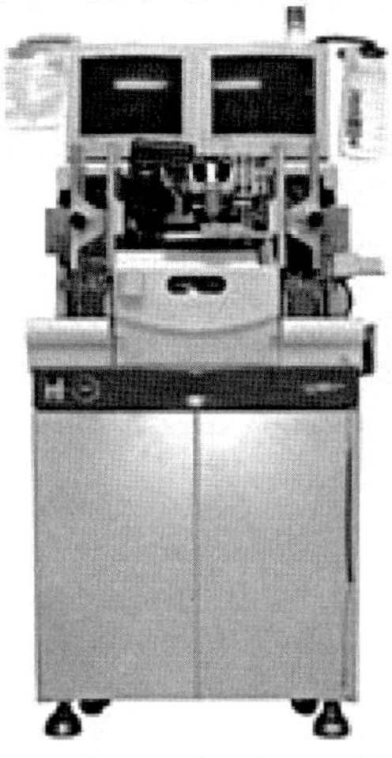

▸▸ 그림 2.17 eagle AB339(right)

2.2.3 몰딩 장비(Molding Equipment)

IC를 캡슐화시키는 몰딩(molding) 장비는 다음과 같이 구성된다.

- 프리히팅 챔버(preheating chamber) : 몰딩(molding) 혼합물을 예열시킨다.
- 플런저(plunger) : 예열된 몰딩(molding) 혼합물을 멜팅 폿(melting pot)에 밀어 넣거나 액체 상태의 몰딩(molding) 혼합물을 러너(runner)에 밀어 넣는다.
- 멜팅 폿(melting pot) : 몰딩(molding) 혼합물이 녹는점에 도달하여 액체상태로 된다.
- 러너(runner) : 액체상태의 몰딩(molding) 혼합물을 리드프레임이 있는 구멍까지 이동시키는 경로이다.

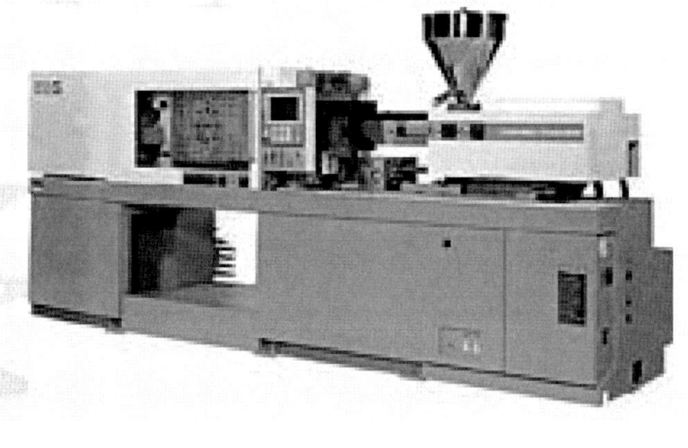

▸▸ 그림 2.18 example of molding system Sumitomo's SG-180M

▸▸ 그림 2.19 toshiba's IS-100G

2.2.4 DTFS(디플레시 트림 폼 싱글래이션 : Deflash Trim Form Singulation) Equipment

IC 패키지의 디플레시(deflash), 트림(trim), 폼(form), 싱글래이션(singulation)는 단계별로 장비를 따로따로 두고 운용하거나 모든 작업을 한 장비에서 이루어 지도록 장비를 세팅할 수 있다. 기본적으로 DTFS는 기계적 프로세스이기 때문에 펀치(punches), 블레이드(blades), 스트리퍼(strippers), 앤빌스(anvils) 등을 담당하는 부분으로 구성된다.

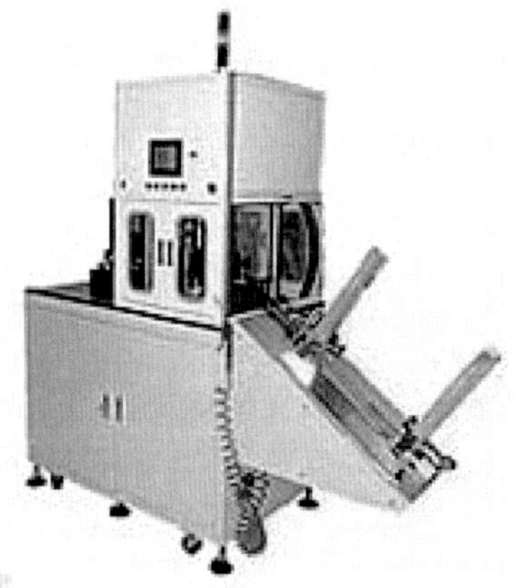

▸▸ 그림 2.20 example of dTFS system JS Tech's TO-220

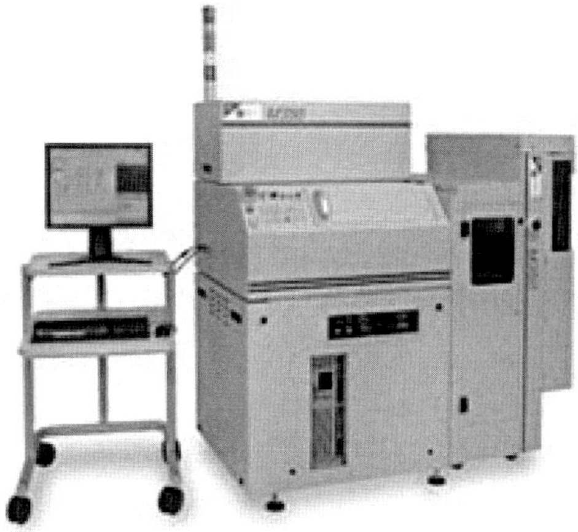

▸▸ **그림 2.21** GSI's M350 laser trim

2.2.5 솔더 플래이팅 장비(Solder Plating Equipment)

솔더 플래이닝(solder plating) 장비는 리드(lead)신을 빈도체 제품에 붙이는 역할을 히며 다음과 같이 구성된다.

- 부식되지 않는 프레임구조
- IC들이 여러 리드 피니시(lead finish) 공정을 차례대로 거치도록 운반하는 벨트나 장치
- 공정 중 IC들이 이동되는 채널(channel)
- 공정 중에 쓰이는 화학물질을 저장하는 탱크
- 액체 화학물질을 흘려보내는 펌프(pump)
- 공정 중에 발생되는 여러 가지 가스를 방출하는 익스트랙터(extractor)
- 로딩(loading), 언로딩(unloading) 장치
- 여러 파트들의 동작을 정확하게 제어하는 시스템

리드 피니시(lead finish) 공정은 IC들을 벨트 위에 위치시킴으로써 시작된다. 그 다음 벨트는 채널(channel)을 통해 각각을 운반한다. 이 단계에서 제품들은 전자기적인 처리를 받게 되는데 리드(lead)선 위에 필요한 금속막을 도포하는 등의 처리를 거치게 된다. 펌프(pump)는 저장 탱크로부터 채널(channel) 까지 화학물질을 운반하고 사용하고 남은 화학물질을 배수관을 통해 다시 리턴시킨다. 공정진행 중에는 가스가 지속적으로 발생하기 때문에 익스트랙터(extractor)는 이 가스를 계속해서 제거해야 한다. 솔더 플래이팅(solder plating)과정을 모두 거친 유닛들은 언로딩(unloading) 장치에 의해 카세트나 캐리어로 이송된다. 장비 업체로는 MECO, Technic 등이 있다.

▶▶ 그림 2.22 example of solder plating system Technic's SP10010A

2.3 Test 장비

2.3.1 ATE(자동 테스트 장비 : Automatic Test Equipment)

자동 테스트(automatic test) 장비 또는 <그림 2.23>과 같은 테스터(tester)는 최종 완성된 디바이스들의 전기적 특성과 성능을 자동으로 검사하는데 쓰인다. ATE 검사하는 제품에 따라서 다양하게 제공된다. 일반적으로 정교한 제어 장치나 마이크로프로세서 기반의 시스템으로 구성되어진다.

- 테스트 중인 디바이스에 전기적 자극을 전달할 수 있는 보드나 모듈
- 디바이스 테스트 중에 전기 자극에 대한 반응에 대하여 전기적 특성이나 속성을 측정할 수 있는 보드나 모듈

▶▶ 그림 2.23 memory tester

▸▸ 그림 2.24 scanwork circuit tester

2.3.2 테스트 핸들러(Test Handler)

대량 생산에 있어 전기적 테스트는 ATE에 테스트 핸들러(test handler)를 부착해야만 가능하다. <그림 2.25>와 같이 테스트 핸들러(test handler)는 유닛을 테스트하는 ATE에 유닛을 공급하는 것으로 인식돼 있다. 테스트 공정이 끝나면 테스트 핸들러(test handler) 는 ATE의 검사 결과에 따라 적절한 위치로 유닛을 다시 이동시킨다. 테스트 핸들러(test handler)는 설정하기 나름인데 테스터(tester)에 하나만 붙일 수도 있고 8개 이상의 테스터(tester)에게 할당할 수도 있다. 일반적인 구성은 로딩, 입력 스테이지(input stage), 테스트 사이트(test site), 셔틀(shuttle, 언로딩, 출력 스테이지(output stage), 센서들로 구성된다.

입력 스테이지(input stage)는 테스트하고자 하는 유닛을 운반하는 입력 트랙(input track)으로 구성된다. 테스트를 끝마치면 검사 결과에 따라 분리되어 적절한 셔틀(shuttle에 나누어 이송되게 된다.

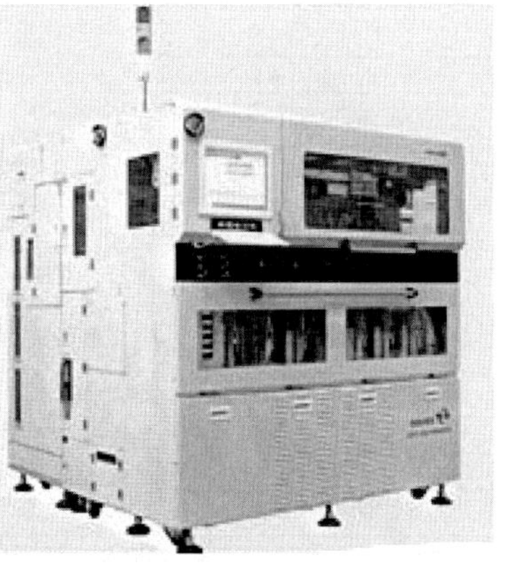

▸▸ 그림 2.25 secron's STH-5300 test handler

▸▸ 그림 2.26 AMAT's AMT2200

2.3.3 테이프와 릴 장비(Tape and Reel Equipment)

<그림 2.27>과 <그림 2.28>에서 보는 바와 같이 테이프와 릴(tape and reel) 장비는 공정이 끝난 제품을 캐리어 테이프(carrier tape)에 각각 팩킹(packing)과 실링(sealing)을 하는데 쓰인다. 테이핑과 릴링은 튜브에 운반하기는 불가능한 표면적이 작은 디바이스들에 번갈아가며 실시된다. 일반적인 구성은 다음과 같다.

- 로딩 스테이지(loading stage)
- 검사 장비 비전 시스템(vision system for inspection)
- 테이핑과 릴링(taping and reeling) 장치
- 출력 스테이지(output stage)

▸▸ 그림 2.27 ismeca's NX32W tape&reel system

▸▸ 그림 2.28 HNP's NEXPRO5000 tape&reel system

커버 테이프(cover tape)와 케리어 테이프(carrier tape) 는 특정지점에 같이 놓이게 되고 이때 열을 가함으로서 포켓(pocket)을 봉인하게 된다. 이 사이클은 릴(reel)에 테이프(tape)들이 감기면서 반복적으로 이루어지며 지정한 수만큼의 유닛들이 테이핑과 릴링이 이루어질 때까지 반복하게 된다. 캐리어 테이프(carrier tape) 운반이나 취급을 쉽게 하기 위해 릴(reel)에 감기게 된다. 이 릴(reel)은 릴(reel) 박스에 담겨져 커스터머에게 전달된다.

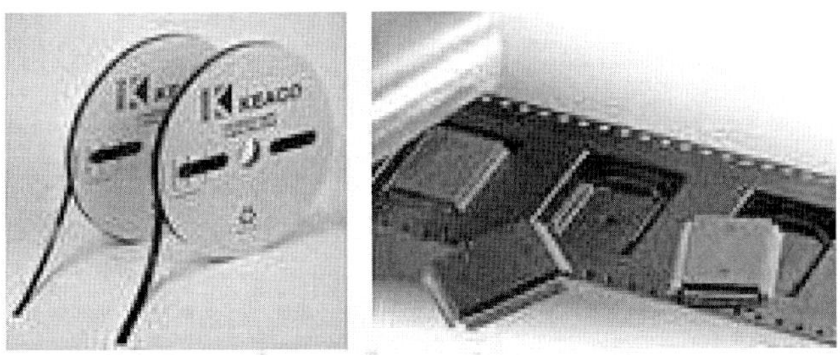

▸▸ 그림 2.29 캐리어 테이프의 예

▸▸ 그림 2.30 커버 테이프의 예

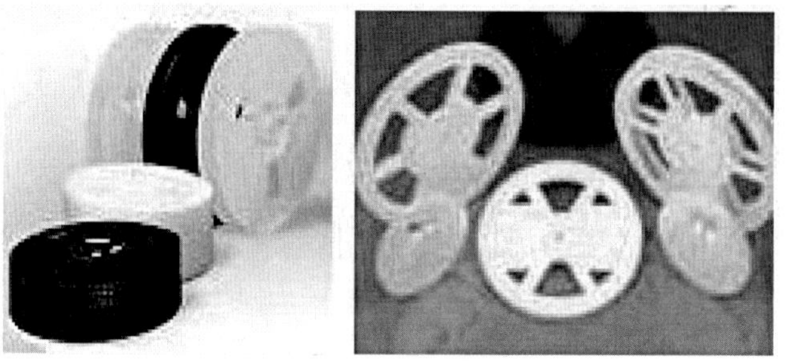

▸▸ 그림 2.31 릴의 예

테이프(tape)와 릴(reel) 형태로 유닛을 패킹함으로서 커스터머가 디바이스 제조할 때 자동적으로 유닛들을 필요한 곳에 마운트할 수 있다. 테이프(tape)와 릴(reel) 이 상대적으로 단순한 공정임에도 불구하고 유닛을 성공적으로 패킹하기 위하여 몇몇 요구 사항이 수반된다. 로딩과 언로딩 문제와 ESD 실패를 막기 위해 테이프(tape)와 릴(reel) 재료의 전기적 성질이 매우 중요하다. 예를 들어 캐리어 테이프(carrier tape), 커버 테이프(cover tape), 릴(reel)의 재료는 정전기 방지물질이 되어야 하고 그렇지 않을 경우 정전기를 방출할 수 있는 물질이어야 한다. 또한 이러한 물질들은 미리 정해진 시간 동안 가혹한 열과 습도를 견딜 수 있도록 해야 한다.

커버 테이프(cover tape)를 벗기는 힘 역시 중요하다. 캐리어 테이프(carrier tape)의 넓이에 따라 커버 테이프(cover tape)를 벗기는 힘은 수 그램(gram) 정도의 최대한 적은 힘이 되어야 한다. 커버 테이프(cover tape)를 벗기는 힘을 테스트 하는 것은 미리 정해진 각도와 스피드로 상온에서 자주 실시된다.

또 다른 중요한 요소는 캐리어 테이프(carrier tape)를 공급하는 방향이다. 이는 엔드 커스터머(end customer)가 미리 정한 캐리어 테이프(carrier tape)를 벗기는 방향이다. 또 다른 요소로 캐리어 테이프(carrier tape)의 최초 첫 번째 1번 핀을 잘못 맞추면 유닛들이 보드의 엉뚱한 곳에 마운트될 수도 있다.

정확한 수의 유닛이 캐리어 테이프(carrier tape)에 장착된 후의 여분 길이의 빈 공간을 남겨 두며 이를 리더(leader)라 하며 태일러(tailer)는 이와 반대로 유닛을 채우기 전의 빈 여유 공간을 일컫는다. 이 둘은 최소한의 길이가 되어야 자원 낭비를 막을 수 있고 태일러(tailer)의 한쪽 끝은 릴(reel)의 중앙에 붙여져 있다.

장비 업체로는 Systemation, Ismeca, STI, Microvision 등이 있다.

2.4. 실습 장비

2.4.1 히트 습식 세척기(Heat Wet Scrubber)

Model : KSH-400-DD2

수량 : 2 EA(적용 공정: CVD, 적용 가스 : SiH4, C2F6, NH3, N2O, NF3, CHF3)

(1) 상세 spec

① total 처리 능력 : Max.400 LPM(N2,AIR 포함)

② 장치 차압 : 10mm H_2O 이하(유량: 350LPM 시)

③ utility 사양

<table>
<tr><th colspan="2">구 분</th><th>압력
[kgf/cm2G]</th><th>사용범위
(LPM)</th><th>적용범위
(LPM)</th><th>비고</th></tr>
<tr><td colspan="2">질소(N2)</td><td>5</td><td>0 ~ 100</td><td>20~30</td><td>2 Port(Inlet)</td></tr>
<tr><td colspan="2">질소(N2)-VORTEX</td><td>4</td><td>180~250</td><td>200</td><td>1 Port(Inlet)</td></tr>
<tr><td colspan="2">Air (O2 Source)</td><td>5</td><td>0 ~ 190</td><td>20~30</td><td>1 Port(Inlet)</td></tr>
<tr><td colspan="2">Water (NPW)</td><td>3~4</td><td>0~10</td><td>6~8</td><td>1 Port(Inlet)</td></tr>
<tr><td colspan="2">Water(PCW)</td><td>3~4</td><td>1kgf/cm^2~</td><td>SUPPLY/
RETURN</td><td>2 Port</td></tr>
<tr><td rowspan="2">전원</td><td>설비 용량</td><td colspan="3">10KVA(1Phase, AC220V, 60Hz, 45A)</td><td>해외 별도</td></tr>
<tr><td>평균 소비전력</td><td colspan="3">3 KVA</td><td>-</td></tr>
</table>

④ Part별 사양 일람표

<table>
<tr><th colspan="2">Unit Name</th><th>Specification</th><th>비 고</th></tr>
<tr><td rowspan="2">Manifold</td><td>규격</td><td>40A(NW50), 4Port (Inlet port)</td><td></td></tr>
<tr><td>구조</td><td>3/8" Swagelok 2port (N2,Air)</td><td></td></tr>
<tr><td rowspan="4">Heater</td><td>전원</td><td>1Phase, AC220V, 8KW</td><td></td></tr>
<tr><td>Size</td><td>Ø275 *590mm</td><td></td></tr>
<tr><td>구조</td><td>원형type & Flange구조</td><td></td></tr>
<tr><td>Element</td><td>Kanthal A1 (Ø2.25)</td><td></td></tr>
</table>

Heater	Insulator	Fibrothal (Ceramic board)	
	최대 온도(℃)	1,000 (적용 온도: 600~800℃)	
	온도 조절	SSR 제어	
Heating Chamber	규격	125A, Sch20S	
	재질	Seamless Pipe(5t)	
	IN.OUT Flange	125A ISO Flange구조	
	구조	N2 삽입으로4Port 가스유로 구분	
Cooling unit	규격	125A×80A,N2 Purge System	
	구조	Circulation Pump에 의한 직접 Guide 분사 방식	
Wet Chamber	규격	150A Pipe(내부 Teflon Coating)	
	구조	Packing 내 Water 가압 분사 Mixing 2단 처리	
Exhaust Chamber	규격	150A×100A PVC Pipe	
	구조	Cyclone Effect구조(수분&Powder포집)	
Water Tank	구조	Powder 및 폐수 처리	
	재질	SUS304 (Teflon Coating)	
	특징	측면 검지창 & Level Sensor 장착	
Controller	Control 방식	PLC 시퀀스	
	운전 방식	Touch panel	
	온도제어	PID에 의한 SSR제어	

(2) 실습 과제

과제명 : 타이머를 이용한 히트 습식 세척기의 gas 공급제어

히트 습식 세척기는 CVD 공정에서 필요한 각종 gas, 질소나 워터(PCW) 적시에 공급해야 한다.

동작조건은 다음과 같다.

① 전원 스위치와 gas 공급 스위치, 질소 공급 스위치, 워터 공급 스위치, 비상정지 스위치가 있다. 비상정지 스위치와 전원 스위치를 제외한 각 공급 스위치를 제어하는 편 측 솔레노이드 밸브로 구성되어 있으며, 운전은 touch panel로 이루어진다.

② 전원 스위치를 on시킨 후 각 공급 스위치를 누르면, 10초 동안 각종 gas, 질소 워터 등이 공급된다. 공급되는 물질들은 서로 동시에 공급될 수 있으며, 비상정지

스위치를 누르면 즉시 공급을 중단하고 비상정지 램프가 on된다. 전원 스위치를 on시키면 전원 공급 램프가 on 되어야 한다.

③ 시스템의 운전은 터치 패널을 통해 이루어진다.

◉ PLC 프로그램

• PLC 입출력 번지 할당표

입력 번호	기능	출력 번호	기능
X00	전원 스위치	전원 공급 램프	Y20
X01	gas 공급 스위치	gas 공급	Y21
X02	질소 공급 스위치	질소 공급	Y22
X03	워터 공급 스위치	워터 공급	Y23
X04	비상 정지 스위치	비상정지 램프	Y24

• 프로그램

◉ Touch panel 작화

2.4.2 Gas Cabinet 사양서

Model: FA2000(Full auto operating type)

(1) 사양

① 적용 Gas : 6 종류(NF3/CHF3, NH3/N2O, C2F6/SiH4)

② full auto operating type으로, 비슷한 성질의 두 종류 gas를 한대의 cabinet 안에 설치 사용하며, 총 세대의 gas cabinet이 필요.

③ gas 특성에 따른 safety option 적용.

(2) 구성

① 컨트롤러 : FA-2000(omron PLC를 적용한 full auto model)

- PLC에 의한 part 및 각종 안전 장치 자동제어
- 터치스크린 제어를 통한 사용자 편의성 극대화
- 전원 : 220[v]단 상 주파수: 60[Hz] 전력: 3[A]

② Case

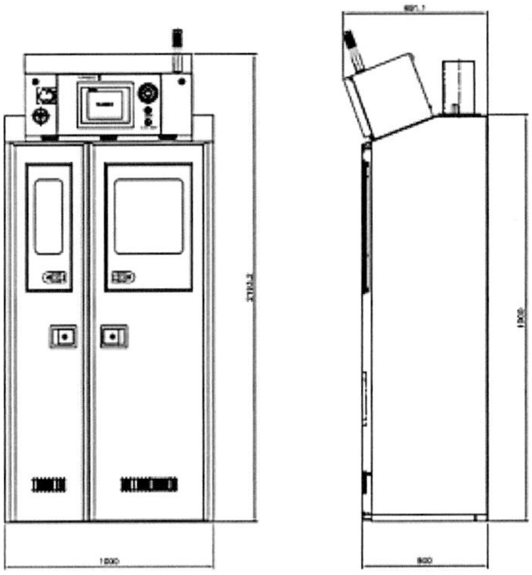

(3) Safety Option

- Fire Detector

gas의 leak로 발화 또는 폭발할 경우 초기 불꽃을 감지하여 제어 장치(Contoller)에 signal를 전달하여 안전 장치를 작동하게 하는 sensor로서 가연성 gas 및 폭발성 gas에 사용.

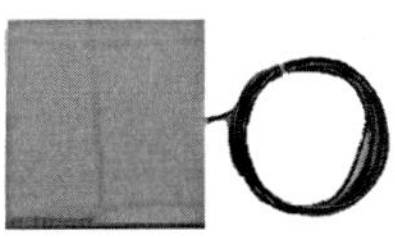

- Weight Scale

gas의 비중은 높으나 초기 압력이 낮아 gas handling이 어려울 경우 무게로 관리할 목적으로 사용하고 또한 HBr, HCl 등 high pressure gas에도 사용상 gas 잔량의 인식 시점이 불확실한 관계로 잔량 check를 목적으로 적용.

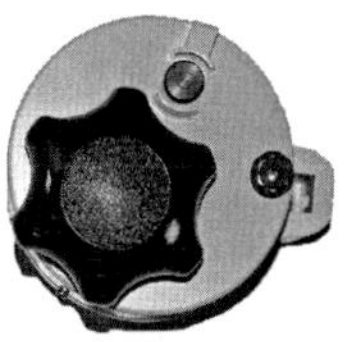

- Valve Shutter

gas를 취급함에 있어 leak 또는 부주의로 인한 사고가 발생할 경우 주위의 안정 장치로부터 signal을 받아 초기에 gas cylinder의 main valve를 close시켜 대형사고를 미연에 방지하는 목적으로 사용.

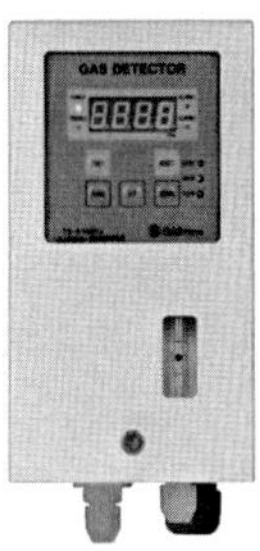

- Leak Detector

gas의 leak가 발생할 경우 즉각적인 감지로 경보음 및 경고 signal을 발생시키며, 누설된 가스의 양을 정확하게 디지털로 표시하여 대형사고를 미연에 방지할 목적으로 사용.

(4) 실습 과제

과제명 : 타이머와 카운터를 이용한 gas cabinet의 gas 공급제어 및 누설제어
동작조건은 다음과 같다.

① 전원 스위치와 gas 공급 스위치와 leak 센서가 있다. leak 감지 알람이 있다.
② 전원 스위치를 on시키면 전원 램프에 불이 들어온다. gas 공급 스위치를 1회 누를 때 마나 5초 동안 gas가 공급되며, 5회 이상 공급되면 leak 센서가 감지되며, leak 센서가 3초 이상 감지되면 모든 시스템이 중단되고 leak 감지 알람이 울린다. 알람의 정지는 리셋 스위치에 의해 정지된다. 비상정지 스위치를 on시키면 모든 시스템은 정지되고 초기상태로 되돌아온다.
③ 시스템의 운전은 터치 패널을 통해 이루어진다.

◉ PLC 프로그램

• PLC 입출력 번지 할당표

입력 번호	기능	출력 번호	기능
X00	전원 스위치	전원공급램프	Y20
X01	gas공급 스위치	gas공급	Y21
X02	leak 센서	leak 감지 알람	Y22
X03	리셋 스위치	–	–
X04	비상정지 스위치	–	–

• 프로그램

◉ Touch panel 작화

(5) 실습 과제

과제명 : 타이머 및 비교명령어를 이용한 화학 약품 탱크의 유량제어

동작조건은 다음과 같다.

① 전원 스위치와 화학 약품 공급 스위치, DI 공급 스위치, 두 개의 탱크에 상, 중, 하의 유량을 표시하는 센서 6개와 비상정지 스위치가 있다.

② 전원 스위치를 on시키면 전원 램프에 불이 들어온다. 화학 약품 공급 스위치를 누르면 화학 약품 공급 중이라는 램프가 on되며 약 10초 동안 화학 약품이 공급된다. 각 탱크는 화학 약품이 공급되는 탱크와 DI 워터가 공급되는 탱크로 탱크의 레벨은 상, 중, 하의 센서로 감지된다. DI 워터와 화학 약품은 동시에 공급될 수 없으며, 한번 공급되면 10초 동안 공급되나 어느 한쪽의 탱크의 레벨이 상 센서에 감지되며, 상이 감지된 쪽의 공급은 즉시 중단되고, 다른 쪽 탱크의 레벨이 상 센서에 감지 될 때까지 공급된다. 두 탱크 모두 센서 상까지 공급되면 동시에 팹으로 화학 약품과 DI 워터가 공급되며, 각 탱크의 센서 하의 감지가 off 되면 팹의

공급을 중단한다. 각 물질이 공급될 때 공급 스위치들의 우선 선택은 탱크의 잔량에 의해 적은쪽 먼저 수행되어야 하며, 비상정지 스위치를 누르면 초기상태로 되돌아오며, 탱크의 물질들은 모두 드레인 된다.

③ 시스템의 운전은 touch panel을 통해 이루어진다.

◉ PLC 프로그램

• PLC 입출력 번지 할당표

입력 번호	기능	출력 번호	기능
X00	전원 스위치	전원 공급 램프	Y20
X01	화학 약품 공급 스위치	화학 약품 공급 램프	Y21
X02	DI 워터 공급 스위치	DI 워터 공급 램프	Y22
X03	리셋 스위치	화학 약품 공급	Y23
X04	화학 약품 센서 상	DI 워터 공급	Y24
X05	화학 약품 센서 중	FAB 공급	Y25
X06	화학 약품 센서 하	드레인	Y26
X07	DI 워터 센서 상	-	-
X08	DI 워터 센서 중	-	-
X09	DI 워터 센서 하	-	-
X10	비상정지 스위치	-	-

• 프로그램

◉ Touch panel 작화

제3장

Mitsubishi PLC (MELSEC)

3.1 PLC와 시퀀스

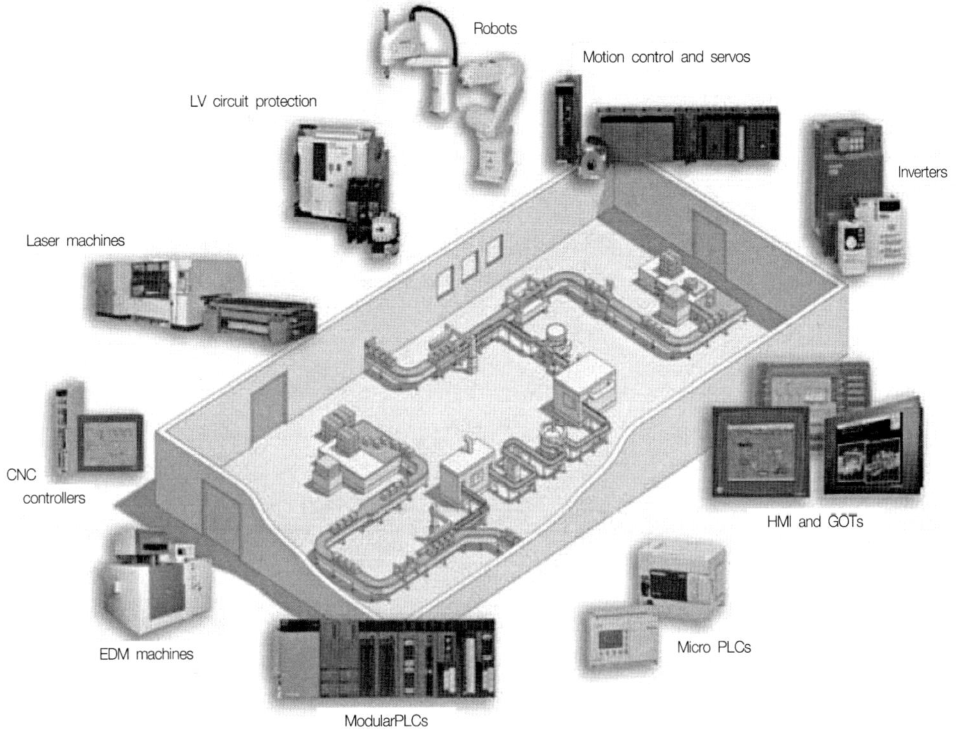
Robots
Motion control and servos
LV circuit protection
Inverters
Laser machines
CNC
controllers
HMI and GOTs
EDM machines
Micro PLCs
ModularPLCs

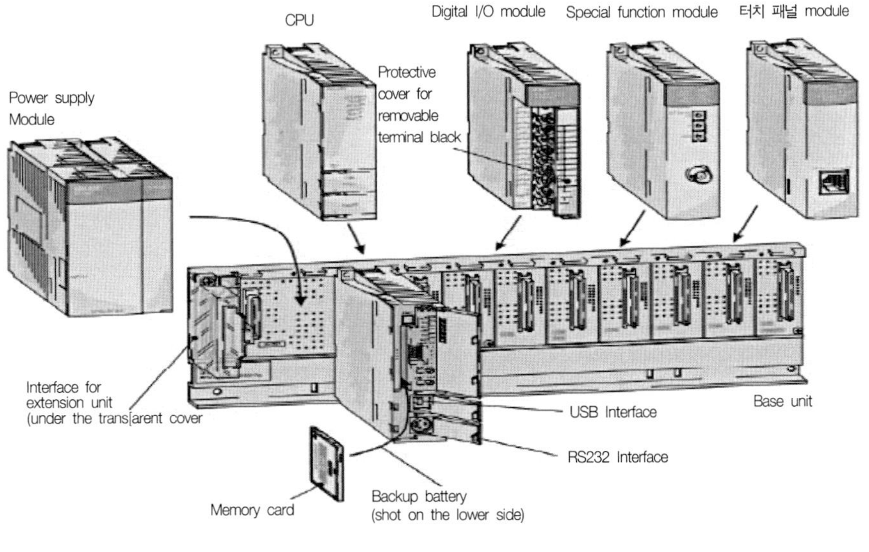
CPU
Digital I/O module
Special function module
터치 패널 module
Protective
cover for
removable
terminal black
Power supply
Module
Interface for
extension unit
(under the trans[arent cover
USB Interface
Base unit
RS232 Interface
Memory card
Backup battery
(shot on the lower side)

3.1.1 시퀀스(Sequence)제어

기기의 동작순서나 방법 등을 미리 정해 놓고 정해진 순서대로 조작되는 제어, '미리 정해진 순서 또는 일정한 논리에 따라 제어의 각 단계를 진행해 가는 제어' 라고 정의할 수 있다.

3.1.2 PLC(Programmable Logic Controller)

'process 혹은 equipment의 제어를 위한 논리연산, 시퀀스 제어, 지연, 계산 및 산술 연산 등의 제어동작을 시키기 위해, 제어순서를 일련의 명령어 형식으로 기억하는 메모리를 갖고, 이 메모리의 내용에 따라 디지털, 아날로그의 입출력 모듈을 통해 여러 가지 기계와 프로세스를 제어하는 디지털 조작형 전자 장치'를 말한다.

(1) 릴레이의 구조 및 접점 구성

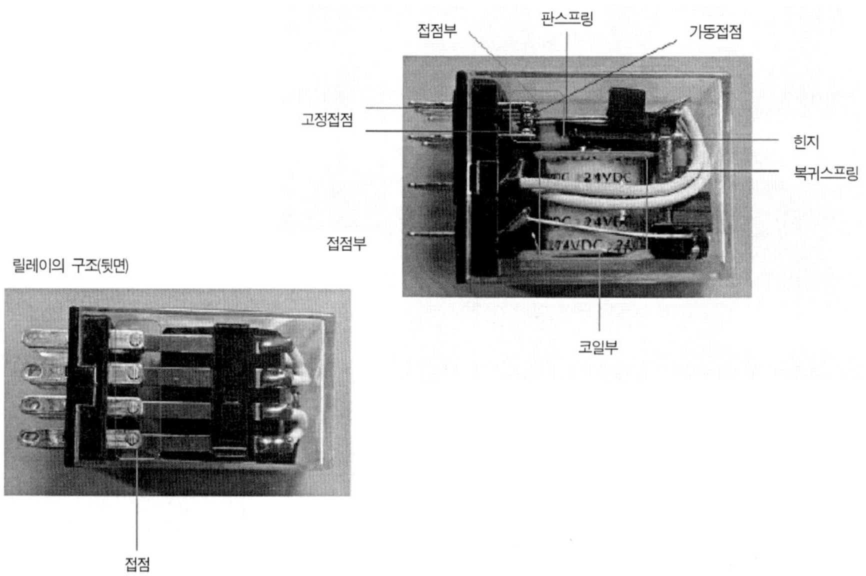

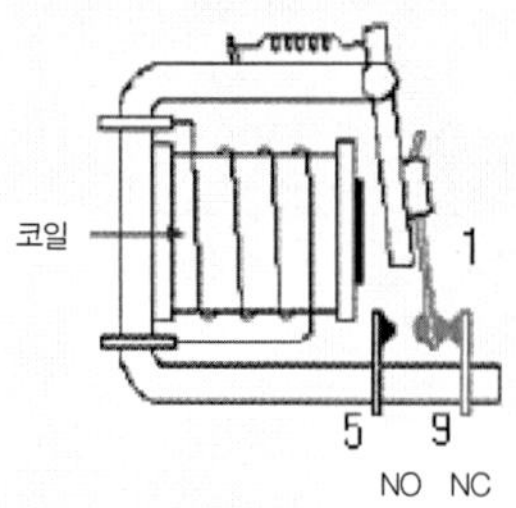

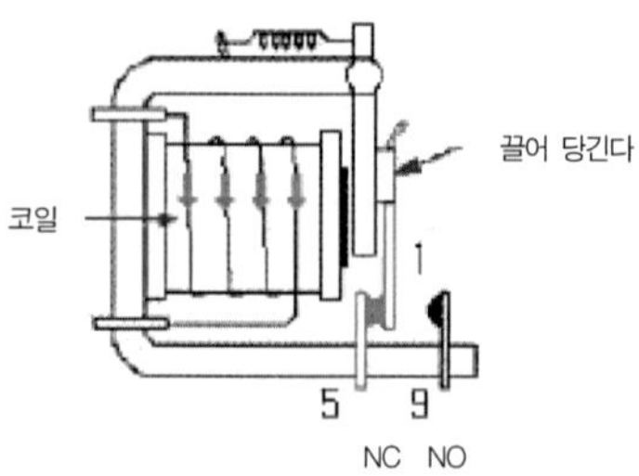

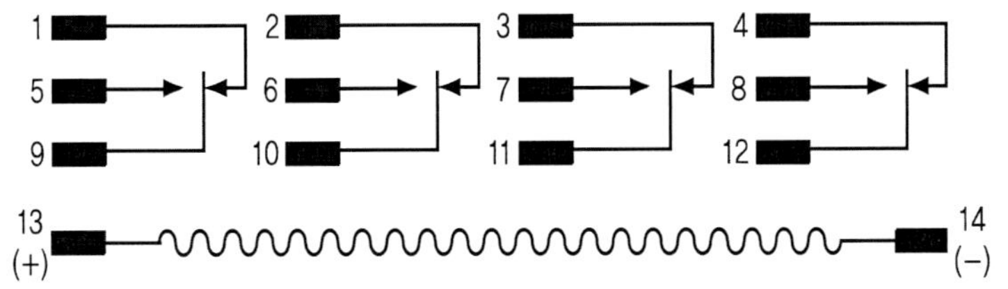

▸▸ **그림 3.1** 릴레이 구조

<그림 3.1>에서 핀 번호 1번과 5번은 a접점이고 핀 번호 1번과 9번은 b접점으로 구성되어 있다. 이 접점들을 제어하기 위해 전자석에 전기를 공급해 주면 되는데 이 동작을 시키는 핀 번호가 13번과 14번이다 각 +24V 전원과 0V를 공급해 주면 된다.

(2) 릴레이(relay)의 단점

① 시퀀스 로직 변경의 어려움

생산조건의 변경요구가 있을 경우에는 그 컨트롤 시스템까지 변경해야 한다. 릴레이 시퀀스는 컨트롤 시스템을 변경할 경우에 납땜이나 전기결선의 변경 등을 필요로 하기 때문에 비용의 부담 및 장시간의 소요를 필요로 하고, 특히 설비가동 중에는 시스템의 변경이 불가능한 경우가 대부분이다.

② 설비 신뢰성 부족

릴레이는 기계적인 기구이기 때문에 정해진 lifetime을 가지고 있어서 이의 적절한 유지보수를 위해서는 정기적인 교체를 필요로 하며, 설비의 거대화에 따라 릴레이의 개수도 증가하게 되어 있어 한 개의 릴레이 오작동으로도 전체 process의 shutdown을 유발할 수 있다.

③ trouble shooting의 어려움

특별한 소프트웨어 프로그램 없이 단순히 릴레이를 이용하여 시퀀스가 구성됨에 따라 설비의 trouble 발생 시 그 trouble shooting을 위해서는 방대한 릴레이 및 배선의 check를 필요로 하며, trouble의 원인 규명을 위한 event history logging 역시 기대할 수 없다.

(3) PLC의 장점

① 설계의 단순화

부품배치도의 간략화와 시퀀스 설계의 용이성, 시운전 및 조정의 용이함 등 대폭적인 설계의 단순화를 이룰 수 있다.

② 신뢰성의 향상

무접점 회로를 이용함으로써 릴레이, 타이머 등에서 발생되는 하드웨어적 접점 사고에 의한 문제를 감소시켜 신뢰성이 향상된다.

③ 정비의 용이성

PLC는 동작표시기능, 자기진단기능, 감시기능 등 상태표시기능을 내장하고 있어 정비가 쉽다.

④ 소형화 및 표준화

반도체 소자를 이용하므로 릴레이 컨트롤 패널의 크기에 비해 현저하게 소형이며, 제품의 표준화가 가능하다.

⑤ 제어내용 보존성의 향상

제어내용을 disk나 ROM 등의 외부기기에 쉽게 보존할 수 있어 유사한 제어 로직의 구성 시에 응용이 쉽다.

3.1.3 PLC의 종류

크기와 형태에 의하여 블록타입과 모듈타입으로 분류하며, 대부분 블록타입은 소형 PLC, 모듈타입은 대형 PLC이다.

(1) 블록타입 PLC

블록 모듈 타입의 PLC는 PLC 구성도에 있는 모든 기능들이 하나의 케이스 안에 설치되어 있어 소형이다. 즉 전원 장치, CPU, 메모리, 입력 및 출력의 모든 기능이 집적되어 있어 취급이 간단하고 저가이다. 그러나 입출력 점수가 제한되고 확장 유닛을 장착하여 입출력 점수를 늘릴 수 있으나 한계가 있다. 또한 PLC 간의 통신과 아날로그신호의 처리, 위치결정과 같은 고도의 기능의 발휘가 어려우며, 로직(logic)의 STEP의 양도 제한적이고, 상위 컴퓨터와의 작업 정보의 전송이나 작업지시 정보의 교환 등이 제한된다. 블록 모듈 타입의 PLC는 간단한 설비의 자동화나 제어 단독 설비의 자동화가 주목적이며 장래의 확장성이 요구되는 설비에서의 채택은 바람직하지 않다.

(2) 모듈타입 PLC

모듈타입의 PLC는 베이스 유닛에 전원 유닛과 CPU 유닛을 기본으로 설치하고 자동화 대상의 기능에 따라 여러 종류이 입출력 장치를 추가하여 사용한다. 입출력 점수의 변경이 요구될 시는 필요한 기능의 입출력 장치를 추가시킬 수 있다. 또한 CPU의 기능이 향상되고 고속 처리 및 대용량 데이터의 처리가 가능하며 PLC 간의 통신이나 상위 컴퓨터와의 다양하고 고속의 통신이 지원된다. 이와 같은 기능을 이용하여 CNC, ROBOT, 상위 컴퓨터와 연결하여 대단위의 자동화가 가능하며 컴퓨터 통신을 이용하여 수주에서 생산 판매에 이르는 전 과정을 자동화하는 총합화 생산 시스템을 구성할 수 있다. 또한 모든 생산활동이 기계에 의해 움직이는 무인 공장의 등장이 가능하도록 하였다. 유닛(또는 모듈이라고 한다)은 입력, 출력, 입/출력 혼용, 통신, 고속 카운터, PID제어, 아날로그 입력, 아날로그 출력 위치결정 유닛 등이 있다.

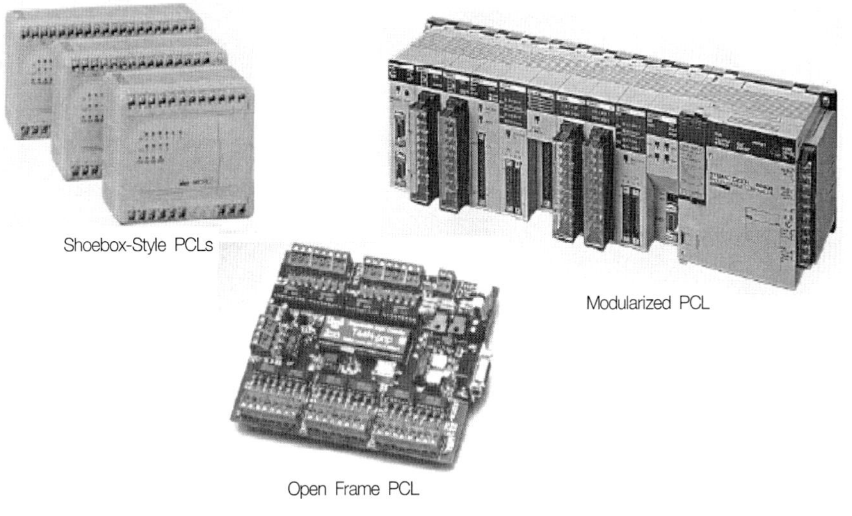

▸▸ **그림 3.2** PLC의 종류

3.2 PLC의 구성

PLC는 기본적으로 사람의 두뇌에 해당하는 CPU(Central Processing Unit : 중앙 처리 장치)와 장치 사이의 신호를 주고받는 입출력부(input/output unit), 시퀀스 회로의 내용 프로그램을 기록, 저장하는 기억부(memory), 그리고 PLC의 각 부에 전원을 공급하는 전원부(power supply unit)와 PLC의 쉬운 취급 및 기능 향상을 위한 주변기기 등으로 구성되어 있다.

3.2.1 CPU(중앙 처리 장치)

CPU는 PLC의 핵심이 되는 부분이며, 메모리부, 연산제어부, 입출력제어부로 구성되어 있다. 특히 연산제어부와 메모리부를 합해서 CPU모듈이라고 한다. 제어용 메모리는 PLC를 동작시키는데 필요한 프로그램을 기억하는 부분이기 때문에 ROM을 사용한다. 프로그램 메모리는 시퀀스를 기억하는 부분이다. 시퀀스는 변경하는 경우가 있으므로 프로그램을 필요에 따라 마음대로 기억 또는 소멸시킬 수 있는 RAM(주로 Static RAM)을 사용한다.

입출력 메모리는 입력 데이터나 출력 데이터를 일시에 기억하는 부분이다. 연산제어부는 메모리에서 프로그램 내용이나 데이터를 받아 논리연산이나 산술연산을 한 후 입출력 메모리에 그 결과를 보내어 기억시킨다.

입출력제어부는 입출력 신호의 모으기 또는 보내기의 타이밍 메모리 등의 번지에 입력 데이터를 기억시키거나 또는 어느 번지에서 데이터를 호출할 것인가를 지시, 명령하는 부분이다.

3.2.2 PLC의 입/출력부

PLC의 입/출력부는 PLC와 기계나 장치와의 인터페이스이다. PLC는 현장에서 기계나 장치와 직결하여 사용하는 것을 목적으로 하고 있으므로 입/출력부는 PLC의 중요한 요소이다. 입력 인터페이스에는 조작 스위치나 검출 스위치 등과 같은 입력기기가 접속된다. 그리고 출력 인터페이스에는 전자 계전기나 접속기의 코일, 솔레노이드, 히터밸브, 표시기 등과 같은 출력기기가 접속된다.

PLC의 입/출력부는 현장의 외부기기에 직접 접속하여 사용한다. PLC 내부는 DC +5(V)의 전원(TTL레벨)을 사용하지만 입/출력부는 다른 전압 레벨을 사용하므로 PLC 내부와 입/출력의 interface는 시스템 안정에 결정적인 요소가 된다.

(1) PLC의 입/출력부 요구 사항

① 외부기기와 전기적 규격이 일치해야 한다.

② 외부기기로 부터의 노이즈가 CPU쪽에 전달되지 않도록 해야 한다.
포토 커플러(photocoupler) 사용

③ 외부기기와의 접속이 쉬워야 한다.

④ 입출력의 각 접점상태를 감시할 수 있어야 한다.

(2) 입력 신호의 종류

입력 신호는 크게 digital, analog, hi speed pulse counter 등이 있다.

① Digital : selection switch, push button switch, 광전 switch, circuit breaker, 근접 switch, 액면 switch, motor startor contact, relay contact

② Analog : 온도 변환기, 압력 변환기, 로드 cell 변환기, 습도 변환기, 유량 변환기, potentiometer

(3) 출력 신호의 종류

출력 신호로는 릴레이를 이용한 유접점 출력과 트랜지스터 또는 triac을 이용한 무접점 출력으로 구분하며 그 외에 특수 출력 방식이 있다.

① 릴레이 출력 모듈

릴레이 출력 모듈이란 신호증폭요소로써 릴레이를 사용한 것으로, 릴레이는 코일부와 접점부가 완전히 절연되어 있으므로 릴레이 회로와 동일한 용도로 사용할 수 있다. 그러므로 릴레이 출력 모듈은 직류와 교류 모두 사용할 수 있어 편리하나, 기계적, 전기적 수명에 한계가 있고 또 접촉 불량에도 세심한 주의를 기울여야 한다.

② Transistor 출력 모듈

transistor 출력 모듈은 릴레이를 이용한 접점 출력에 비하여 수명이 길고 빈도의 동작이 필요한 경우 유용하게 사용된다. 그러나 신호 변환 요소로 반도체 소자인 트랜지스터를 이용한 것이기 때문에 출력기기의 전원은 DC에 한정되고 접점 출력이나 triac 출력에 비해 개폐전류도 작게 소요된다.

③ Triac 출력 모듈

triac 출력 모듈은 출력증폭요소로 triac을 사용한 것으로 응답속도가 통상 1ms 이하로 접점 출력에 비하여 10배 이상 고속이며, 구동 개폐 부하 용량도 비교적 큰 편이다. 따라서 개폐빈도가 큰 부하나 solenoid 등의 코일 부하로 대용량 부하인 경우는 triac 출력 모듈을 사용하는 것이 바람직하다. 접점 모듈을 사용할 경우, 부하 전류의 크기가 증가함에 따라 수명이 대폭적으로 단축되는 원인이 되기 때문에 출력기기의 종류에 따라서는 누설전류에 의한 오동작을 유발하는 경우가 있으므로 특히 주의하여 사용하여야 한다. triac 출력 모듈의 특성상 triac 출력의 외부 전원은 AC여야만 한다. 모든 출력 모듈에 있어서 마찬가지로 부하전압, 최대 부하전류 등에 대해서는 절대로 이들 조건이 지켜지도록 해야 한다.

3.2.3 전원부

PLC의 전원을 담당하는 부분으로 memory와 processor에 전력을 공급하는 외에도 입/출력 모듈에 전력을 공급하는데도 사용되고, 처리부와 remote의 입/출력 모듈 사이의 통신을 위해서도 사용되며 적절한 AC/DC 전압을 제공하는 부분을 말한다.

3.2.4 PLC에서 특수기능을 구현하기 위한 추가 구성

앞에서 설명한 기본 구성으로 PLC를 이용하여 설비를 제어할 수 있다. 하지만 접점의 on/off제어 이외에 특수한 동작을 수행해야 한다면 목적에 맞게 준비된 모듈을 추가 장착해야 한다. 여기에서 특수한 동작을 수행하기 위해 만들어진 모듈을 "인텔리전트모듈"이라고 하며 다음과 같은 종류가 있다.

① 아날로그 입력 유닛(A/D 변환기)
② 아날로그 출력 유닛(D/A 변환기)
③ 위치결정 유닛(서보 모터나, 스테핑 모터에 의한 정밀한 모터의 제어)
④ 시리얼 통신 유닛(RS232C/RS422통신)

이외에 이더넷 통신, CC-LINK 통신, 고속카운터유닛 등이 있다.

3.3 프로그래밍

3.3.1 하드 와이어드와 소프트 와이어드 방식

종래의 릴레이 제어 방식은 일의 순서를 회로도에 전개하여 그 곳에 필요한 제어기기를 접합하여 리드선으로 배선 작업을 해서 요구하는 동작을 실현한다. 이 같은 방식을 하드와이어드 로직(hardwired logic)이라고 한다. 하드와이어드 로직 방식에서는 하드(기기)와 소프트가 한 쌍이 되어 있어 사양이 변경되면 하드와 소프트를 모두 변경해야 하므로, 이것이 갖가지 문제를 발생시키는 원인이 된다. 따라서, 하드와 소프트를 분리하는 연구 끝에 컴퓨터 방식이 개발되었다.

컴퓨터는 하드웨어(hardware)만으로는 동작할 수 없다. 하드웨어 속에 있는 기억 장치에 동작 순서를 넣어야만 비로소 기대되는 일을 할 수가 있다. 이 동작의 순서를 프로그램이라 하며 기억 장치인 메모리에 동작의 순서를 넣는 작업을 프로그래밍이라 한다. 이는 마치 배선 작업과 같다고 생각하면 된다. 이 방식을 소프트 와이어드로직(softwired logic)이라 하며 PLC는 이 방식을 취하고 있다.

내장 프로그램 방식은 모든 시퀀스 프로그램을 메모리에 저장하여 두고 이것을 차례대로 꺼내어 CPU가 이를 해석하여 실행하는 방식이다. 이 항목은 스토어드 프로그램(stored program) 방식이나 반복연산 방식 등으로 기재된 경우가 많다. 스토어드 프로그램 방식은 모든 시퀀스 프로그램을 프로그램 메모리의 ROM 또는 RAM에 저장시켜 두고 이것을 차례대로 꺼내어 CPU가 실행시킴으로써 시퀀스동작을 하는 방식으로 동작수순은 컴퓨터와 동일하다.

반복연산 방식은 프로그램 메모리에 저장되어 있는 시퀀스 프로그램(명령어)을 선두 번지부터 순차적으로 실행하여 최후의 명령어를 실행하면 다시 선두 번지로 돌아가서 실행을 반복하는 방식이다. 현재 대부분의 PLC는 스토어드 프로그램 방식, 반복연산 방식이며 최초 스텝에서 마지막 스텝까지 실행하는데 걸리는 시간을 스캔 타임(scan time) 혹은 사이클 타임(cycle time)이라 한다.

3.3.2 PLC에서의 프로그램 실행과정

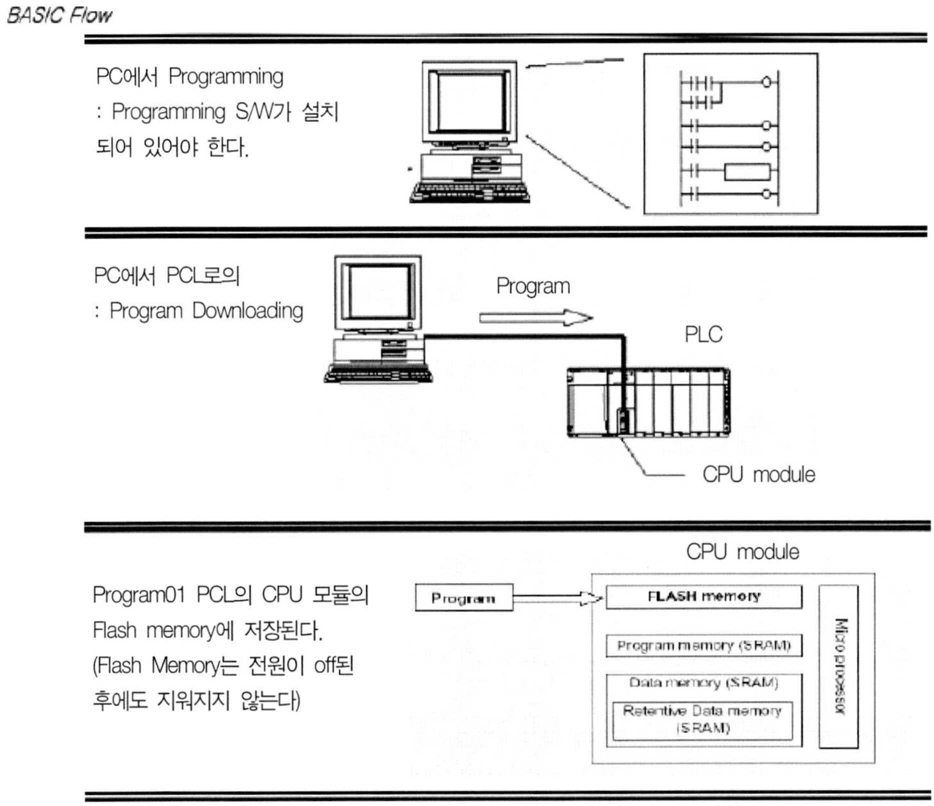

PC에 의해 PCL가 실행되거나 PCL의 switch를 RUN시킴으로 인하여 실행 시킨다.

PCL는 user 프로그램에 따라 동작을 시작한다

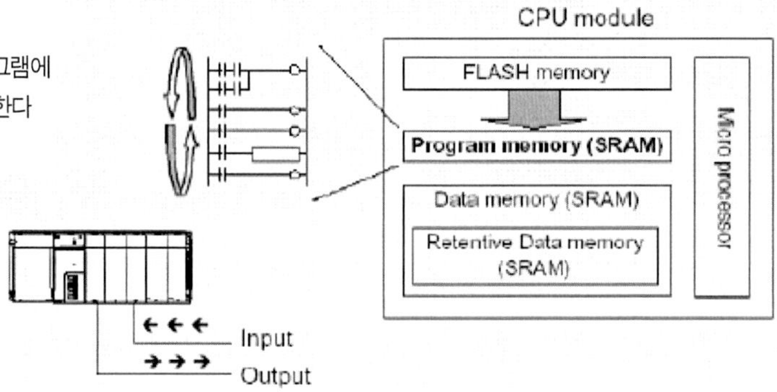

〈그림 3〉 PLC에서의 프로그램 실행과정

3.3.3 입출력 제어 방식

입력 유닛으로부터 접점상태를 읽어 들여 이를 바탕으로 첫 step부터 끝까지 순차적으로 명령을 수행한 다음 프로그램의 실행에 의해 변화된 결과를 출력 유닛에 출력하는 일련의 작업을 스캔(scan)이라 한다.

입출력 유닛의 제어 방식은 indirect 방식으로 프로그램의 0 step 실행 전에 일괄하여 실행한다.

입력 장치 ⇒ 입력 유닛 ⇒ CPU 연산 처리부 ⇒ 출력 유닛 ⇒ 출력 장치

CPU는 user 프로그램을 실행한다. CPU가 프로그램의 끝에 도달했을 때, CPU는 프로그램의 처음으로 되돌아가서 다시 실행할 것이다. 이 일련의 과정을 계속 반복되어진다. 이런 각각의 사이클에 입력 데이터와 출력 데이터가 한 번씩 동작하게 된다.

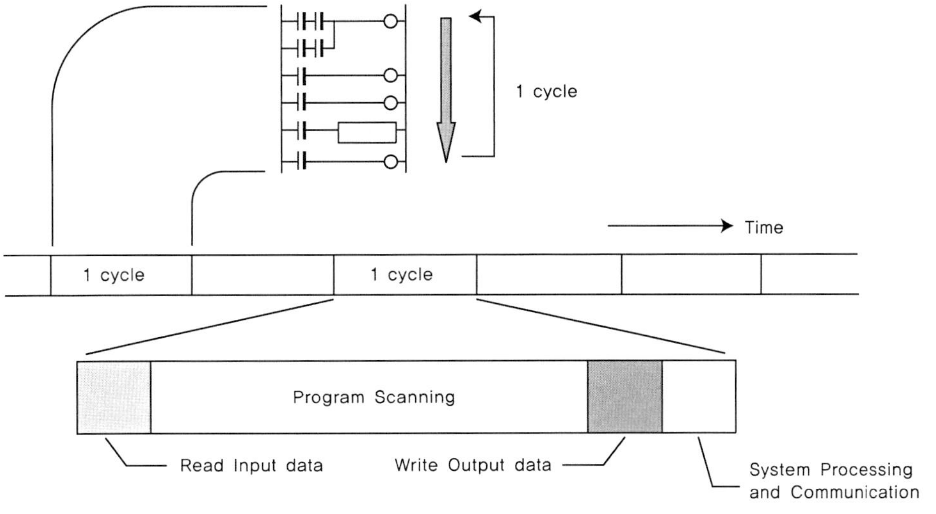

▸▸ **그림 3.4** PLC의 제어순서

입력과 출력 데이터는 1회의 스캔에 1번씩 처리된다.
이를 'refresh processing'이라 부른다.

3.3.4 스캔(Scan)

프로그램이 실행되는 동안 micro processor는 모든 데이터 입력을 받아들이고 제어 로직에 따라 출력을 송출 또는 중지시키게 된다. PLC의 경우에는 래더 네트워크를 해석하게 되는데, 한번 모든 로직이 해석되면 CPU는 모든 출력을 그에 맞추어 갱신하게 된다. 이처럼 프로그램 수행을 위하여 입력을 해석하는 과정과 출력을 갱신하는 과정을 스캔이라고 한다.

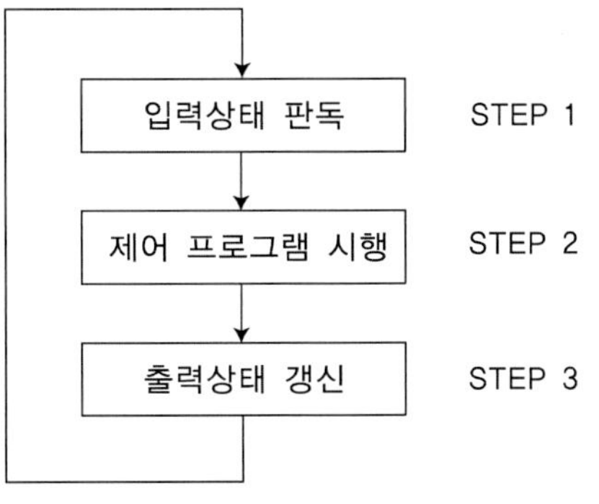

▸▸ **그림 3.5** PLC 스캔

<그림 5>는 PLC 스캔에 간한 개략을 보여준다.

(1) Step 1(입력상태 판독)

PLC는 각 input의 상태(on / off 등)를 판독한다. 각 input point에 연결된 sensor 혹은 switch 등 입력기기의 상태가 on인지 off인지 판독한 후 다음 step에 이용하기 위하여 이 데이터를 memory 내부에 저장시키게 된다.

(2) Step 2(제어 프로그램 실행)

다음에 PLC는 입력된 input 상태에 따라 프로그램을 실행시키게 된다. 예를 들어 '1번 input과 2번 input이 on이므로 3번 output을 turn-on 시켜야 한다' 든지 하는 프로그램의 해석 결과를 다음 step을 위해 memory에 저장시키게 된다.

(3) Step 3(출력상태 갱신)

마지막으로 PLC는 출력상태를 step 1의 입력상태와 step 2의 프로그램 실행 결과에 따라 갱신하게 된다. 이러한 스캔 실행에 걸리는 시간을 스캔 타임이라고 부르며, 스캔 타임은 step 1, 2, 3에 나타난 것과 같이 프로그램 스캔 타임과 입출력 갱신 타임으로 구성되게 된다.

간단히 programming 예를 들면,

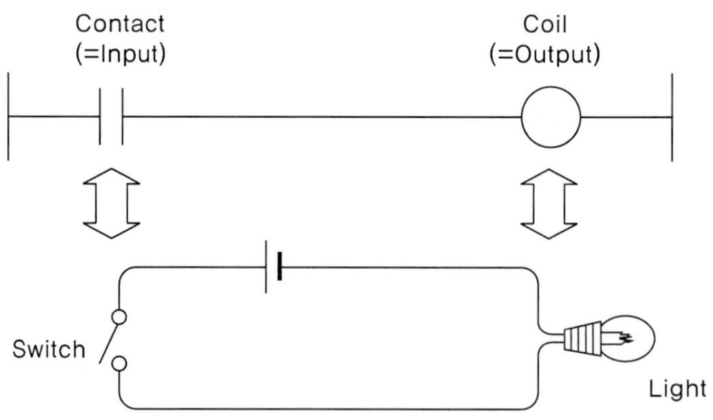

▸▸ 그림 3.6 래더 회로

<그림 3.6>은 하나의 접점과 하나의 코일로 구성되어 있는 가장 기본적인 LD(Ladder) 회로를 나타낸 것이다. <그림 3.6>에서 스위치를 on했을 때, light가 on된다. 이 LD 회로

는 아래의 실제 회로와 같은 의미를 가진다. '접점(contact)'은 코일을 on시키기 위한 조건이고, '출력접점(coil)'은 결과이다. 기본적으로 입력접점을 'X'로 나타내고, 출력접점을 'Y'로 나타낸다(Y는 이 경우에 입력 접점으로 사용될 수도 있다.).

3.3.5 PLC 동작 정리

PLC의 작동은 CPU라는 작업자에 의해서만 처리된다.

(1) 작업자가 일하는 공간에는 입력부 메모리, 출력부 메모리, 내부 메모리, 작업대가 준비되어 있다. 접점에 의해 입력되는 '1'과 '0'의 정보를 저장하는 메모리를 입력부 메모리라고 한다. 접점이 on되어 있으면, '1'로 인식하고, 접점이 off되어 있으면, '0'으로 인식한다(입력접점 정의).

(2) PLC에서 계산된 결과를 저장하여 외부로 신호를 내 보낼 수 있는 메모리를 출력부 메모리라고 한다. 저장된 메모리의 값이 '1'이며, 그 메모리와 연결된 램프에는 불이 들어오고, '0'이면 불이 들어오지 않는다. 램프 대신 모터를 연결해 두면, 지정된 출력부 메모리의 값을 '1'또는 '0'으로 함으로써 모터를 작동/정지시킬 수 있다(출력접점 정의).

(3) 내부 메모리는 프로그램 연산에 따라 계산된 결과를 출력부 메모리와 같이 저장하는 곳이지만, 외부로 신호를 내보내지 않고 PLC 내부에서만 그 결과를 참조한다. 입력되어 있는 프로그램 순서대로 [작업자]가 AND, OR와 같은 연산을 한 스텝씩 수행하면서 그 결과를 임시로 저장하는 곳을 [작업대]라 비유한다. 입력/출력/내부 메모리의 정보를 이 [작업대]로 불러 들이고, 원하는 연산을 한 두, 작업대에 있는 연산 결과를 출력/내부 메모리로 보낸다. 결론적으로 모든 정보의 이동은 이 작업대를 통하여 이루어진다.

(4) 작업자 CPU는 프로그램을 빠르게 반복 수행한다. 일반 계산 프로그램은 입력데이터를 받고, 원하는 계산을 수행한 후, stop, end를 거쳐 종료된다. 그러나 PLC제어는 RUN 수행하는 동안에는 계속적으로 PLC는 작동하여야 한다. 따라서 [입력] → [프로그램연산] → [출력] → [자기진단] → [입력]을 반복하면서 무한 루프를 돌며 지속적으로 연산 작업을 한다. 한 루프의 대부분의 시간은 연산 작업을 한다. 예를 들어 한 스텝 수행하는데 걸리는 시간이 1μsec/step이고, 프로그램은 1,000step이라면, 한 루프를 도는데 걸리는 시간은 1,000step × 1μsec/step = 1msec이다. 이 시간을 1 스캔 타임이라 한다. 결과적으로 1초에 1,000번 반복 순환한다.

(5) 입력 신호를 받아들이는 것도 스캔 타임 단위(예로서 1msec)로 단속적으로 받아 들인다고 하자. 입력 메모리를 갱신한 후 프로그램 수행 중에는 비록 입력 신호가 바뀌더라도 입력되지 않고, 다음 입력 메모리 갱신 때까지 기다렸다가 입력 된다. 출력도 마찬가지로 프로그램 수행 중에 여러 번 바뀌더라도 그 순간 순간 출력이 변하지 않고, 마지막 결과만 출력 메모리로 갱신되어 변경된다. 따라서 입력과 출력신호의 변경은 실제 시간보다 약간씩 지연이 발생한다.

3.3.6 프로그램 언어

PLC와 일반 컴퓨터가 구별되는 주요 항목 중에 하나가 프로그래밍 언어의 차이이다. 즉, PLC는 논리 표현 및 변경의 용이성을 중시하는 경향이 있는데 여기에는 사용자와 PLC를 중계하는 언어가 큰 비중을 차지한다. 따라서, 특별한 용도를 위한 각 기종의 특징을 발휘하기 위해서는 다른 언어 체계를 갖는다.

IEC에서 발표한 표준은 전통적으로 많이 사용해 온 니모닉 방식과 래더 다이어그램 방식이다. 또한 고급 언어 방식은 일반 컴퓨터에서 사용되는 basic이나 fotran과 같은 형태이며 플로 차트 방식인 SFC(Seqential Function Chart)가 있다.

- 문자 언어
  - Instruction(IL)
  - Structured Test(ST)
- 그래픽 언어
  - Basic Graphic언어
    - Ladder Diagram (LD)
    - Function Block Diagram (FBD)
  - Graphic Organization언어
    - Sequential Function Chart

▸▸ **그림 3.7** 프로그램 언어

(1) 니모닉 프로그램

시퀀스의 접속상태를 특정 명령어를 사용하여 프로그램 하는 방법을 말한다. 시퀀스 회로를 컴퓨터 저급 언어 방식을 도입한 프로그램 방식으로 명령어 방식이라고도 한다. 현장의 경우 로더를 이용하여 프로그램을 하는 경우가 많은 데(과거에 많이 사용하던 방식) 이러한 경우에 주로 사용한다.

어드레스	명령어	오퍼랜드
00000	STR	X00
00001	OUT	M10
00002	STN	X01
00003	OUT	Y50
00004	OUT	M10

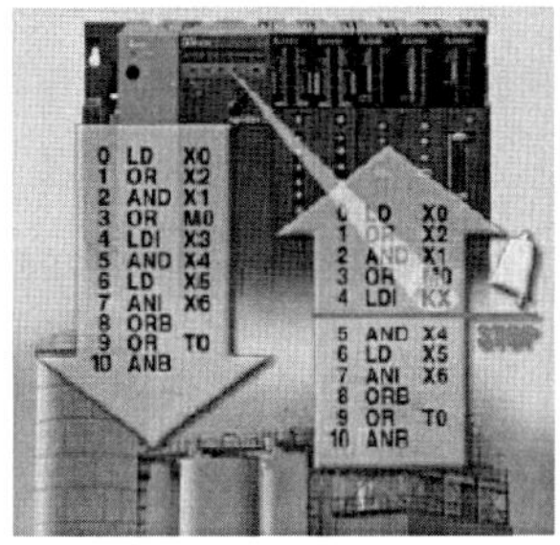

▸▸ **그림 3.8** 니모닉 방식의 프로그램 예

(2) 래더 다이어그램(Ladder Diagram)

PLC 프로그램에서 가장 많이 사용되는 방식으로서 릴레이 회로를 직접 기입하거나 표시할 수 있도록 도면을 표시하는 화면 출력 장치가 필요한데 이는 그래픽로더나, 컴퓨터를 많이 사용하고 있다. 래더 다이어그램 방식은 래더 심볼로 대체되는데, 이 때 래더 심벌이나 접속선 등을 표시하는 키를 차례로 눌러 디스플레이상에 회로를 그리면 완료된다. 이 방식은 회로를 눈으로 확인하면서 프로그램할 수 있으므로 단순하면서도 직관적으로 이해할 수 있다.

▸▸ **그림 3.9** 래더 방식의 프로그램 예

3.3.7 프로그래밍 순서

(1) 시퀀스 프로그램의 작성

각종 스위치 및 압력 센서 등 각 기기가 연결된 접점마다 고유 번호들을 부여하기 위한 전 작업.

(2) 입출력기기의 할당

각종 입출력기기의 고유 번호 등을 부여한 동작상태를 정의하는 것.

③ 내부 릴레이, 타이머, 카운터 등의 할당

내부접점, 타이머, 카운터 등의 대한 고유 번호를 부여하고 설정값 등을 정의.

④ 코딩

시퀀스 프로그램을 PLC의 메모리에 기억시키기 위해 PLC용 래더도에 따라 순서대로 니모닉 명령어로 기입해 넣는 작업.

⑤ 로딩

프로그램 입력 장치를 이용하여 PLC 메모리에 기억시키는 작업.

⑥ 시운전(디버그, 시뮬레이션)

확인 작업, 프로그램의 틀린 곳을 찾아 수정.

3.3.8 PLC의 입출력 모듈에 외부기기를 연결하는 방법

주로 제어에 사용되는 전기는 교류보다는 직류전기를 사용한다. 그렇기 때문에 직류의 특성인 (+)극과 (-)극의 전기적인 특성을 주의 하여 외부기기를 연결하는데 특히 주의해야 할 것이다. 대부분의 PLC maker에서는 제품의 Spec.에 대한 manual을 제공하고 있다. 이를 기초로 하여 외부기기를 연결하도록 한다.

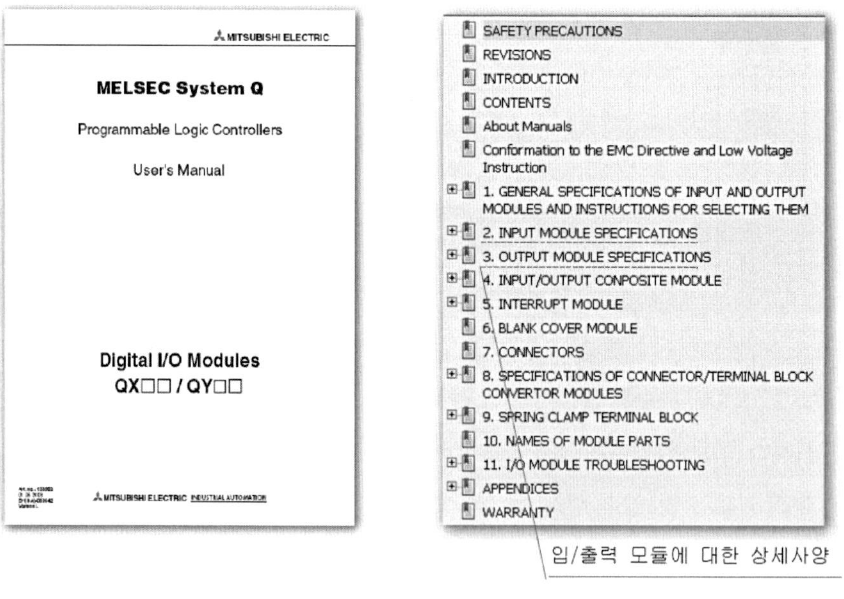

▸▸ 그림 3.10 MELEC manual

<그림 3.10>은 mitsubishi electric에서 제작 배포한 digital I/O module에 대한 manual 이다.

3.4 시퀀스 명령어

3.4.1 명령어 종류

PLC의 사양에 설명되어진 명령어는 CPU에서 사용되는 명령어가 아니라 PC의 프로그램 언어와 같이 사용자가 시퀀스 프로그램을 작성할 때 사용하도록 PLC maker에서 만들어 낸 언어이다.

PLC maker마다 명령어가 다를 수 있으나 사용 명령어의 형태만 다를 뿐이지 기능은 대동소이하다. 명령어의 종류는 크게 2가지로 분류할 수 있다.

(1) 기본 명령, 시퀀스 명령

기본 명령어는 릴레이 회로의 시퀀스 전개도와 같이 시퀀스를 PLC 내에서 실현하기 위한 명령어로 제어 신호의 입력과 출력 명령어 AND, OR와 같은 기본논리연산 명령어로 구성되어 있다.

(2) 응용 명령어

데이터 전송, 사칙연산, 비교 명령, 데이터형식의 변환과 같은 고도의 시퀀스 프로그램을 작성할 수 있도록 다양한 기능을 제공하여 준다. 응용 명령어를 사용함으로써 프로그램의 작성 시간과 오류를 단축시키고 고속, 고기능의 제어 기능을 제공하여 준다. 응용 명령어는 maker에 따라 다소 다르다.

3.4.2 시퀀스 기본 명령

(1) 시퀀스 기본 명령

시퀀스 기본 명령은 PLC에서 사용하는 가장 기본적인 명령어이다. 릴레이 시퀀스 회로를 기초로 하는 기본이 되는 명령어로써 접점(비트) 단위로 연산하는 명령으로 접점 명령이라고 한다.

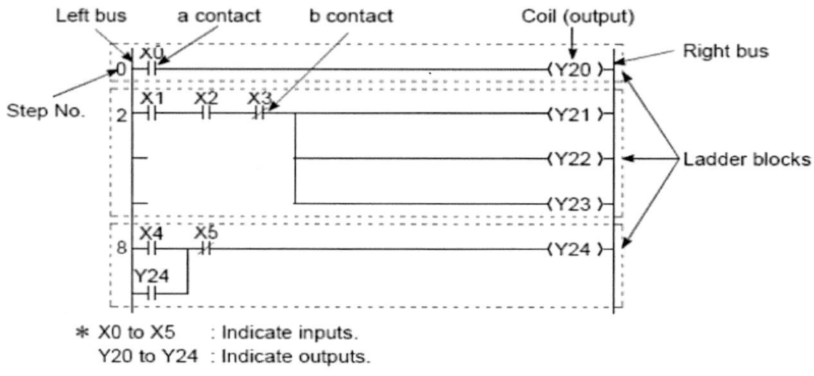

▸▸ **그림 3.11** ladder 회로

<그림 3.11>과 같이 각종 릴레이의 접점(입력접점)과 코일(출력접점)의 조합으로 표현된다. 비트 디바이스는 명령의 종류에 따라 사용할 수 있는 각종 릴레이(X, Y, M, L, T, C)로 정해져 있다.

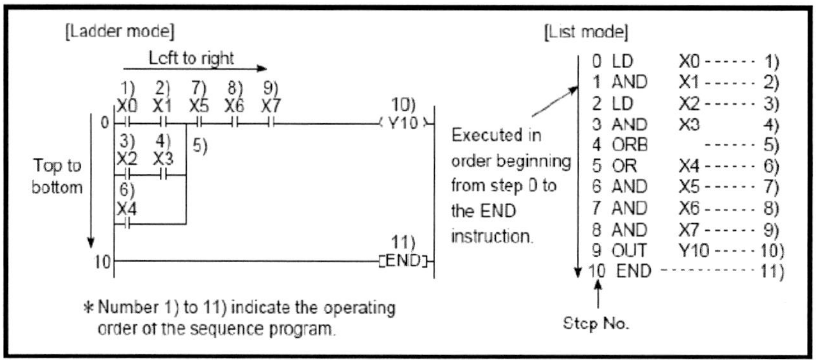

▸▸ **그림 3.12** 시퀀스 프로그램 operation

3.4.3 기본 기능 명령

타이머, 카운터, 시프트 레지스터 등의 기능을 실행하는 명령군이다. 설정치 등을 지정하기 위해 복수 스텝으로 구성된다.

3.4.4 제어 명령

(1) 프로그램을 실행할 순서, 흐름을 결정하는 명령군으로 조건에 따라 실행할 부분을 변경 한다거나, 필요한 부분만을 실행할 수 있다.

(2) 실행할 부분의 지정 등을 수행한다. 복수 스텝으로 구성된다.

① 마스터 컨트롤(MC)

프로그램의 어느 부분(MC· MCR로 지정)을 조건이 성립할 때만 실행한다.

② 서브루틴 프로그램(subroutine)

연산 처리 등 반복해서 실행할 프로그램을 서브루틴(SUB RET로 지정)으로 필요할 때 불러내어 실행한다.

3.4.5 I/O (입출력) 주소 할당

PLC의 입출력으로서 접촉되는 기기에는 여러 가지가 있는데 전기 회로도상에 서는 통상 PB(푸시버튼 스위치)나 SOL(전자밸브) 등으로 약호를 표시해 놓았다.

그러나 이러한 약호는 사람이 알기 쉽도록 편의적으로 붙인 것이며, PLC로서는 알 수 없는 언어이다. PLC가 알 수 있는 것은 자체 입출력 단자에 붙여진 고유 번호(이를 입출력 넘버라고 한다)뿐이다.

이 때문에 PB나 SOL 등의 약호로 나타내어지는 기기가 접속된 단자의 번호를 그대로 약호 대신에 사용하며, PLC에 접목하려고 한다. 입출력 릴레이의 주소 할당 번호는 PLC 입출력 부분의 각 단자에 붙여지며, 예를 들어 입출력 번호 X0가 접속된 푸시버튼 스위치 PB1은 프로그램으로서는 X0가 되어 메모리에 수용되는 것이다. 이처럼 PLC의 입출력 번호를 외부기기에 대응시켜서 할당하는 것을 입출력 번호의 I/O 주소 할당이라고 한다.

입출력 모듈(또는 카드)은 통상 1 모듈 당 접속할 수 있는 외부기기의 수(입출력 점수)가 8/16/32/64점(points)이 있다. 외부와 연결되는 접속은 단자대 또는 커넥터에 의한 방식이지만, 모두 각 단자에 번호가 주어진다.

예를 들어 입력 16점 모듈에서는 X0 ~ XF라는 식으로 16개의 번호(16진수로 표현)로 각각의 I/O 주소를 나타내고 있다.

3.4.6 I/O 주소 할당 방법

기본 베이스 모듈, 증설 베이스 모듈의 입출력 번호 하이 퍼포먼스 모델 Q CPU는 전원투입 또는 리셋 시, 입출력 번호의 할당을 실행한다. 이 때문에 GX-DEVELOPER에서 I/O할당을 실행하지 않아도 하이퍼포먼스 모델 Q CPU의 제어를 실행할 수 있다. 입출력 번호를 할당할 경우에는 다음의 항목에 따라서 입출력 번호를 할당한다.

(1) 베이스 모듈의 슬롯 수

기본 베이스 모듈, 증설 베이스 모듈의 슬롯 수는 베이스 모드의 설정에 따른다.

① 자동모드인 경우에는 베이스 모듈의 장착 가능 모듈 수만큼이 된다. 예를 들어, 5 슬롯의 베이스 모듈 사용 시에는 5 슬롯, 12 슬롯의 베이스 모듈 사용 시에는 12 슬롯이 된다.

② 상세모드인 경우에는 PLC 파라미터의 I/O 할당에서 설정한 슬롯 수가 된다.

(2) 입출력 번호의 할당순서

입출력 번호는 기본 베이스 모듈의 하이퍼포먼스 모델 Q CPU의 오른쪽 옆을 0H(번지)로 하고, 오른쪽으로 순서대로 연속 번호로 할당한다.

(3) 증설 베이스 모듈의 입출력 번호의 할당순서 증설 베이스 모듈은 기본 베이스 모듈의 입출력 번호의 다음 번호부터 입출력 번호를 할당한다. 증설 베이스 모듈의 할당은 증설 베이스 모듈의 단수설정 커넥터의 설정순서대로 왼쪽(I/O 0)에서 오른쪽의 순서로 연속 번호로 할당한다.

(4) 각 슬롯의 입출력 번호

베이스 모듈의 각 슬롯은 장착한 입출력 모듈, 인텔리전트 기능 모듈(특수 기능 모듈)의 입출력 점수만큼의 입출력 번호를 점유한다. 하이퍼포먼스 모델 Q CPU의 오른쪽 옆에 32점의 입력모듈을 장착한 경우, 입출력 번호는 X0~X1F가 된다.

(5) 빈 슬롯의 입출력 번호

베이스 모듈에서 입출력 모듈, 인텔리전트 기능 모듈(특수 기능 모듈)을 장착하지 않은 빈 슬롯은 PLC 파라미터의 PLC시스템 설정에서 설정한 점수가 할당된다(디폴트는 16점이다.).

ⓐ ⓑ ⓒ ⓓ ⓔ ⓕ ⓖ ⓗ ⓘ ⓙ

ⓐ 전원 모듈

ⓑ CPU 모듈

ⓒ 입력 16점 X00 ~ X0F
ⓓ 입력 16점 X10 ~ X1F
ⓔ 입력 16점 X20 ~ X2F
ⓕ 입력 16점 X30 ~ X3F
ⓖ 출력 32점 Y40 ~ Y5F
ⓗ 출력 32점 Y60 ~ Y7F
ⓘ 출력 32점 Y80 ~ Y9F
ⓙ 출력 32점 YA0 ~ YBF

3.4.7 실장 I/O 할당하기

(1) 파라미터 설정 부분의 파라미터 설정 → PLC 파라미터를 선택하면 아래와 같은 화면이 나타난다. 아래 그림의 내용은 PLC의 각종 파라미터를 설정하는 부분이다. I/O 할당 부분을 선택한다.

자동으로 장착되어 있는 모듈의 정보를 읽어올 수 있도록 우측 하단의 PLC 데이터 읽기를 클릭한다.

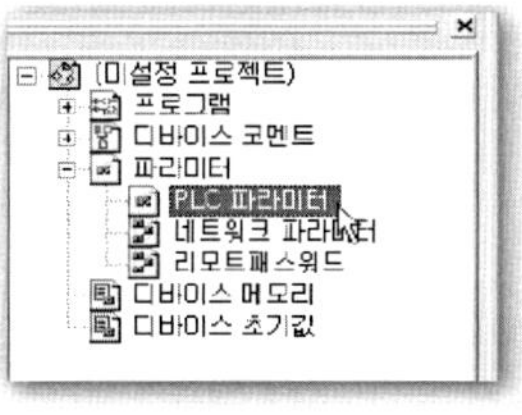

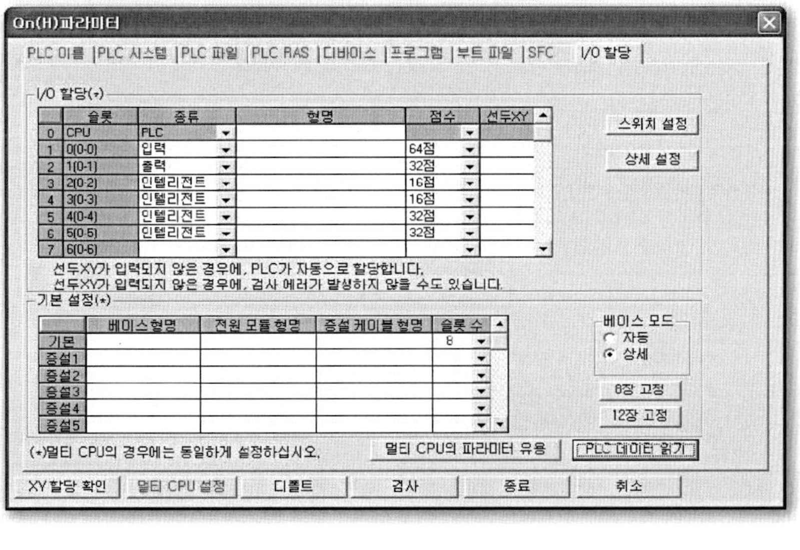

'0'번 슬롯에 장착된 입력 모듈의 I/O 할당 어드레스는 X00～X5F 까지 64점(POINTS)이다. '1'번 슬롯에 장착된 출력 모듈의 I/O 할당 어드레스는 Y60～Y8F까지 32점(points)이다. '2'번 슬롯에 장착된 A/D 모듈의 I/O 할당 어드레스는 입력/출력 각 16점씩 할당되므로 X90～X9F, Y90～Y9F가 되고, '3'번 슬롯에 장착된 D/A 모듈의 I/O 할당 어드레스는 입력/출력 각 16점씩 할당되므로 XA0～XAF, YA0～YAF가 된다. '4'번 슬롯에 장착된 2축 위치결정 모듈의 I/O 할당 어드레스는 입력/출력 각 32점씩 할당이 되므로 XB0～XCF, YB0～YCF가 된다.

마지막으로 '5'번 슬롯에 장착된 시리얼 통신 모듈의 I/O 할당 어드레스는 입력/출력 각 32점씩 할당되므로 XD0～XEF, YD0～YEF가 된다.

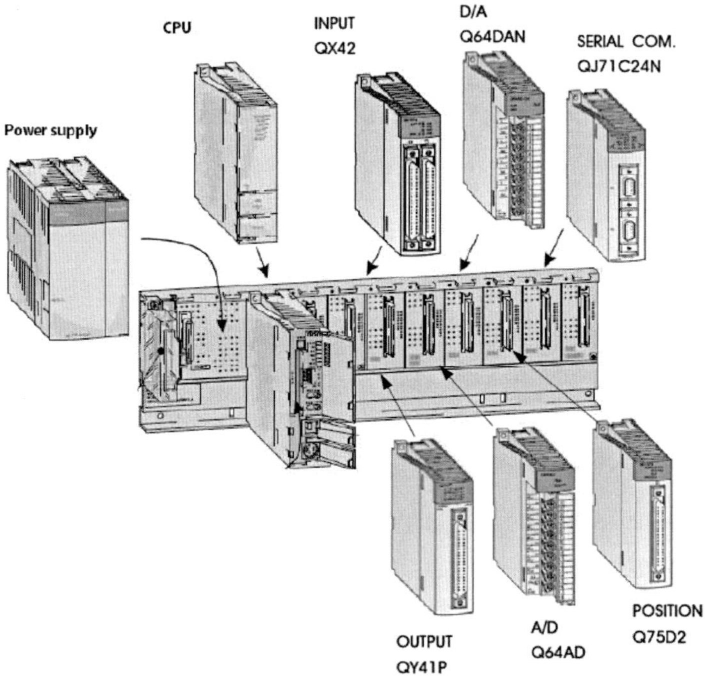

	SLOT 0	SLOT 1	SLOT 2	SLOT 3	SLOT 4	SLOT 5	SLOT 6	SLOT 7
UNIT	INPUT	OUTPUT	A/D	D/A	POSITION	SERIALCOM.	•	•
POINT	64	32	16	16	32	32	•	•
선두 ADDRESS	–	–	–	–	–	–	•	•

▸▸ **그림 3.13** PLC 시스템 구성

3.4.8 디바이스(Device)

(1) 비트 & 워드 디바이스

- 외부 디바이스 : CPU 외부에서 입력을 받거나 출력을 할 때 사용하는 디바이스.
- 내부 디바이스 : CPU 외부로 직접 출력할 수 없으며 CPU 내부에서 사용하는 디바이스.
- 비트 디바이스 : 2진수 제어 즉 0,1로 단순히 on/off 제어만 가능한 디바이스.
- 워드 디바이스 : 비트, 워드 단위로 제어 가능한 디바이스.

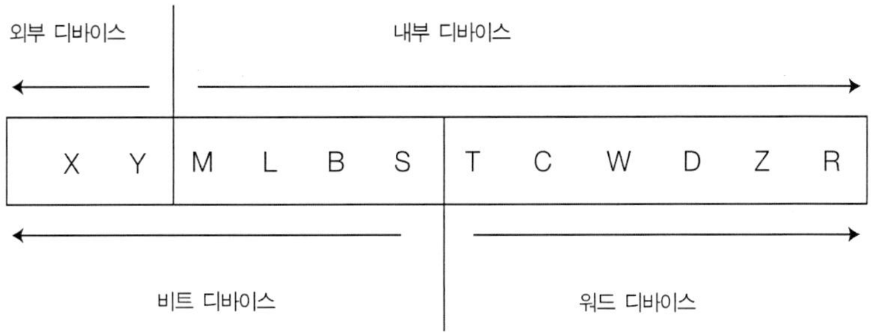

▸▸ **그림 3.14** 디바이스 구성

디바이스는 PLC 프로그램을 작성할 때 사용하는 미리 정해 놓은 기능의 기호라고 생각하면 된다.
입력 모듈에 연결하는 스위치나 센서같이 신호를 발생하는 장치는 X로 표시하고 출력모듈에 연결하여 사용하는 램프나 버저 같은 것은 Y로 타이머는 T카운터는 C 이러한 방식으로 이해하면 된다.

① 비트 신호(Binary Concept)

- 디지털 시스템 즉 PLC에서, 두 가지 상태표시를 다음과 같이 생각해 볼 수 있다. 신호가 present or not present, activated or not activated, high or low, on or off, +V and 0V etc.
- binary 1(or logic 1)은 true, on, high로 binary 0(or logic 0)은 false, off, low로 표시한다.

1(+V)	0(0V)	Example
Operating	Not operating	Limit switch
Ringing	Not ringing	Bell
On	Off	Light buld
Blowing	Silent	Horn
Running	Stopped	Motor
Engaged	Disengaged	Clutch
Closed	Open	Valve

▸▸ **그림 3.15** 신호에 따른 상태표시

② 워드 신호

워드라는 말은 비트 신호 16개를 묶어서 나타낸 정보의 크기 표시이다.

따라서 워드의 각 비트의 on/off상태의 조합에 따라 워드 디바이스 내에 수치 정보를 저장할 수 있게 된다.

③ 이 밖에 정보의 크기에 대한 몇 가지 용어를 설명하면 비트 신호 4개를 모아 digit (또는 nibble)이라 하고 비트 신호 8개를 모아 byte라고 한다. 1byte의 정보로 ascii 표에 따라 문자 데이터를 표시할 수 있다.

그리고 1개의 워드 디바이스에 저장할 수 있는 범위를 초과하는 데이터는 워드 디바이스 2개를 묶어 double 워드라는 32비트의 디바이스를 만들 수 있다.

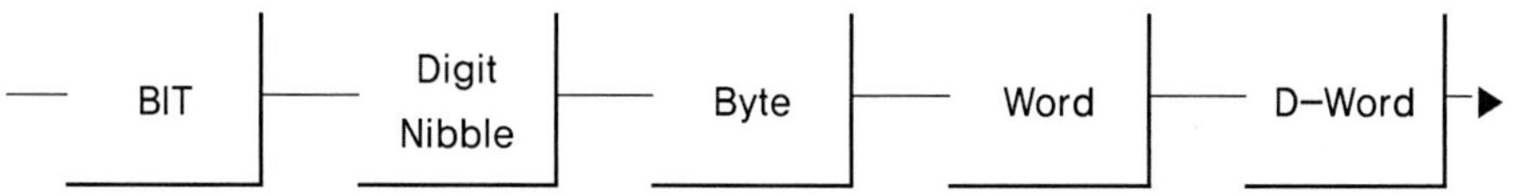

▸▸ 그림 3.16 신호 크기에 따른 순서

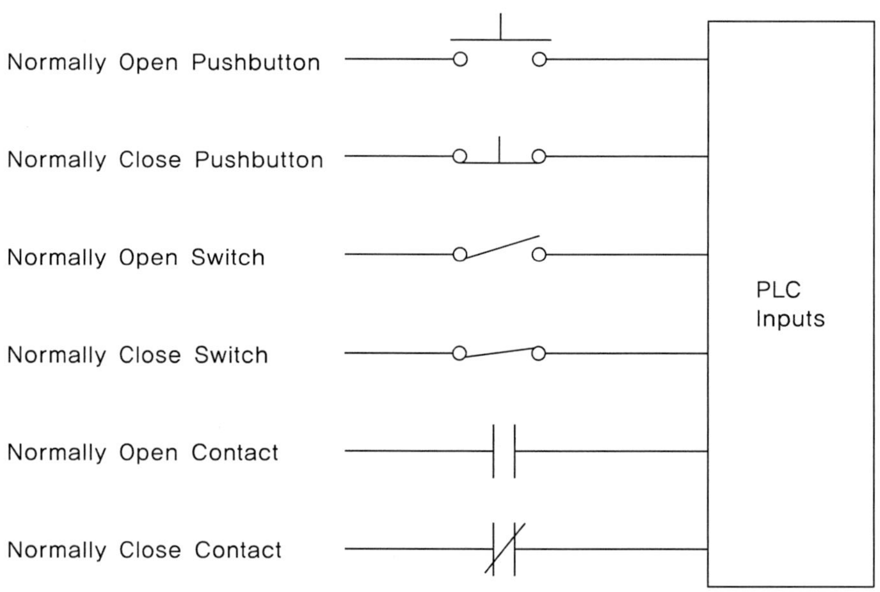

▸▸ 그림 3.17 NC(Normally Close)와 NO(Normally Open)

〈표 3.1〉 Mitsubishi PLC에서 사용하는 디바이스의 종류

디바이스		디바이스 내용	정보 형태
X	외부 입력	실제로 PLC HARDWARE와 연결되어 입력 모듈에 on/off 정보를 갖는 디바이스	비트
Y	외부 출력	실제로 PLC HARDWARE와 연결되어 출력 모듈에 on/off 정보를 갖는 디바이스	비트
M	내부 릴레이	프로그램 내에서 접점과 COIL로서 on/off 정보를 갖는 디바이스	비트
L	래치 릴레이	프로그램 내에서 접점과 COIL로서 on/off 정보를 갖는 디바이스 CPU의 배터리에 의해 비트 정보가 기억되는 정전 유지형 릴레이 디바이스	비트
S	STEP 릴레이	순차, 단계적인 제어 프로그램 작성 시 사용하는 릴레이	비트
B	LINK 릴레이	여러 대의 PLC를 구축하고 통신에 의해 비트의 on/off상태를 전송/수신하는 영역의 릴레이	비트
F	ANNUNCIATOR	고장상태를 검출하여 그 정보를 저장하는데 사용하는 릴레이	비트
T	타이머	ON DELAY 타이머 입력조건의 on되는 상태와 설정 시간에 따라 COIL을 on 시킨다.	워드
C	COUNTER	UP COUNTER로 입력접점의 on 시에 설정한 수치에 맞추어 COIL을 on시킨다.	워드
D	DATA REGISTER	수치 데이터의 저장에 사용되는 디바이스	워드
W	LINK REGISTER	여러 대의 PLC를 구축하고 통신에 의해 워드 데이터의 내용을 전송/수신하는 영역의 디바이스	워드
R	FILE REGISTER	연산 또는 데이터 저장에 사용되는 디바이스	워드
A	ACCUMULATOR	특정 FUNCTION BLOCK을 사용할 경우 연산 결과를 저장하는 디바이스	워드
Z	INDEX REGISTER	REGISTER TABLE의 임의의 REGISTER의 ADDRESS를 지정하는 디바이스	워드
V	INDEX REGISTER	REGISTER TABLE의 임의의 REGISTER의 ADDRESS를 지정하는 디바이스	워드

〈표 3.1〉 Mitsubishi PLC에서 사용하는 디바이스의 종류〈계속〉

디바이스		디바이스 내용	정보 형태
N	NESTING	MAIN 프로그램에서 프로그램의 영역을 지정할 때 사용하는 상수로 MC/MCR 명령에서 사용	워드
P	POINTER	분기 명령 사용 시 분기되는 곳을 표시하는 프로그램 STEP상수	정수
I	INTERRUPT POINTER	INTERRUPT 프로그램을 수행하기 위한 STEP 상수	정수
K	10진 정수	10진수를 표시하기 위한 정수기호	정수
H	16진 정수	16진수를 표시하기 위한 정수기호	정수

〈표 3.2〉 Q CPU에서 사용할 수 있는 디바이스명과 사용 범위

<table>
<tr><th rowspan="2">제어 방식</th><th rowspan="2">종별</th><th rowspan="2">디바이스명</th><th colspan="2">값</th><th rowspan="2">파라미터 설정에 의한 설정 범위</th></tr>
<tr><th>정수</th><th>사용 범위</th></tr>
<tr><td rowspan="16">내부 USER 디바이스</td><td rowspan="9">비트 디바이스</td><td>입력</td><td>8,192점</td><td>X0~X1FFF</td><td rowspan="4">–</td></tr>
<tr><td>출력</td><td>8,192점</td><td>Y0~Y1FFF</td></tr>
<tr><td>스텝 릴레이</td><td>8,192점</td><td>S0~S8191</td></tr>
<tr><td>특수 릴레이</td><td>2,048점</td><td>SB0~SB2047</td></tr>
<tr><td>내부 릴레이</td><td>8,192점</td><td>M0~M8191</td><td rowspan="12">합계 28.8K 워드 이내에서 변경 가능</td></tr>
<tr><td>래치 릴레이</td><td>8,192점</td><td>L0~L8191</td></tr>
<tr><td>애넌시애이터</td><td>2,048점</td><td>F0~F2047</td></tr>
<tr><td>에지 릴레이</td><td>8,192점</td><td>V0~V2047</td></tr>
<tr><td>링크 릴레이</td><td>8,192점</td><td>B0~B8191</td></tr>
<tr><td rowspan="7">워드 디바이스</td><td>타이머</td><td>2,048점</td><td>T0~T2047</td></tr>
<tr><td>적산 타이머</td><td>0점</td><td>(ST0~ST2047)</td></tr>
<tr><td>카운터</td><td>1,024점</td><td>C0~C1023</td></tr>
<tr><td>데이터레지스터</td><td>12,288점</td><td>D0~D12287</td></tr>
<tr><td>링크레지스터</td><td>8,192점</td><td>W0~W8191</td></tr>
<tr><td>특수링크레지스터</td><td>2,048점</td><td>SW0~SW2147</td></tr>
</table>

<표 3.2> Q CPU에서 사용할 수 있는 디바이스명과 사용 범위

<table>
<tr><th rowspan="2">제어방식</th><th rowspan="2">종별</th><th rowspan="2">디바이스명</th><th colspan="2">값</th><th rowspan="2">파라미터 설정에 의한 설정 범위</th></tr>
<tr><th>정수</th><th>사용 범위</th></tr>
<tr><td rowspan="5">내부 시스템 디바이스</td><td rowspan="3">비트 디바이스</td><td>펑션 입력</td><td>16점</td><td>FX0~FXF</td><td rowspan="5">고정</td></tr>
<tr><td>펑션 출력</td><td>16점</td><td>FY0~FYF</td></tr>
<tr><td>특수 릴레이</td><td>2,048점</td><td>SM0~SM2047</td></tr>
<tr><td rowspan="2">워드 디바이스</td><td>펑션 레지스터</td><td>5점</td><td>FD0~FD4</td></tr>
<tr><td>특수 레지스터</td><td>2,048점</td><td>SD0~SD2047</td></tr>
<tr><td>인덱스 레지스터</td><td>워드 디바이스</td><td>인덱스 레지스터</td><td>16점</td><td>Z0~Z15</td><td>-</td></tr>
<tr><td>파일 레지스터</td><td>워드 디바이스</td><td>파일 레지스터</td><td>0점</td><td>-</td><td>0~1,018K점
(1K점 범위)</td></tr>
<tr><td>네스팅</td><td>-</td><td>네스팅</td><td>15점</td><td>N0~N14</td><td rowspan="7">고정</td></tr>
<tr><td rowspan="2">포인터</td><td rowspan="2">-</td><td>포인터</td><td>4,096점</td><td>P0~P4095</td></tr>
<tr><td>인터럽트 포인터</td><td>256점</td><td>I0~I255</td></tr>
<tr><td rowspan="4">기타</td><td rowspan="2">비트 디바이스</td><td>SFC 블록</td><td>320점</td><td>BL0~BL319</td></tr>
<tr><td>SFC 이행 디바이스</td><td>512점</td><td>TR0~TR511</td></tr>
<tr><td rowspan="2">-</td><td>네트워크 No.</td><td>256점</td><td>J1~K255</td></tr>
<tr><td>I/O No.</td><td>-</td><td>U0~UFF</td></tr>
<tr><td rowspan="4">정수</td><td rowspan="2">-</td><td>10진 정수</td><td colspan="3">K-2147483648~K2147483647</td></tr>
<tr><td>16진 정수</td><td colspan="3">H0~HFFFFFFFF</td></tr>
<tr><td rowspan="2">-</td><td>실수 정수</td><td colspan="3">$E\pm1.17549^{-38}$~$E\pm3.40282^{+38}$</td></tr>
<tr><td>문자열 정수</td><td colspan="3">'ABC' , '123' 등</td></tr>
</table>

(2) 입출력 디바이스

- 디바이스 X,Y 입출력은 PLC와 외부기기 사이의 정보교환을 하기 위한 디바이스.
- 입력은 입력 유닛으로 외부에서 준 on/off 정보를 프로그램에서 사용.
- 출력은 프로그램의 연산 결과를 출력 유닛에서 외부로 출력할 때 사용한다.

① 입력 [X]

a. 입력은 누름 button, select switch, limit switch, digital switch 등의 외부 기기에서 PLC에 지령과 데이터를 주기 위한 것.

b. 입력 1점에 대해 PLC 내에 가상의 릴레이 Xn을 내장하고 있다고 생각하고, 프로그램에서는 그 Xn의 a접점, b접점을 사용.

c. 프로그램 내에서의 Xn의 a접점, b접점의 사용 수에는 제한이 없다.

② 출력 [Y]

a. 출력은 프로그램의 제어 결과를 외부(solenoid, 전자개폐기, 신호등, 디지털 표기 등)로 출력하는 것이다.

b. 출력은 외부로 1a접점 상당으로 내보내는 것이 가능하다.

c. 프로그램 내에서의 Xn의 a접점, b접점의 사용 수에는 제한이 없다.

d. 입력 유닛을 장착한 영역 및 유닛 미장착 영역에 대응하는 [Y]는 내부 릴레이 M의 대용으로 사용할 수 있다.

e. 내부 릴레이-M으로 사용할 때 [Y]는 정전유지할 수 없다.

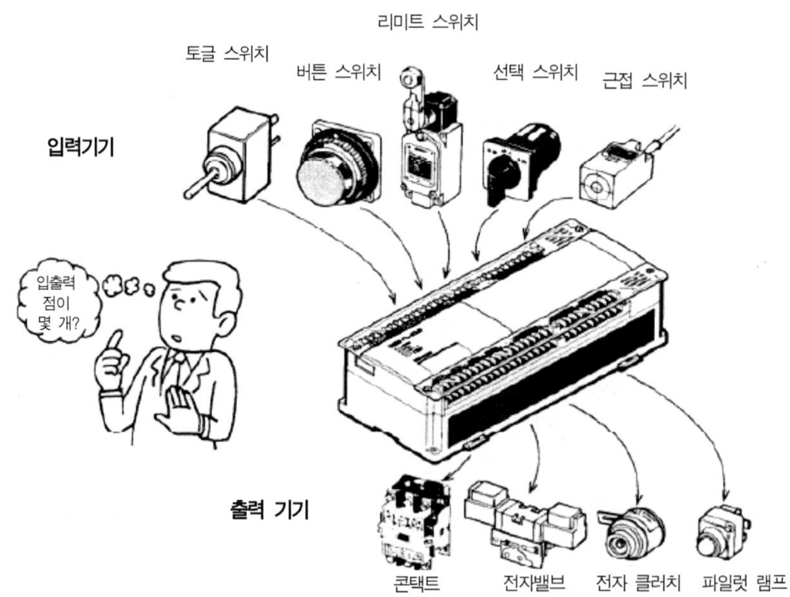

▸▸ **그림 3.18** PLC 입출력기기

③ 내부 릴레이 M & 스텝 릴레이 [S]

내부 릴레이, 스텝 릴레이는 래치(정전유지)할 수 없는 보조 릴레이.

그러므로 아래와 같은 조작을 하면 내부 릴레이는 모두 off된다.

a. 전원 off상태에서 전원 투입했을 때.

b. reset 조작을 했을 때.

c. latch clear 조작을 했을 때.

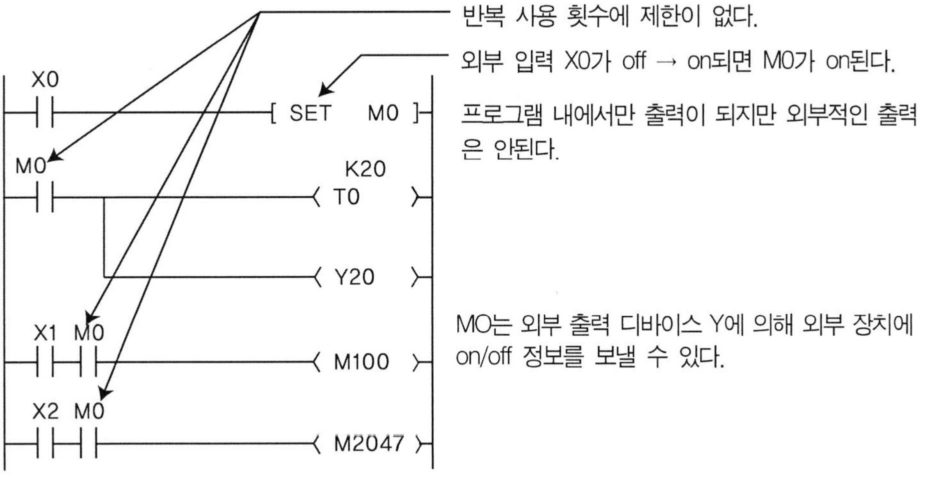

④ 래치 릴레이 [L]

래치 릴레이는 전원 off 전의 연산 결과를 battery back up으로 유지할 수 있는 보조 릴레이이다. 아래와 같은 조작을 하여도 연산 결과를 유지한다.

a. 전원 off상태에서 전원 투입했을 때.

b. reset 조작을 했을 때.

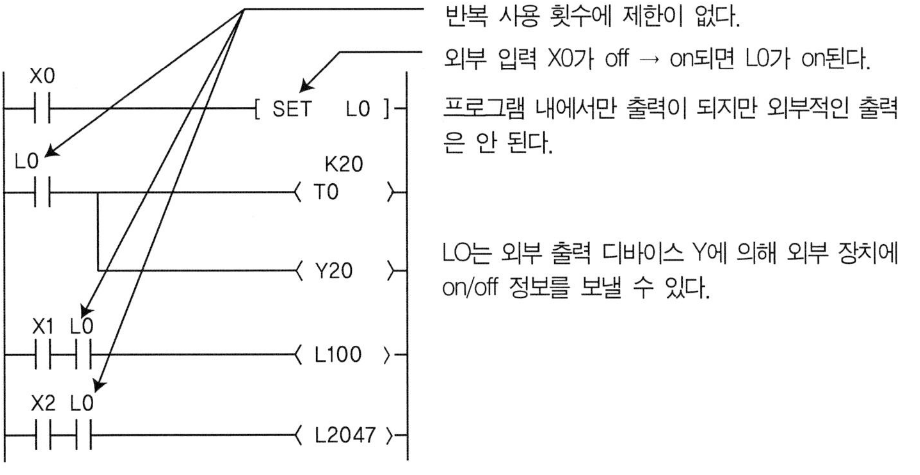

⑤ 링크 릴레이 [B]

- 링크 릴레이는 데이터 링크용의 내부 릴레이이다.
- 링크 릴레이를 데이터 링크에서 사용할 경우에는, 자국(마스터국, 로컬국)에서 코일로 on/off제어를 하고, 타국(마스터국, 로컬국) 에서는 접점으로 사용하는 것에 의해 그 on/off 정보를 read하는 것이 가능하다. 따라서 이 링크 릴레이에 의해 마스터국에서 로컬국, 로컬국, 마스터국, 로컬국 사이의 on/off 정보교환이 가능하다.
- 데이터 링크에서 사용하려면 마스터국에 링크 범위(각각의 국에서 코일로 사용하는 범위)를 설정하여 놓을 필요가 있다.
- 링크 범위에서 설정되어 있지 않은 링크 릴레이 번호는 각각의 국에서 내부 릴레이 대용으로 사용할 수 있다.
- 프로그램 내에서의 링크 릴레이의 a접점, b접점의 사용 후에는 제한이 없다.

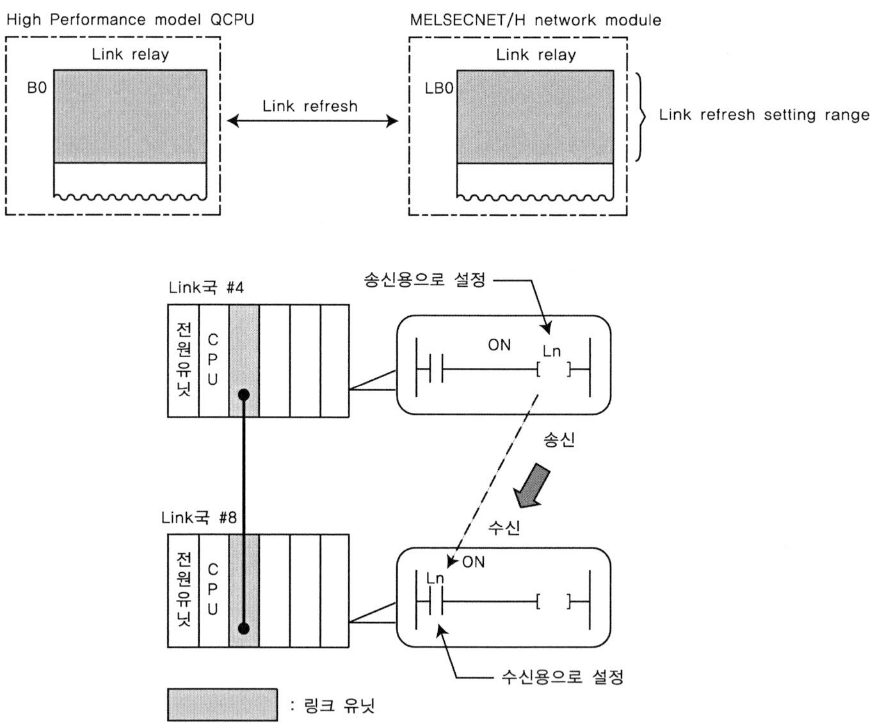

▸▸ **그림 3.19** 네트워크 시스템에서의 링크 릴레이

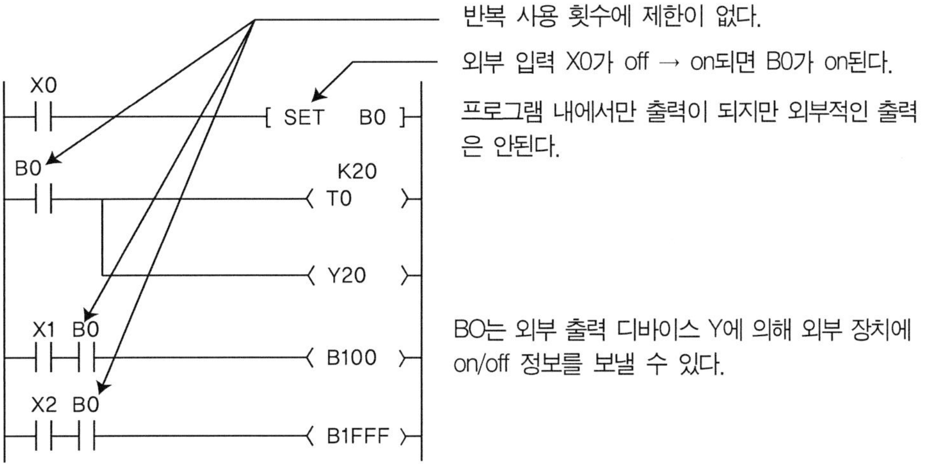

⑥ 스텝 릴레이 [S]

SFC의 각 스텝의 활성상태를 나타내는 SFC 전용 릴레이이다.

시퀀스 프로그램에서는 스텝 릴레이를 시정하거나 블록을 첨부하여 지정할 수있다. (예) BL2₩S1·······블록 No.2의 스텝 릴레이 1을 지정

⑦ EDGE 릴레이 [V]

서브루틴이나 인터럽트 프로그램 등 반복하여 실행하는 프로그램 중에서 펄스화할 경우에 사용하는 디바이스이다.

이 디바이스를 사용해서 서브루틴이나 인터럽트 프로그램 등 펄스화 명령이 사용하기 쉽게 되어 있다.

⑧ 타이머 [T]

- 내부의 clock을 이용하는 것으로 일정한 시간을 카운터 하는데 사용된다.
- 고속과 저속 타이머의 설정은 PLC 내부 파라미터에서 설정할 수 있다.
- 종류는 크게 일반 타이머, 적산 타이머로 나눌 수 있고, 다시 각각 저속 타이머와 고속 타이머로 나누어진다.

a. 적산 타이머(ST)

- 통상 타이머와 식별할 수 있도록 디바이스명을 ST로 하였다.
- 현재 counting하고 있는 데이터가 타이머의 코일이 off되어도 그 값을 유지하다가 다음의 입력 신호가 들어오면 다시 기존의 값에서 increment된다.
- 현재 값의 clear와 접점의 off는 RST T 명령어로 실행한다.
- 적산 타이머를 사용하기 위해서는 PLC 파라미터에서 설정이 필요하다.

b. 저속 타이머

- 저속 타이머의 계측 단위는 default value = 100ms, 계측 단위는 1~1,000ms로 1ms 단위로 변경할 수 있다. 설정은 PLC 내부 파라미터에서 수정할 수 있다.

c. 고속 타이머 사용

- 저속 타이머의 계측 단위는 default value = 10ms, 계측 단위는 0.1~100ms로 0.1ms 단위로 변경할 수 있다. 설정은 PLC 내부 파라미터에서 수정할 수 있다.
- 저속 타이머와 고속 타이머를 프로그램에서 식별한다.

<예> 저속 타이머의 경우 OUT T200 K12

고속 타이머의 경우 OUTH T200 K12

ⓐ 타이머 접점은 코일을 여자한 다음 설정된 시간만큼 늦게 동작한다. (온 딜레이 타이머).

ⓑ 타이머 설정 값은 K1~K32,767이다.

100ms 타이머 0.1~3276.7초

10ms 타이머 0.01~327.67초

ⓒ 타이머 설정 값이 음수이거나 0일 때는 시한이 무한대가 되어 작동하지 않는다.

⑨ Counter [C]

외부의 event를, 또는 내부의 논리적인 입력 조건을 counting한다.

a. 카운트 업 후에는 입력 신호가 있어도 카운트하지 않는다.

b. 한번 카운트 up하면 RST 명령이 실행될 때까지 접점상태나 현재 값(카운터의 카운트 값)이 변하지 않는다.

c. 카운트 업하기 전에 RST 명령을 실행하면 현재 값이 0으로 바뀐다.

d. 카운터의 설정 값은 K1~K32,767이다(K0~K-32768은 K1과 같다.).

e. 설정 값이 0~-32,768일 때는 설정 값이 1일 때와 같이 접점은 on한다.

⑩ 데이터 레지스터 [D]

a. 데이터 레지스터는 PLC 내의 수치 데이터를 저장하는 메모리이다.

b. 데이터 레지스터는 1점 16비트 구성으로 , 16비트 단위로 read/writ할 수 있다. 저장할 수 있는 데이터 범위는 -32768 ~ 32767, 또는 0000H ~ FFFFH이다.

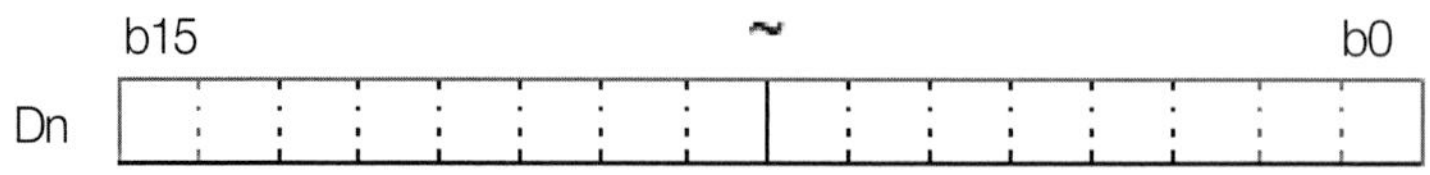

c. 32비트의 데이터를 취급할 경우에는 2점을 사용한다.

저장할 수 있는 데이터 범위는 -2147483648~2147483647 또는 0H ~ 0FFFFFFFFH이다 .

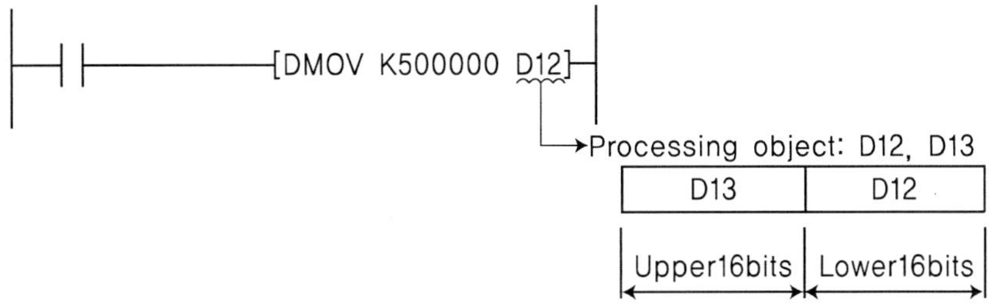

d. 32비트 명령에서 지정하고 있는 데이터 레지스터 번호가 하위 16비트, 지정하고 있는 데이터 레지스터 국번 +1이 상위 16비트로 된다.

e. 시퀀스 프로그램에서 한번 저장한 데이터는 다른 데이터를 저장할 때까지 유지된다.

f. 데이터 레지스터에 저장하고 있는 데이터는 전원이 on할 때 또는 리셋 스위치 [RESET] 측에 조작하는 것에 의해 clear된다.

g. 파라미터설정에 의해 래치 범위로 설정된 데이터 레지스터는 리셋 스위치를 [LATCH CLEAR] 측에 조작하는 것에 의해 clear된다.

⑨ 링크 레지스터 [W]

링크 레지스터는 데이터 링크용 데이터 레지스터이다. 링크 레지스터에 의해 마스터국에서 로컬국, 로컬국, 마스터국, 로컬국끼리의 데이터 정보의 교환이 가능하다.

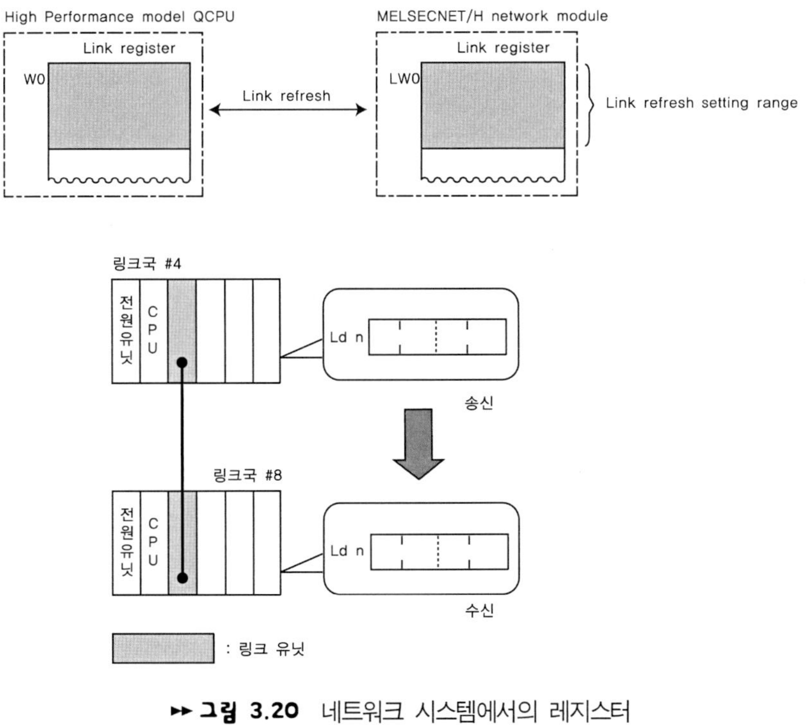

▸▸ **그림 3.20** 네트워크 시스템에서의 레지스터

⑩ 특수 릴레이/특수 레지스터 [SM/SD]

a. Q CPU와 사용자 프로그램 사이에서 데이터를 교환하기 위해 사용되는 특수릴레이/특수 레지스터이다.

b. 특수 릴레이/특수 레지스터(SM/SD)에는 다음과 같다.

- SM1 자기 진단 에러
- SM52 배터리 저하 등

⑪ 링크 다이렉트 디바이스 [J□₩W(B)□]

MELSECNET/H 네트워크 모듈의 링크 디바이스를 직접 액세스하는 디바이스 이다. 이 디바이스를 사용하면 링크 디바이스의 전송 시간을 단축할 수 있다.

또 네트워크 리플래시 파라미터에 설정되지 않은 링크 범위에도 액세스할 수 있다.

⑫ 인텔리전트 기능 모듈 디바이스 [U□₩G□]

인텔리전트 기능 모듈/특수 기능 모듈의 버퍼 메모리를 데이터 레지스터와 같이 Q CPU에서 직접 액세스할 수 있는 디바이스이다.

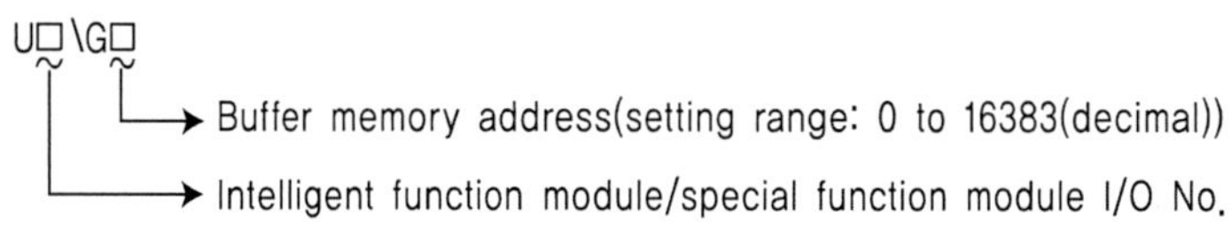

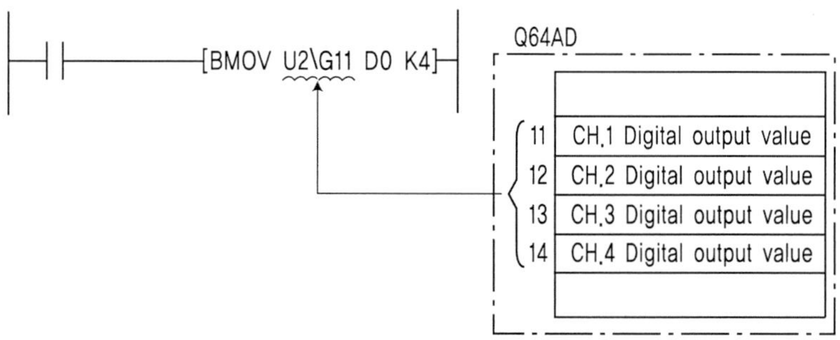

▸▸ **그림 3.21** Intelligent 모듈 프로그램의 예

<그림 3.21>의 프로그램을 해석하면, 선두 번지 2로 시작하는(X20부터 시작하는) SLOT에 장착된 인텔리전트 모듈의 버퍼 메모리 11번지부터 4개 워드에 해당하는 데이터를 D0부터 시작하는 데이터 레지스터로 이동시키라는 내용이다.

⑬ 인덱스 레지스터 [Z]

16개의 인덱스 레지스터를 사용할 수 있다(Z0 ~ Z15).

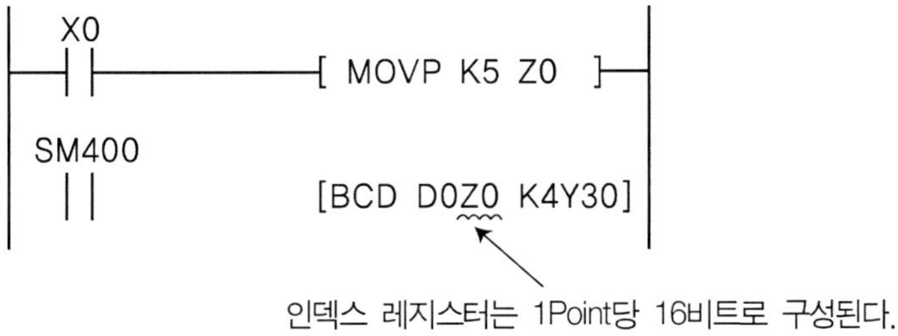

⑭ 파일 레지스터 [R/ZR]

데이터 레지스터의 확장용 레지스터이다. 파일 레지스터에는 표준 RAM 또는 메모리 카드(SRAM, flash 카드)를 이용한다. 파일 레지스터의 최대 용량은 표준 RAM: 131,072점(Q12H/Q25HCPU 사용 시), SRAM 카드: 1,041,408점, flash 카드: 1,042,432점이다. 이러한 대용량 데이터는 32k 워드의 블록 단위로 액세스하거나 파일 레지스터 전체를 번호 순으로 액세스할 수 있다.

⑮ Annunciator [F]

고장 검출용 디바이스, 먼저 annunciator를 사용하여 고장 검출 프로그램을 작성하여 놓고, run 중에 고장 검출 프로그램에서 annunciator를 scanning하여 고장이 일어났을 때 annunciator를 on하게 한다. annunciator가 on하면, annunciator 번호(F번호)는 특수 레지스터 r D9009에 저장된다.

(3) PLC에서 사용하는 숫자

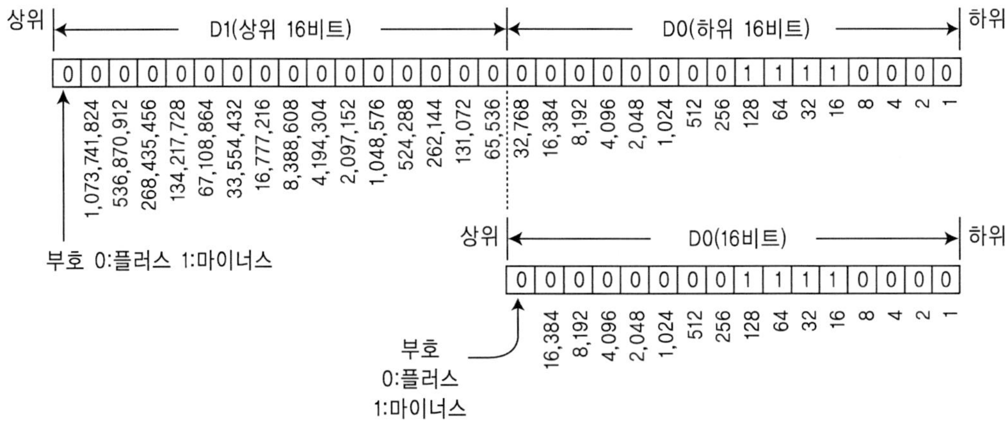

〈표 3.3〉 PLC에 사용하는 숫자표

<table>
<tr><th colspan="2" rowspan="2">대상
디바이스</th><th colspan="3">16비트 연산</th><th colspan="3">32비트 연산</th></tr>
<tr><th>나뉘는 수,
나누는 수</th><th>몫</th><th>나머지</th><th>나뉘는 수,
나누는 수</th><th>몫</th><th>나머지</th></tr>
<tr><td rowspan="6">상수</td><td>K</td><td>-32,768~
+32,767</td><td>-</td><td>-</td><td>-2,147,483,684
~+2,147,483,647</td><td>-</td><td>-</td></tr>
<tr><td>H</td><td>0~FFFF</td><td>-</td><td>-</td><td>0~FFFFFFFF</td><td>-</td><td>-</td></tr>
<tr><td>KnX</td><td>자릿수
n=1~4</td><td>-</td><td>-</td><td>자릿수n=1~8</td><td>-</td><td>-</td></tr>
<tr><td>KnY
KnM
D</td><td>자릿수
n=1~4</td><td>자릿수
n=1~4</td><td>몫의 자리지정 디바이스를 사용하면 나머지는 얻을 수 없다.</td><td>자릿수
n=1~8</td><td>자릿수
n=1~8</td><td>몫으로 자리 지정 디바이스를 사용하면 나머지는 얻을 수 없다.</td></tr>
<tr><td>T
C</td><td colspan="2">나뉘는 수, 나누는 수, 몫으로 각각 1점이 지정된다.</td><td>몫의 지정 디바이스 다음의 번호 디바이스로 나머지가 저장됩니다.</td><td colspan="2">지정 디바이스와 그 다음 번호 디바이스로 32비트를 구성한다.</td><td>몫으로 지정된 디바이스 다음의 제3, 제4 디바이스의 조합이 된다.</td></tr>
<tr><td>V,Z</td><td>V,Z 지정 가능</td><td>Z만
지정 가능</td><td>V에 저장한다.</td><td>Z만 지정 가능
(V,Z) 조합</td><td>-</td><td>-</td></tr>
</table>

3.5 PLC에서 사용하는 데이터의 종류

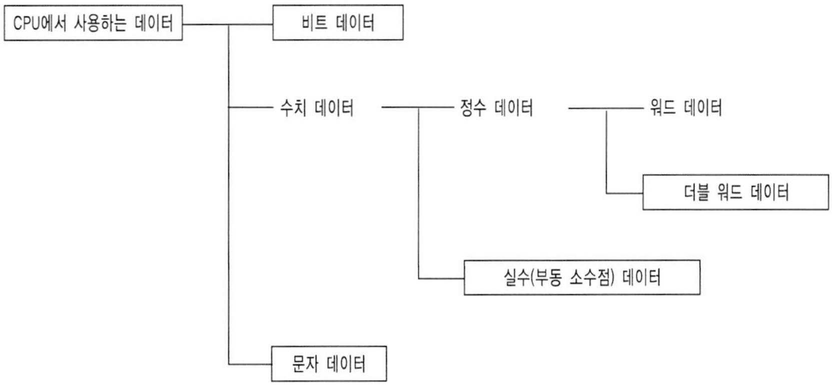

▸▸ **그림 3.22** PLC에서 사용하는 데이터의 종류

3.5.1 비트 데이터

비트 데이터는 접점 · 코일 등 1비트 단위로 취급하는 데이터이다.

비트 데이터로 '비트 디바이스' 및 '비트로 지정된 워드 디바이스'를 사용할 수 있다.

(1) 비트 디바이스 사용 시

비트 디바이스는 1점 단위로 지정한다.

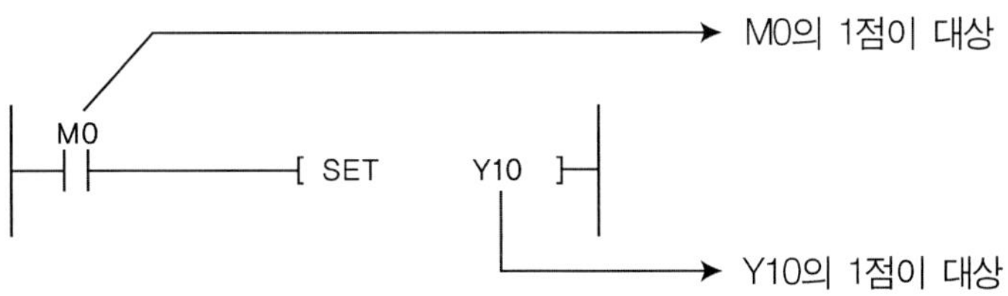

(2) 워드 디바이스 사용 시

워드 디바이스는 비트 No.를 지정함으로써, 지정 비트 No.의 1/0을 비트 데이터로 사용할 수 있다.

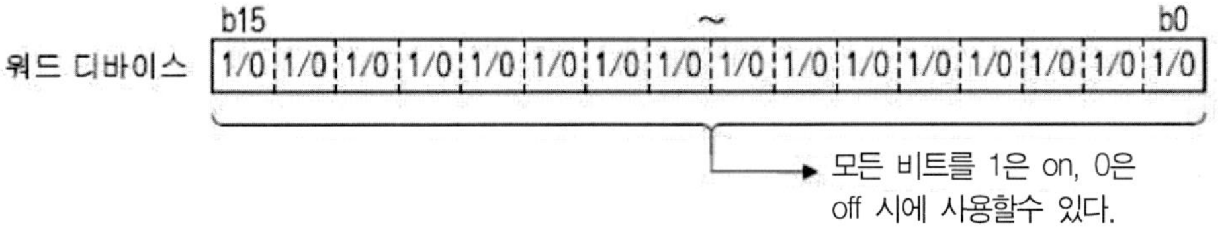

워드 디바이스의 비트 지정은 '워드 디바이스 . 비트 No. '로 지정한다 (비트 No.는 16진수로 지정된다.).

예를 들어 D0의 비트 5(b5)는 D0.5, D0의 비트 10(b10)은 D0.A로 지정된다.

다만, 타이머(T), 적산 타이머(ST), 카운터(C), 인덱스 레지스터(Z)는 비트로 지정할 수 없다(예 : Z0.0은 불가능).

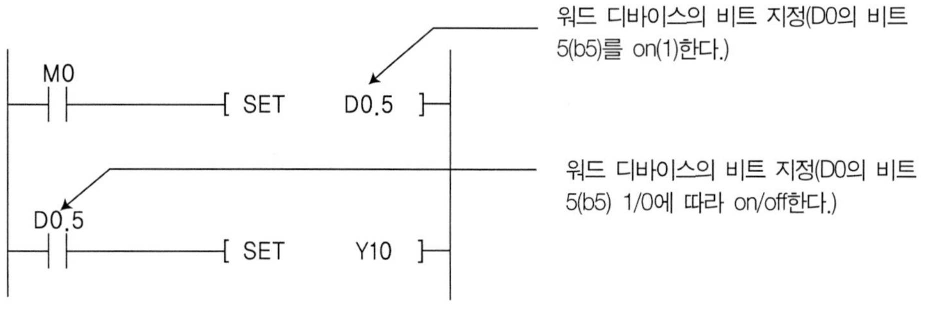

3.5.2 워드(16비트) 데이터

워드 데이터는 기본 명령·응용 명령에서 사용하는 16비트의 수치 데이터이다. CPU 모듈에서 취급할 수 있는 워드 데이터는 다음과 같다.

- 10진 상수·········K-32768 ~ K32767
- 16진 상수·········H0000 ~ HFFFF

워드 데이터는 워드 디바이스 및 자리가 지정된 비트 디바이스를 사용할 수 있다. 다만 다이렉트 액세스 입력(DX), 다이렉트 액세스 출력(DY)은 자리 지정에 의한 워드 데이터는 지정할 수 없다.

(1) 비트 디바이스 사용 시

- 비트 디바이스는 자리를 지정하면 워드 데이터를 취급할 수 있다.
- 비트 데이터의 자리는 '자릿수 비트 디바이스의 선두 번호'로 지정한다.
- 자리는 4점(4비트) 단위로 K1 ~ K4까지 지정할 수 있다.

예를 들어 X0의 자리를 지정한 경우의 대상 점수는 다음과 같이 된다.

- K1X0·····X0 ~ X3의 4점이 대상
- K2X0·····X0 ~ X7의 8점이 대상
- K3X0·····X0 ~ XB의 12점이 대상
- K4X0·····X0 ~ XF의 16점이 대상

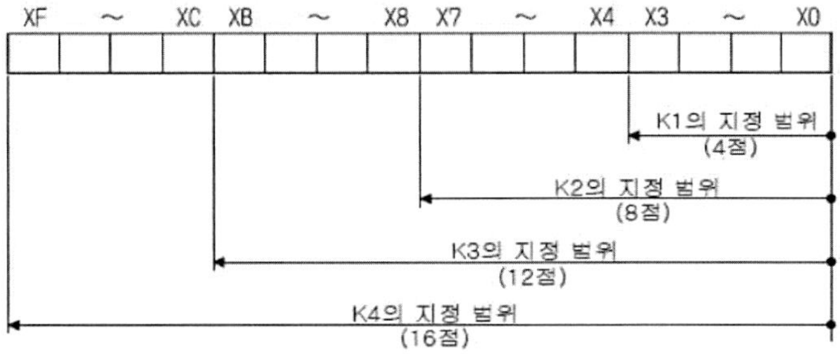

링크 다이렉트 디바이스의 경우 'J 네트워크 No. \ 자릿수 비트 디바이스의 선두 번호 '로 지정한다. 네트워크 No.2의 X100 ~ X10F를 지정하는 경우, J2\K4X100이 된다.

① 데스티네이션이 워드 디바이스인 경우, 데스티네이션 측의 워드 디바이스는 소스 측에서 자리가 지정된 비트 이후의 비트상태에 '0'이 저장된다.

회로 예		처리
16비트 명령 시	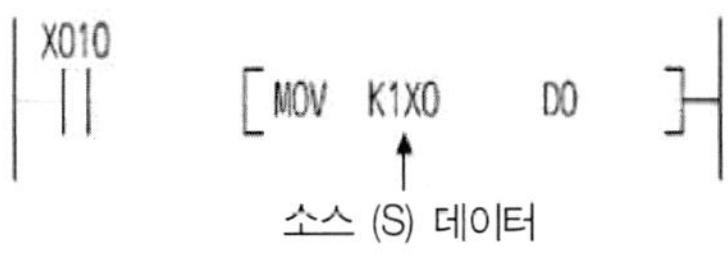	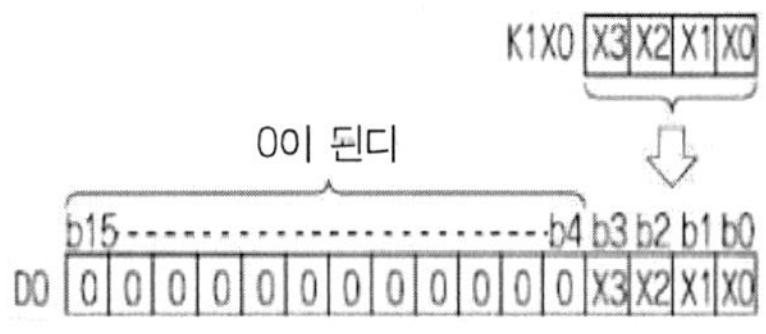

② 데스티네이션(D) 측에 자리가 지정되어 있는 경우, 자리 지정에 의한 점수가 데스티네이션 측의 대상이 된다. 자리 지정에 의한 점수 이후의 비트 디바이스는 변경되지 않는다.

회로 예		처리
소스(S) 데이터가 수치인 경우	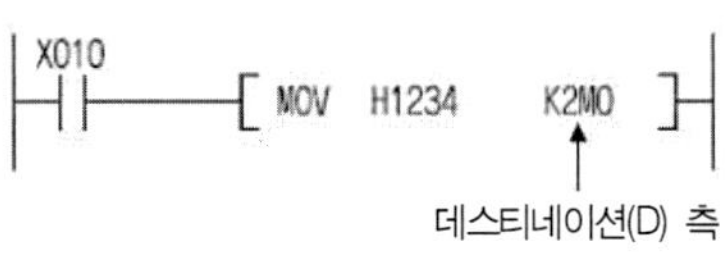	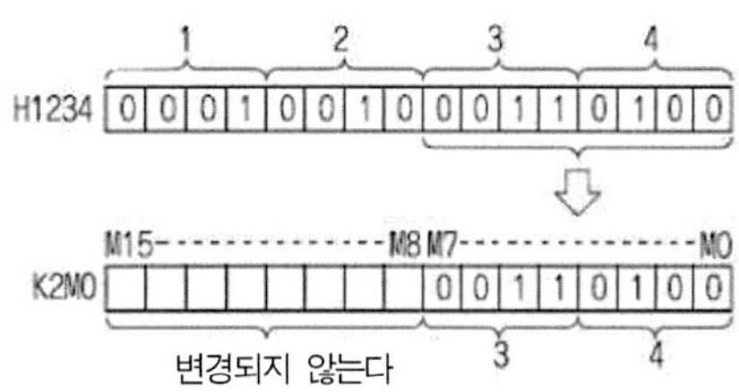
소스(S) 데이터가 워드 디바이스인 경우	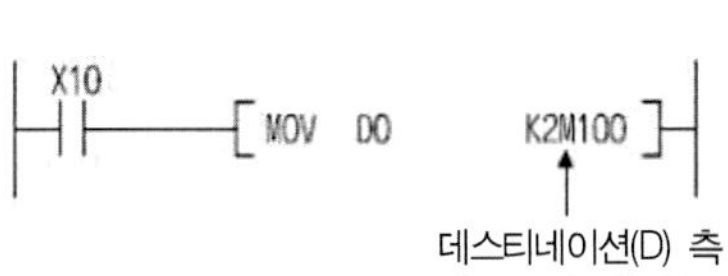	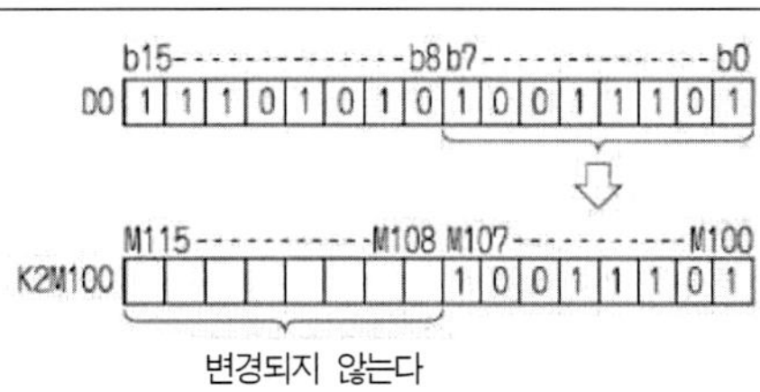

(2) 워드 디바이스 사용 시

워드 디바이스는 1점 (16비트) 단위로 지정한다.

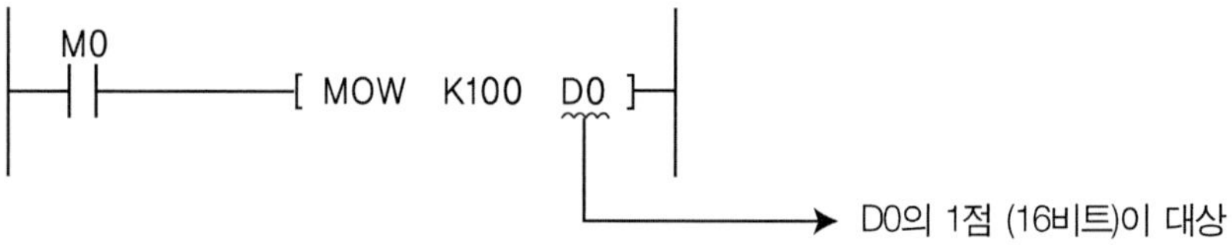

3.5.3 더블 워드(32비트) 데이터의 경우

더블 워드 데이터는 기본 명령 · 응용 명령에서 사용하는 32비트의 수치 데이터 이다. CPU 모듈에서 취급할 수 있는 더블 워드 데이터는 다음과 같다.

- 10진 상수·········K—2147483648 ~ K2147483647
- 16진 상수·········H00000000 ~ HFFFFFFFF

더블 워드 데이터는 워드 디바이스 및 자리가 지정된 비트 디바이스를 사용할수 있다. 다만 다이렉트 액세스 입력(DX), 다이렉트 액세스 출력(DY)은 자리 지정에 의한 더블 워드 데이터 지정은 사용할 수 없다.

(1) 비트 디바이스 사용 시

- 비트 디바이스는 자리 지정을 하면, 더블 워드 데이터를 취급할 수 있다.
  비트 데이터의 자리 지정은 '[자리 비트 디바이스의 선두 번호]'로 지정한다.
- 링크 다이렉트 디바이스의 경우 (J[네트워크 No.] [자리 비트 디바이스의 선두 번호]로 지정한다.
- 예를 들어 네트워크 자리 No.2 비트 디바이스의 선두 번호가 X100 ~ X11F일 경우, J2\K8X100이 된다 .)
- 자리는 4점(4비트) 단위로 K1 ~ K8까지 지정할 수 있다.

예를 들어 X0의 자리를 지정한 경우의 대상 점수는 다음과 같이 된다.

- K1X0······X0 ~ X3의 4점이 대상 · K5X0······X0 ~ X13의 20점이 대상
- K2X0······X0 ~ X7의 8점이 대상 · K6X0······X0 ~ X17의 24점이 대상
- K3X0······X0 ~ XB의 12점이 대상 · K7X0······X0 ~ X1B의 28점이 대상
- K4X0······X0 ~ XF의 16점이 대상 · K8X0······X0 ~ X1F의 32점이 대상

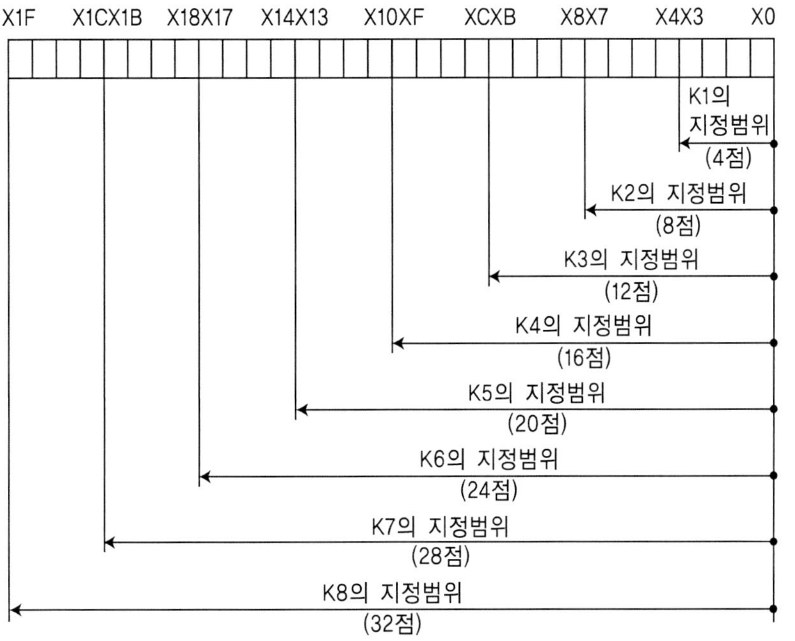

① 데스티네이션이 워드 디바이스인 경우

데스티네이션 측의 워드 디바이스는 소스 측의 자리 지정 비트 이후의 비트상태에 '0'이 저장된다.

	회로 예	처리
32비트 명령시		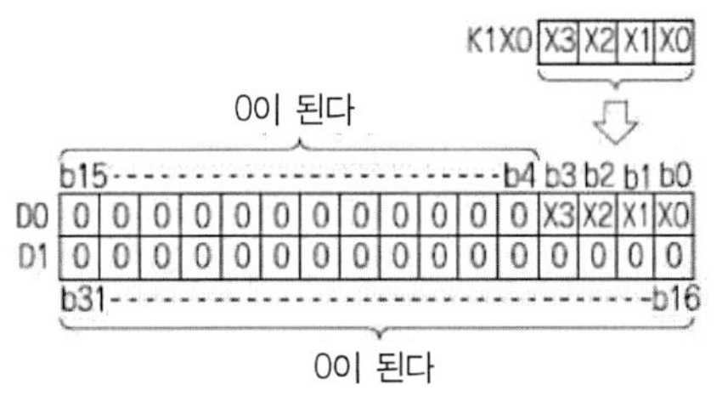

② 데스티네이션(D) 측에 자리가 지정되어 있으면, 자리 지정으로 지정된 점수가 데스티네이션 측의 대상이 된다. 자리 지정으로 지정된 점수 이후의 비트 디바이스는 변경되지 않는다.

	회로 예	처리
소스(S) 데이터가 수치인 경우	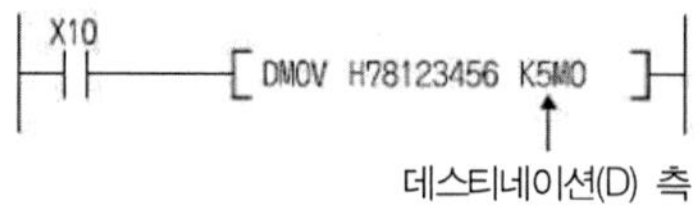	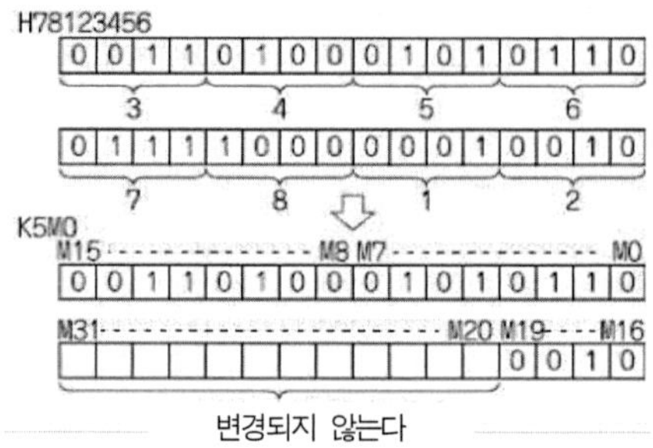
소스(S) 데이터가 워드 디바이스인 경우	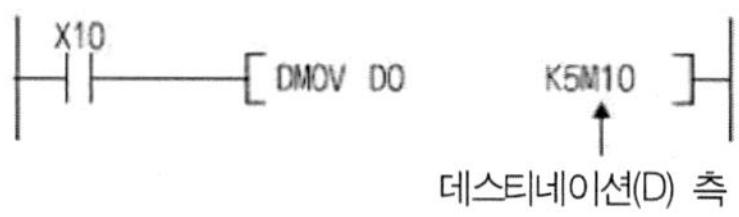	

(2) 워드 디바이스 사용 시

워드 디바이스는 하위 16비트로 지정한다.

2비트 명령에서는(지정 디바이스 번호)와 (지정 디바이스 번호+1)을 사용한다.

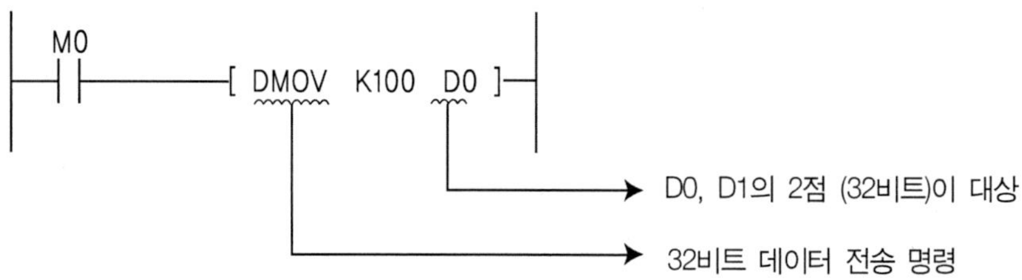

3.6 명령의 구성

CPU 모듈에서 사용할 수 있는 명령의 대부분은 명령부와 디바이스부로 나눌 수 있다. 명령부와 디바이스부의 내용은 다음과 같다.

- 명령부 : 해당 명령의 기능을 나타낸다.
- 디바이스부 : 명령으로 사용되는 데이터를 나타낸다.
- 디바이스부는 소스 데이터(전송원), 데스티네이션 데이터(전송처) 디바이스로 구성되어 있다.

3.6.1 소스(Source, 전송원)

소스는 연산 시 사용하는 데이터이다.
각 명령으로 지정된 디바이스에 따라 다음의 데이터가 사용된다.

- 상수: 연산에서 사용하는 수치를 지정하여 프로그램 작성 시 설정하므로, 프로그램 실행 중에는 변경할 수 없다.
  상수를 가변 데이터로 사용하는 경우 인덱스 수식으로 처리할 수 있다.
- 비트 디바이스, 워드 디바이스 : 연산에서 사용하는 데이터가 저장되어 있는 디바이스를 지정연산을 실행하기까지 지정된 디바이스에 데이터를 저장해 둘 필요가 있다. 지정된 디바이스에 저장되는 데이터를 프로그램 실행 중에 변경함으로써, 해당 명령에서 사용하는 데이터를 변경할 수 있다.

3.6.2 데스티네이션(Destination, 전송처)

데스티네이션에는 연산 후의 데이터가 저장된다. 다만 명령에 따라서는 연산 전에 데스티네이션에도 연산에서 사용하는 데이터를 저장할 필요가 있는 경우가 있다.

3.6.3 디바이스 수 / 전송 수(n)

(1) 디바이스 수 / 전송 수에는 사용하는 디바이스 수/ 전송 수를 복수 디바이스용 명령으로 지정한다.

(2) 디바이스 수 / 전송 수는 0 ~ 32,767을 설정할 수 있습니다. 다만 디바이스 수/ 전송 수가 '0'일때는 해당 명령이 처리되지 않는다.

3.7 접점 명령

3.7.1 연산시작, 직렬접속, 병렬접속(LD, LDI, AND, ANI, OR, ORI)

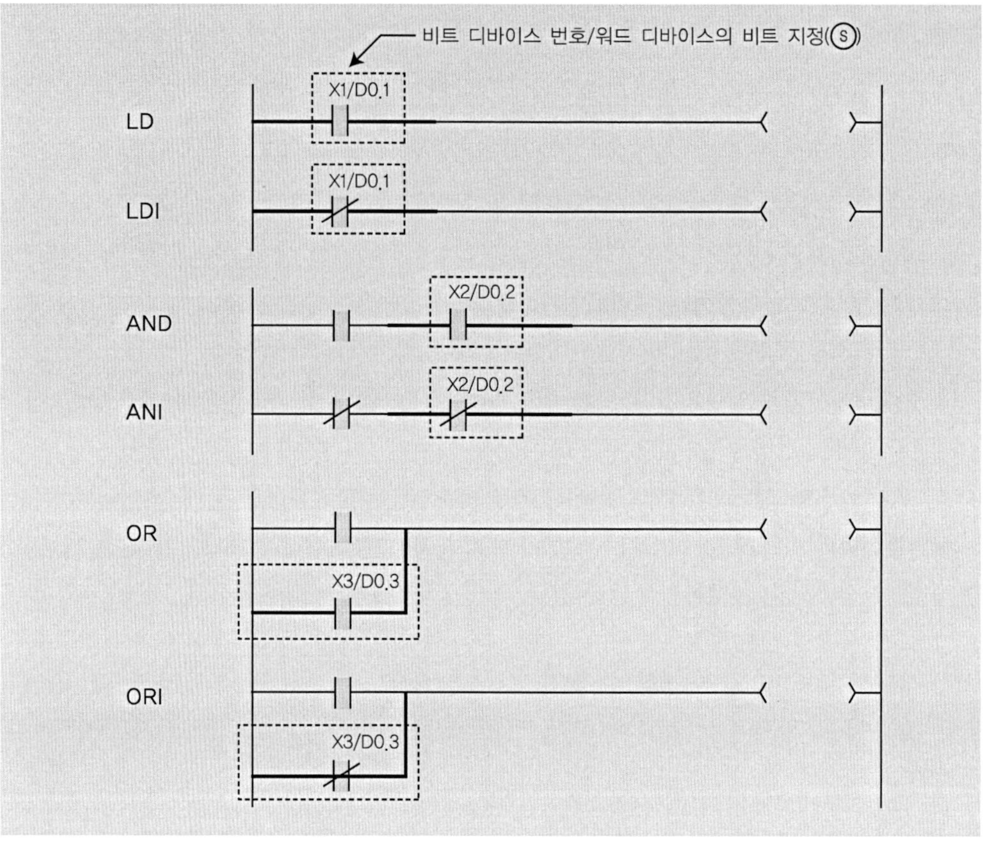

(1) LD, LDI

① LD는 a접점 연산시작, LDI는 b접점 연산시작 명령으로, 지정 디바이스의 on/off 정보를 읽고 연산 결과로 한다.

[연습문제] 다음과 같이 스위치 BS2를 누르면 L2가 소등되는 시퀀스 회로도를 PLC 프로그램으로 작성하시오.

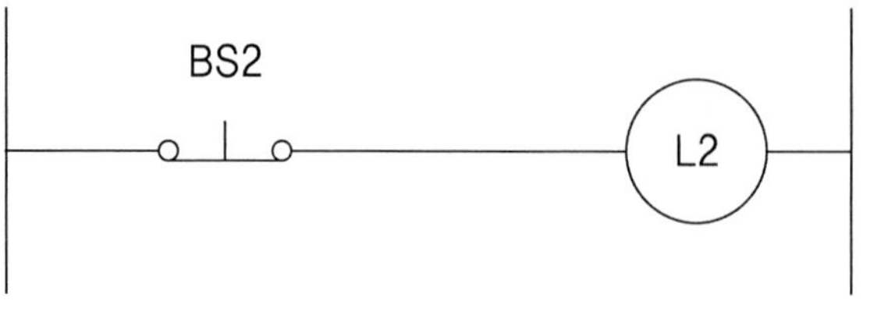

PLC 프로그램

② AND, ANI

a. AND는 a접점 직렬접속, ANI는 b접점 직렬접속 명령으로, 지정 비트 디바이스의 ON/OFF 정보를 읽고, 지금까지의 연산 결과와 AND 연산하여 이 값을 연산 결과로 한다.

b. AND, ANI의 사용 개수에 제한은 없지만 주변기기의 래더 모드에서는 다음과 같다.

- 쓰기 AND, ANI를 직렬로 접속하는 경우, 24개까지의 회로를 작성할 수 있다
- 읽기 AND, ANI를 직렬로 접속하는 경우, 24개까지의 회로를 표시할 수 있다
- 24개를 초과하면 24개까지만 표시된다.

③ OR, ORI

a. OR은 a접점 1개에 의한 병렬접속, ORI는 b접점 1개에 의한 병렬접속 명령으로, 지정 디바이스의 on/off 정보를 읽고, 지금까지의 연산 결과와 OR연산을 하여 이 값을 연산 결과로 한다.

b. OR, ORI의 사용 개수에 제한은 없지만 주변기기의 래더 모드에서는 다음과 같다.

- 쓰기 OR, ORI가 23개 연속으로 접속되는 회로까지 작성할 수 있다.
- 읽기 OR, ORI가 23개 연속으로 접속되는 회로까지 표시할 수다.
- 23개를 초과하는 회로는 정상적으로 표시할 수 없다.

3.7.2 펄스연산시작, 펄스 직렬접속, 펄스 병렬접속(LDP, LDF, ANDP, ANDF, ORP, ORF)

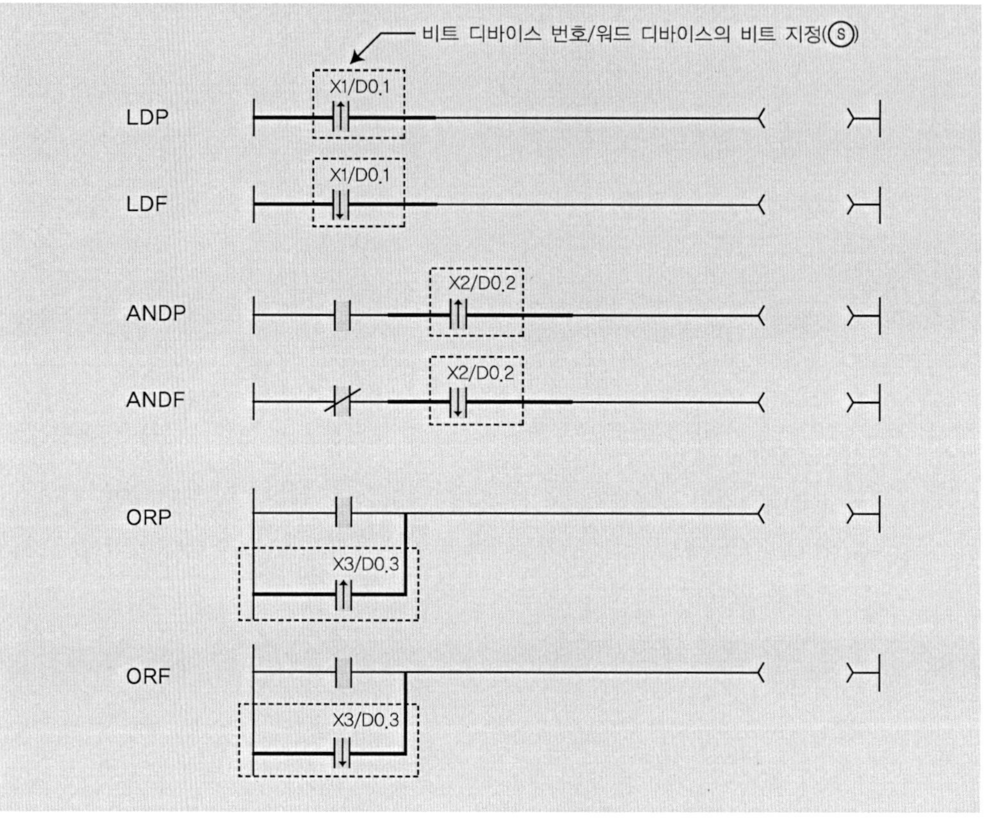

(1) LDP, LDF

① LDP는 펄스 상승 연산시작 명령으로, 지정 비트 디바이스의 펄스 상승 시(off → on)만 on한다. 워드 디바이스의 비트 지정 시는 지정 비트가 0 → 1로 변경되었을 때만 on한다. LDP 명령만 있는 경우, on 중 실행 명령의 펄스화 명령(명령어+P)과 동일하게 처리된다.

② LDF는 펄스 하강 연산시작 명령으로, 지정 비트 디바이스의 펄스 하강 시(on → off)에 on된다. 워드 디바이스의 비트 지정 시는 지정 비트가 1 → 0으로 변경되었을 때 on된다.

(2) ANDP, ANDF

ANDP는 펄스 상승 직렬접속 명령, ANDF는 펄스 하강 직렬접속 명령으로, 지금까지의 연산 결과와 AND연산을 하여, 이를 연산 결과로 한다.

(3) ORP,ORF

ORP는 펄스 상승 병렬접속 명령, ORF는 펄스 하강 직렬접속 명령으로, 지금까지의 연산 결과와 OR연산을 하여, 이를 연산 결과로 한다.

3.7.2 연산 결과 반전(INV)

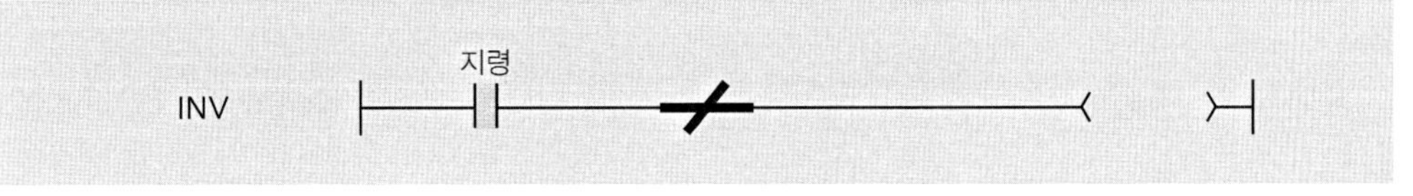

INV 명령의 직전까지의 연산 결과를 반전(상태를 역으로)한다.

예를 들어, X0의 on/off 데이터를 반전하여, Y10에 출력하는 프로그램과 타임차트를 작성해 보면 :

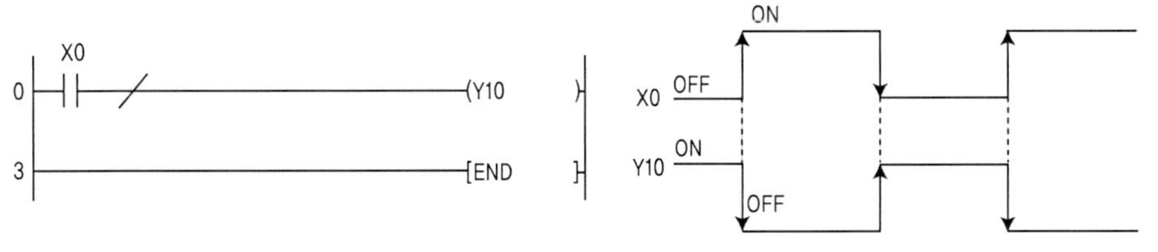

[연습문제] 입력 X0과 X1의 조건에 대하여 출력 Y50이 다음의 타임차트와 같이 되는 프로그램을 작성하시오.

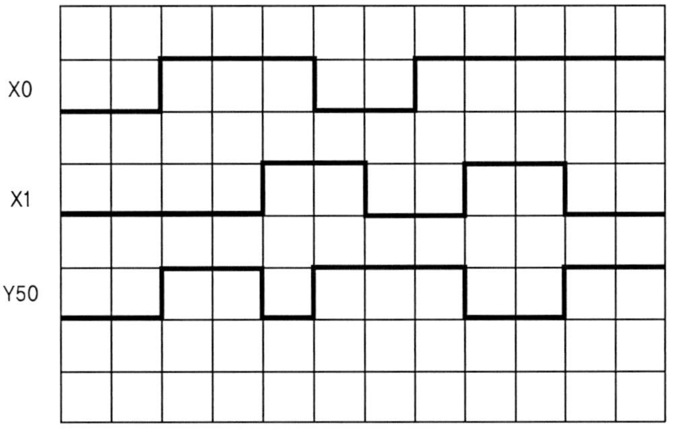

PLC 프로그램

3.7.3 연산 결과 펄스화(MEP, MEF)

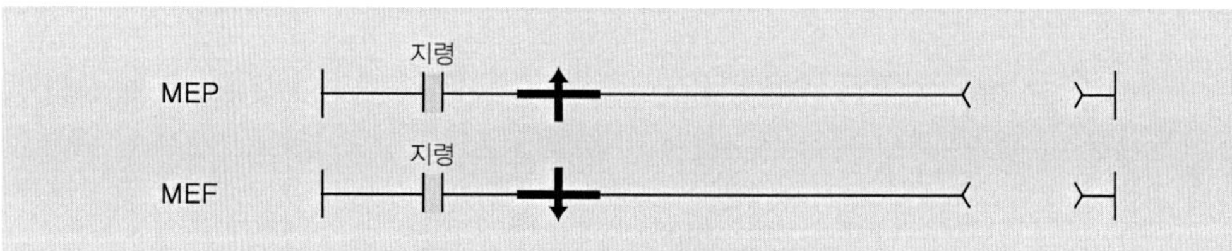

(1) MEP 명령까지의 연산 결과의 펄스 상승 시(off → on)에 on된다.
MEP 명령까지의 연산 결과가 펄스 상승 시가 아닌 경우에 off된다.

(2) MEP 명령을 사용하면, 복수의 접점을 직렬로 접속한 경우에 쉽게 펄스화 처리를 할 수 있다.

3.7.4 아웃 명령(타이머, 카운터, 어넌시 에이터 제외) (OUT)

3.7.5 타이머(OUT T, OUTH T)

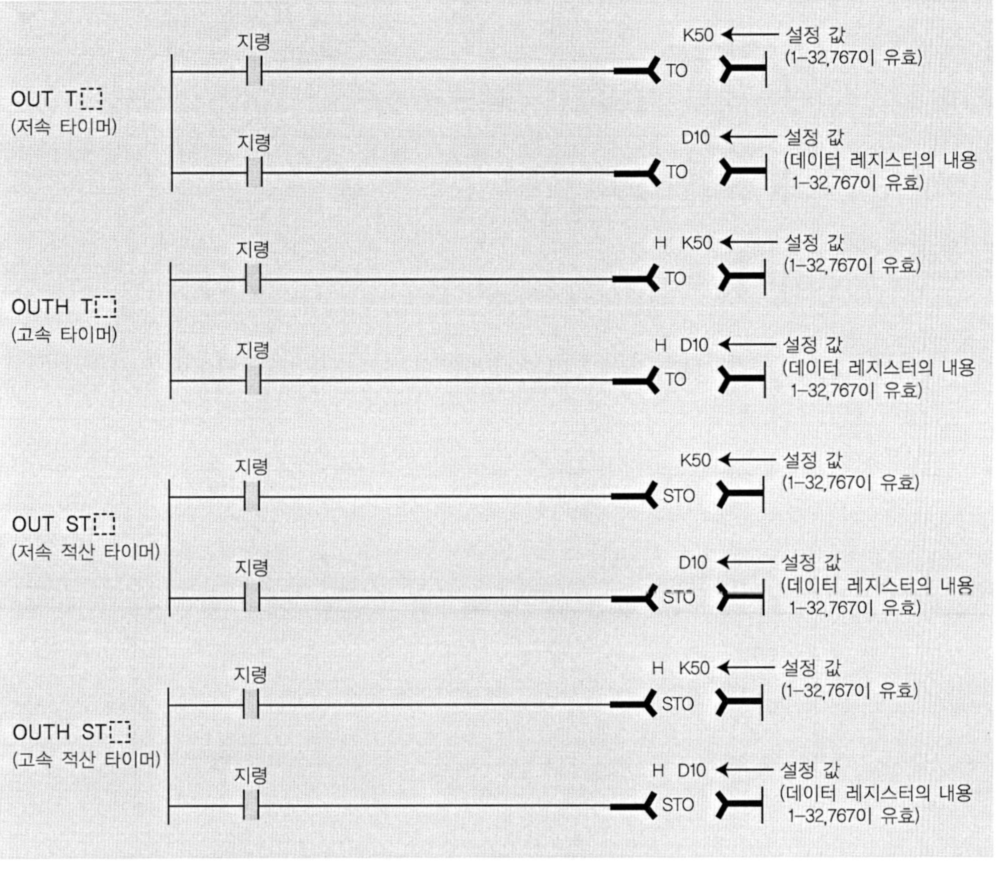

(1) OUT 명령까지의 연산 결과가 on되어 있을 때 타이머의 코일은 on되며, 설정 값까지 계측하여 타임업(계수 값 ≥ 설정 값)되면 타이머의 a접점은 on된다.

(2) 타임업 후 적산타이머 현재 값의 클리어와 접점의 off는 RST 명령으로 실행한다.

(3) 설정 값에 음수(32,768 ~ 1)는 설정할 수 없다. 설정 값이 0일 때는 OUT 명령 실행 시에 타임업한다.

※ 타이머의 시한 : 시한은 PLC 파라미터의 PLC 시스템 설정에서 설정한다.

타이머의 종류	QCPU		QnACPU	
	설정 범위	설정 단위	설정 범위	설정 단위
저속 타이머 저속 적산 타이머	1ms~1000ms (디폴트:100sm)	1ms	10ms~1,000ms (디폴트:100sm)	10ms
고속 타이머 고속 적산 타이머	0.1ms~100ms (디폴트:10ms)	0.1ms	10ms~100ms (디폴트:10ms)	1ms

예를 들어 X0이 on되고 나서 10초 후에 Y10, Y14가 on되는 프로그램을 작성해 보면

X0이 on되고 나서 250초 후에 Y10을 on하는 프로그램을 고속 타이머를 사용하여 작성해 보면 다음과 같다.

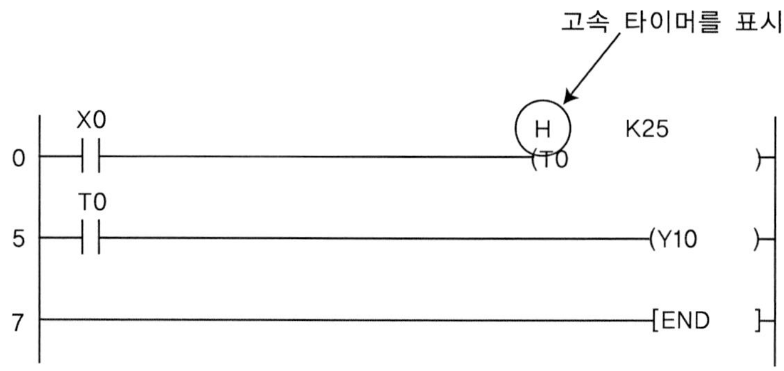

3.7.6 카운터(OUT C)

(1) OUT 명령까지의 연산 결과가 off → on으로 변경되었을 때, 현재 값(카운트 값)+1되고, 카운트업(현재 값=설정 값)하면 동일 카운터 번호의 a접점이 on된다.

(2) 연산 결과가 on상태일 때는 카운트되지 않는다.

(3) 카운트업된 다음에는 RST 명령을 실행할 때까지 카운트 값 및 접점상태가 변경되지

않는다.

(4) 설정 값에 음수(32,768 ~ 1)는 설정할 수 없다. 또한, 설정 값이 0일 때는 1로 처리된다.

예를 들어, X0이 10회 on되면 Y30을 on하고, X1이 on되었을 때 카운터를 리셋하는 프로그램을 작성해 보자.

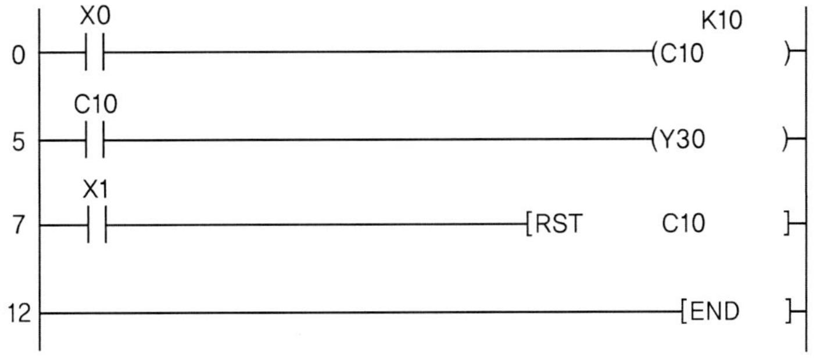

3.7.7 디바이스 세트(SET) 디바이스 리셋(RST)

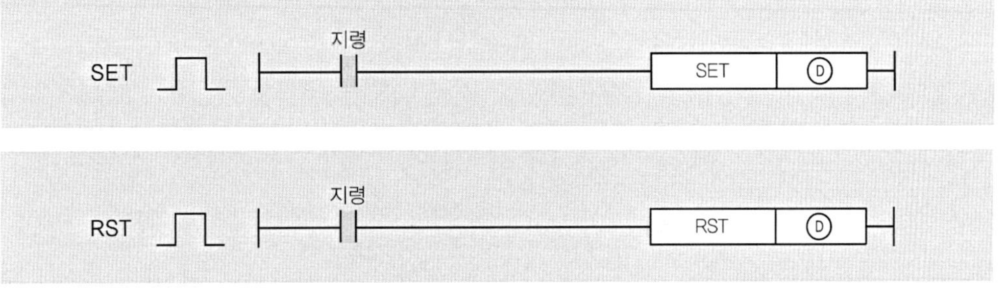

실행 지령이 on되면 지정 디바이스는 비트일 경우 코일, 접점을 on하고 워드 디바이스의 비트 지정 시에는 지정 비트를 '1'로 한다. on된 디바이스는 실행지령이 off되어도 on 상태를 유지한다. SET 명령으로 on된 디바이스는 RST 명령으로 off할 수 있다.

음은 X5 입력 지령으로 Y10접점을 on시키고 X7 입력지령으로 Y10접점을 off시키는 프로그램과 타임차트를 표시한다.

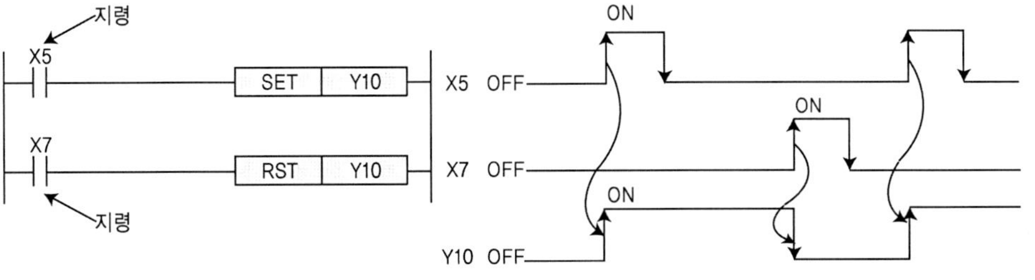

3.7.8 펄스 상승, 펄스 하강 출력(PLS, PLF)

(1) PLS

- 실행지령의 off → on 시에 지정 디바이스를 on하고, 실행지령의 off → on시 이외(on → on, on → off, off → off)일 때는 off한다.
- 1 스캔 중에 D로 지정된 디바이스의 PLS 명령이 1개일 때는 지정 디바이스가 1 스캔 on한다.

다음은 X5지령이 on되면 출력지정 디바이스 M0가 1SCAN 타임 동안만 on되는 프로그램과 타임차트를 보여 준다.

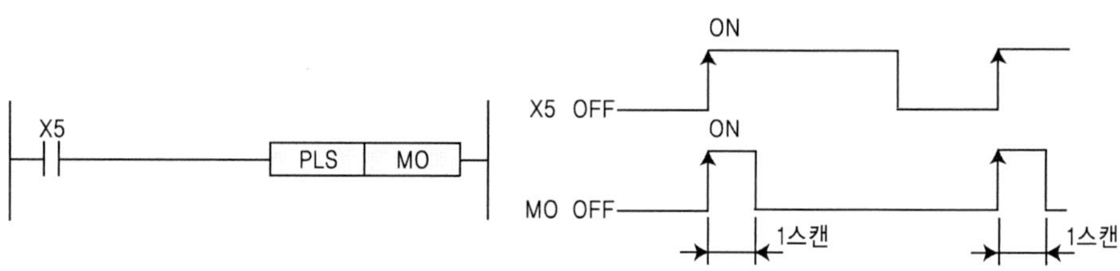

(2) PLF

- 실행지령의 on → off 시에 지정 디바이스를 on하고, 실행지령이 on → off 이외(off → off, off → on, on → on)일 때는 off한다.
- 1 스캔 중에 D로 지정된 디바이스의 PLF 명령이 1개일 때는 지정 디바이스가 1 스캔 on한다.

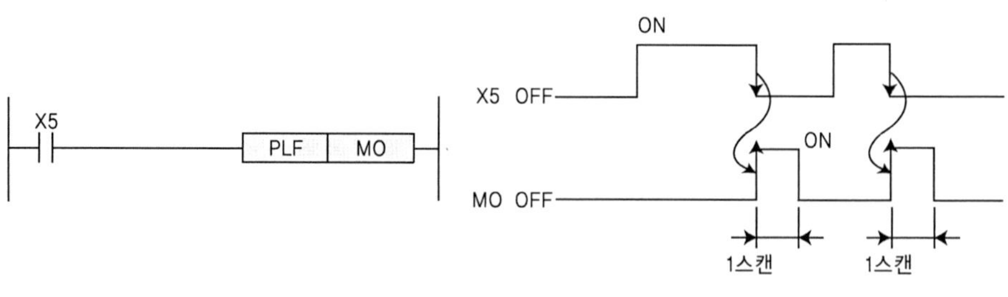

[연습문제] 내부 릴레이 M4이 입력접점 X1이 off→on될 때 또는 X2 접점이 off→on 되는 PLC 프로그램을 작성하시오.

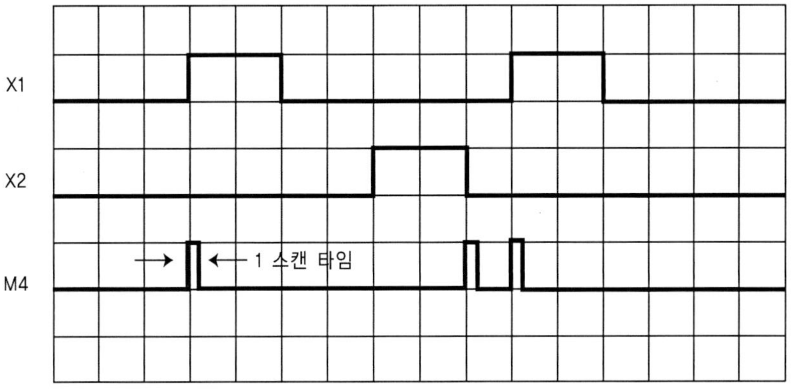

PLC 프로그램

3.7.9 비트 디바이스 출력 반전(FF)

실행지령의 off → on 시에 D로 지정된 디바이스상태를 반전한다.

다음은 X9 지령이 on되면 출력지정 디바이스 Y10이 반전되는 프로그램과 타임차트를 보여 준다.

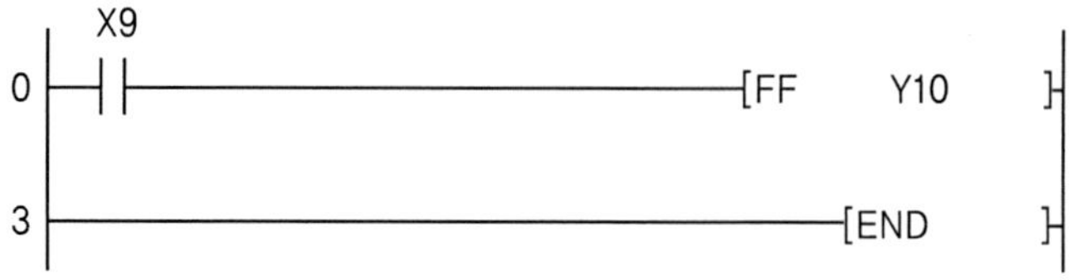

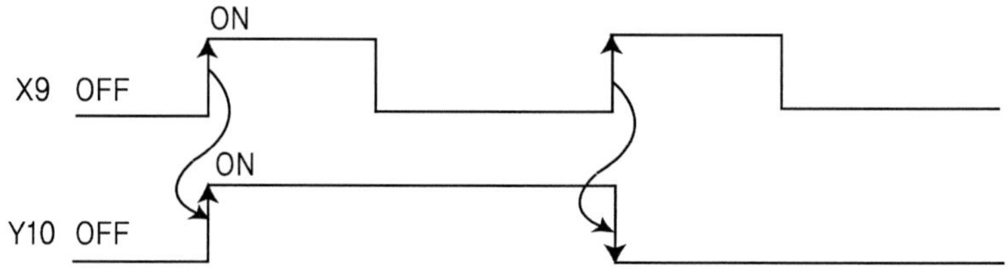

3.7.10 마스터 컨트롤 세트, 리셋(MC, MCR)

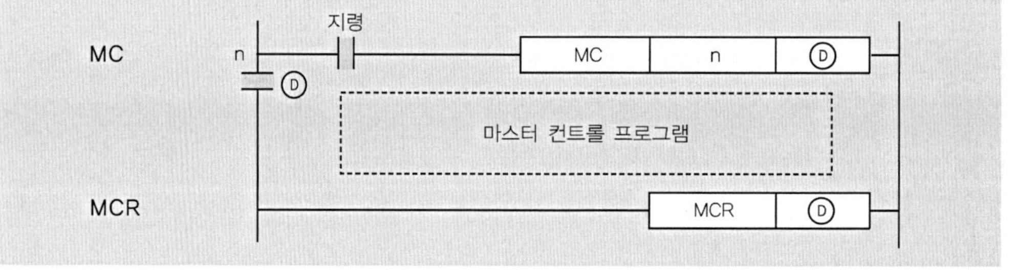

마스터 컨트롤 명령은 래더 프로그램의 공통 모선을 개폐함으로써, 효율적으로 래더 프로그램을 전환하는 경우에 사용하는 명령이다.

3.8 기본 명령어

분류	처리내용
비교연산 명령	데이터와 데이터 비교
산술연산 명령	데이터와 데이터의 가감승제, 인크리먼트, 디크리먼트
데이터변환 명령	데이터와 데이터의 변환

(계속)

분류	처리내용
데이터 전송 명령	지정된 데이터 전송
프로그램 분기 명령	프로그램의 점프
프로그램 실행제어 명령	프로그램의 인터럽트 허가/금지
I/O 리프레시 명령	비트 디바이스의 리프레시
기타 편리 명령	업다운 카운터, 티칭 타이머, 특수 기능 타이머, 로터리 테이블의 근거리제어 등

3.8.1 비교연산 명령

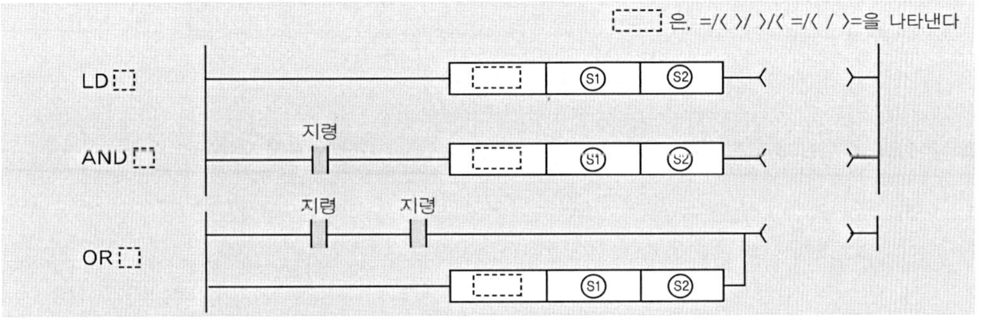

S1로 지정된 디바이스의 BIN 16비트 데이터와 S2로 지정된 디바이스의 BIN 16비트 데이터를 a접점으로 취급하여 비교연산을 한다.

[ ]내 명령기호	조건	비교연산 결과	[ ]내 명령기호	조건	비교연산 결과
=	(s1) = (s2)	on 상태	=	(s1) ≠ (s2)	off 상태
< >	(s1) ≠ (s2)		< >	(s1) = (s2)	
>	(s1) > (s2)		>	(s1) ≦ (s2)	
<=	(s1) ≦ (s2)		<=	(s1) > (s2)	
<	(s1) < (s2)		<	(s1) ≧ (s2)	
>=	(s1) ≧ (s2)		>=	(s1) < (s2)	

ex) BIN값인 K100과 D3에 저장된 데이터를 비교하여, D3의 데이터가 100 이외 일 때 on하는 프로그램.

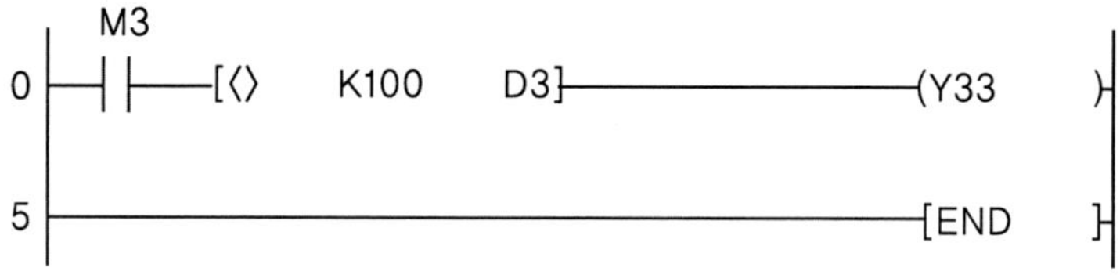

3.8.2 산술연산 명령

(1) BIN 16비트 덧셈/뺄셈(+ (P), - (P))

① 설정 데이터가 2개인 경우(D+S→ D, D-S→D)

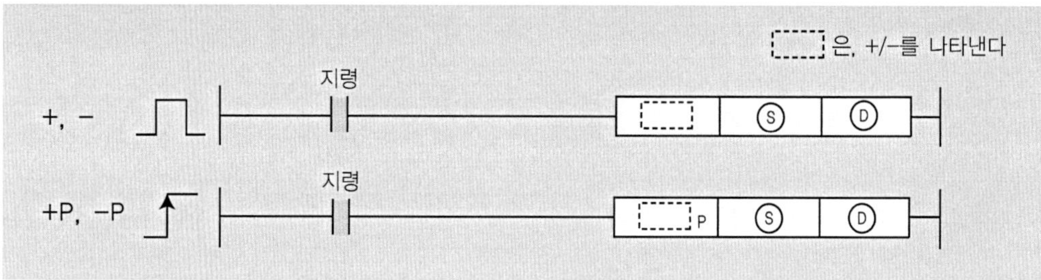

a. 덧셈

- S로 지정된 BIN 16비트 데이터와 D로 지정된 BIN 16비트 데이터를 더하여 덧셈결과를 D로 지정된 디바이스에 저장한다.

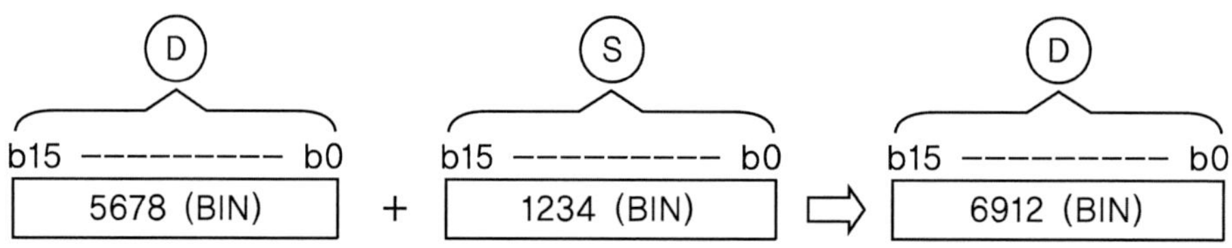

b. 뺄셈

- D로 지정된 BIN 16비트 데이터에서 S로 지정된 BIN 16비트 데이터를 빼서 뺄셈 결과를 D로 지정된 디바이스에 저장한다.

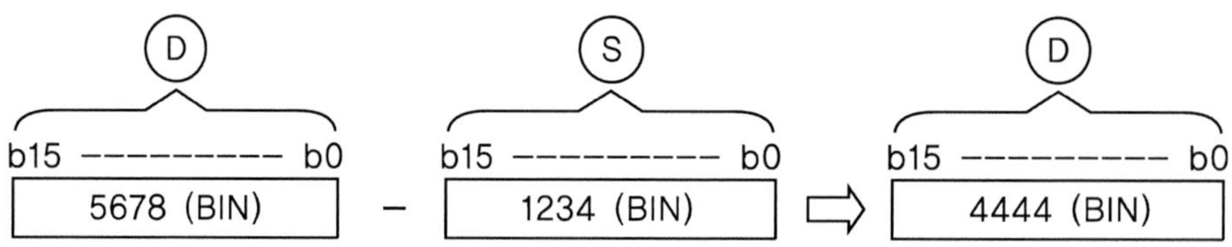

② 설정 데이터가 3개 있는 경우(S1+S2→D , S1−S2→D)

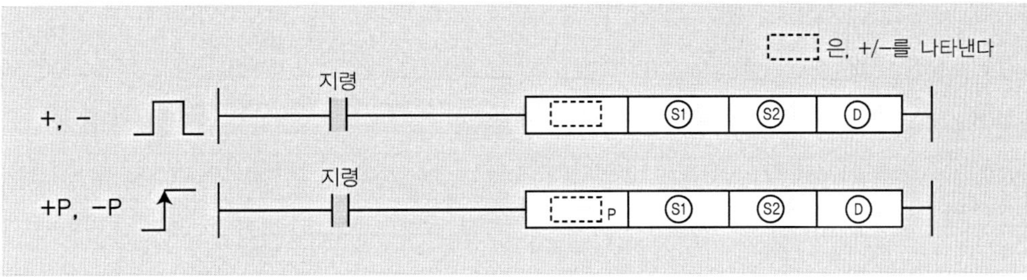

a. 덧셈

- S1로 지정된 BIN 16비트 데이터와 S2로 지정된 BIN 16비트 데이터를 더하여 D로 지정된 디바이스에 저장한다.

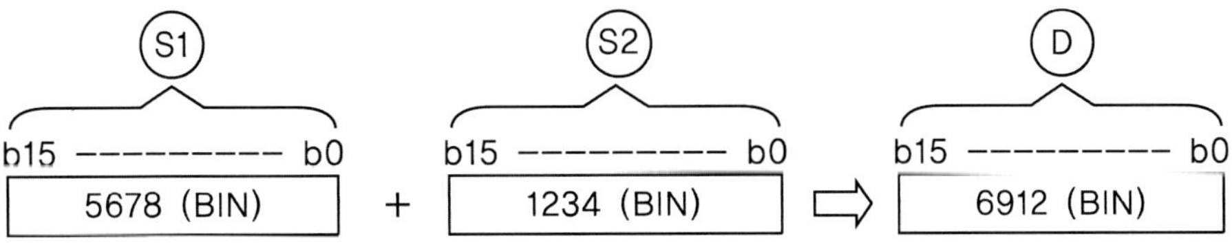

b. 뺄셈

- S1로 지정된 BIN 16비트 데이터에서 S2로 지정된 BIN 16비트 데이터를 빼서 D로 지정된 디바이스에 저장한다.

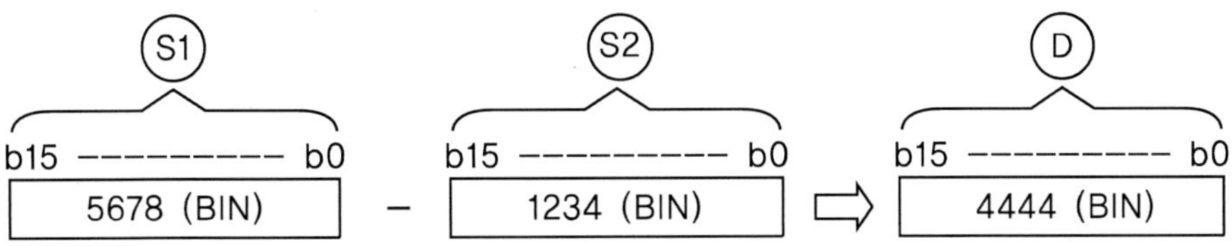

ex) X5가 on되면 D3과 D0의 내용을 더하여, Y38 ~ Y3F에 출력하는 프로그램 예이다.

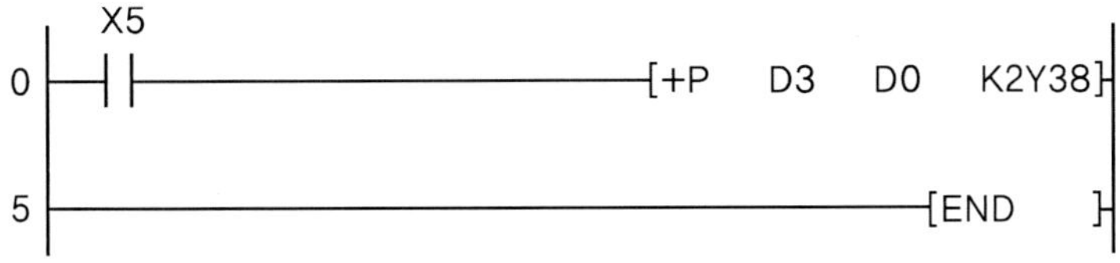

(2) BIN 16비트 곱셈/나눗셈(* (P), / (P))

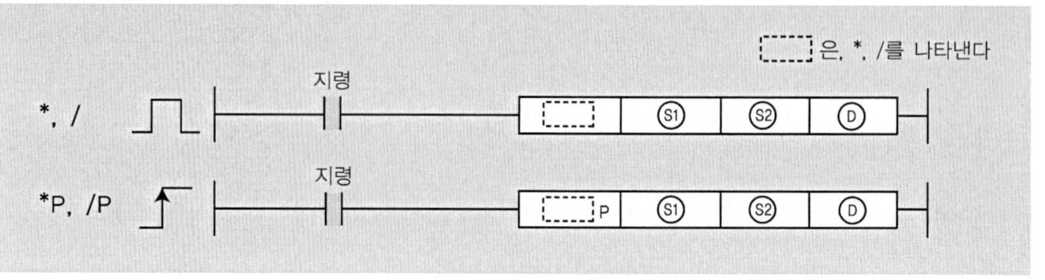

a. 곱셈 (*)

- S1으로 지정된 BIN 16비트 데이터와 S2로 지정된 BIN 16비트 데이터를 곱하여 곱셈 결과를 D로 지정된 디바이스에 저장한다.

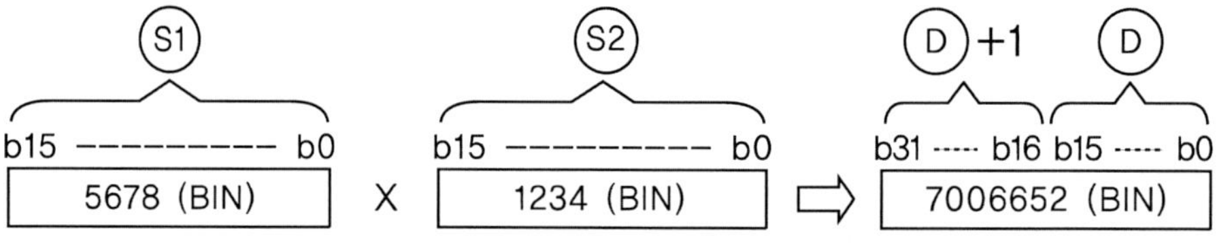

계산 결과는 2워드에 해당하는 D, D+1에 저장되므로 주의하여야 한다.

b. 나눗셈 (/)

- S1로 지정된 BIN 16비트 데이터를 S2로 지정된 BIN 16비트 데이터로 나누어 나눗셈 결과를 D로 지정된 디바이스에 저장한다.

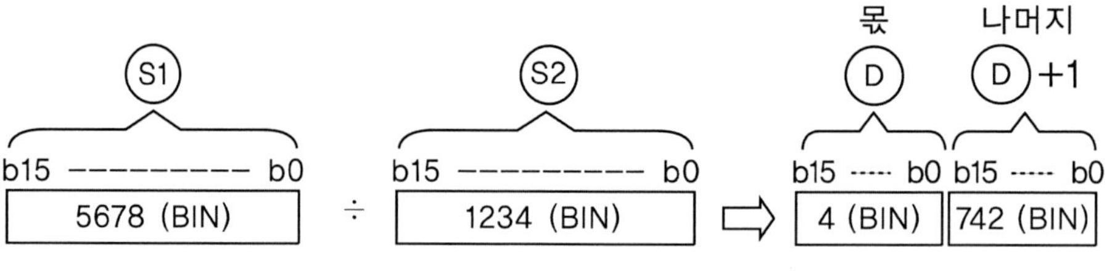

나눗셈 결과는 워드 디바이스의 경우 32비트를 사용하여 몫과 나머지를 저장하고, 비트 디바이스의 경우 16비트를 사용하여 몫만 저장한다.

몫 : 하위 16비트에 저장한다.

나머지 : 상위 16비트에 저장한다.

(3) 16비트 BIN 데이터 인크리먼트, 디크리먼트(INC(P), DEC(P))

a. INC

- D로 지정된 디바이스(16비트 데이터)+1을 실행한다.

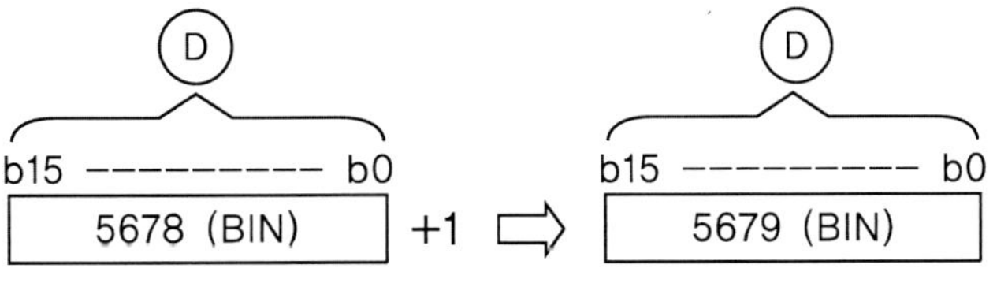

b. DEC

- D로 지정된 디바이스(16비트 데이터) −1을 실행한다.
- 사칙연산 중 덧셈과 뺄셈에서 S에 해당하는 자리에 상수 1을 지정했다고 생각하면 위와 같은 인크리먼트, 디크리먼트(INC(P),DEC(P)) 동작을 할 수 있다.

3.8.3 데이터 전송 명령

(1) 16비트/32비트 데이터 전송(MOV(P), DMOV(P))

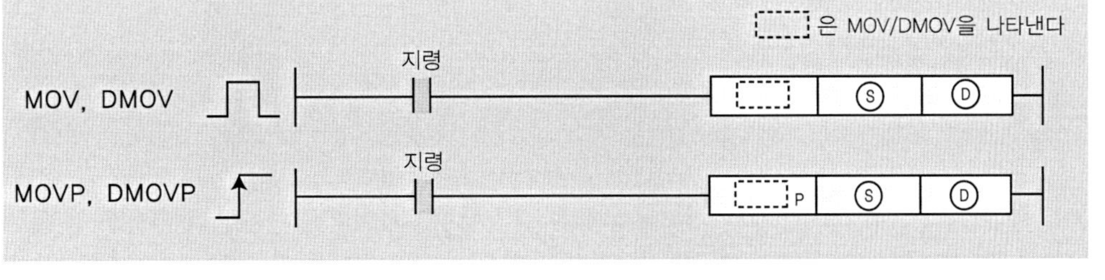

① MOV

S로 지정된 디바이스의 16비트 데이터를 D로 지정된 디바이스에 전송한다.
전송원의 데이터는 없어지는 것이 아님을 주의하라.

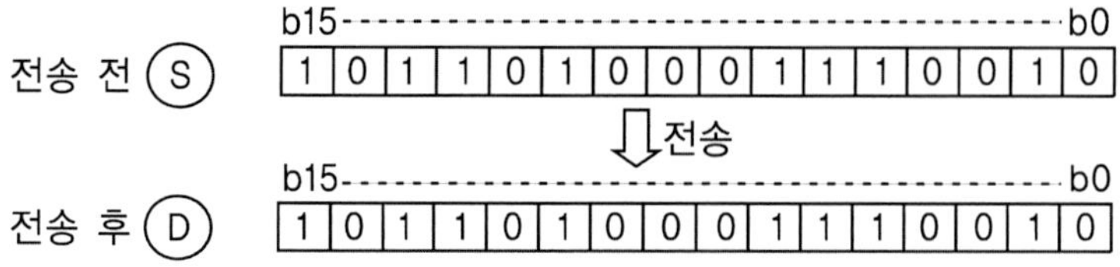

X8이 on되면 상수 K155를 D8에 저장하는 프로그램 예이다.

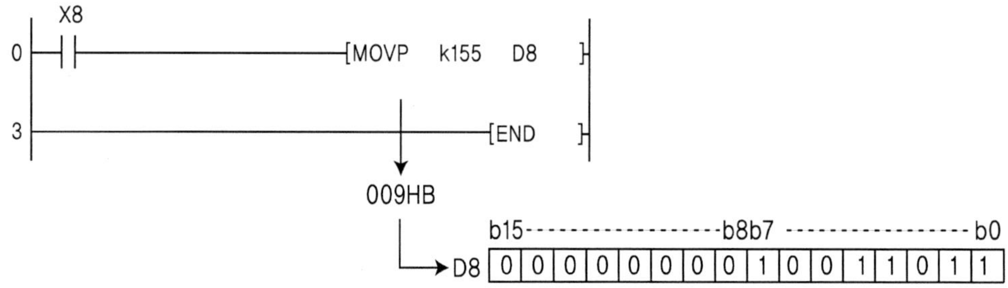

K155는 정수 155를 의미하므로 16진수로 변경하면 98(HEX)가 된다.
이를 2진수로 변경하면 10011011(BIN)이 되므로 위와 같이 표현할 수 있다.

② 문자열 전송($MOV(P))

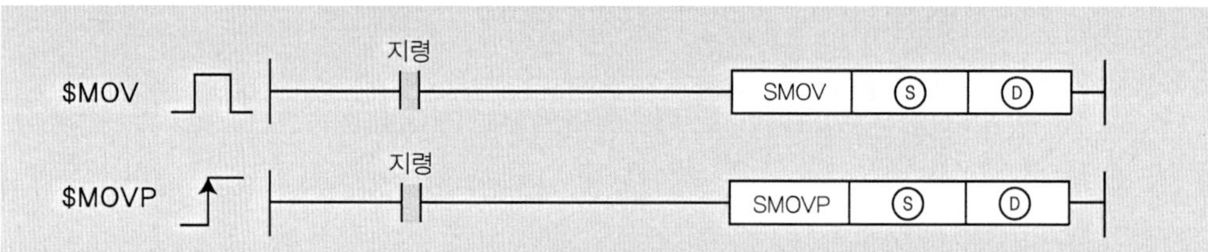

S로 지정된 문자열 데이터를 D로 지정된 디바이스 번호부터 전송한다.
문자열전송에서는 S로 지정된 " "(이중인용부호)로 둘러싸인 문자열 또는 디바이스 번호부터 "00번지 "가 저장되어 있는 디바이스 번호까지의 문자열을 한꺼번에 전송한다.

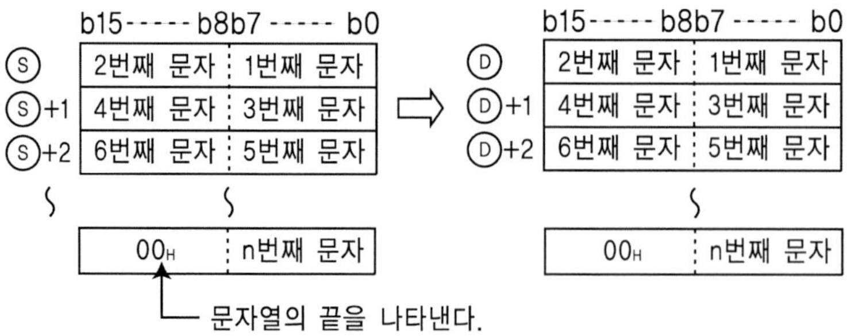

X0을 on하였을 때 문자열 “ABCD”를 D20 ~ D21에 전송하는 프로그램

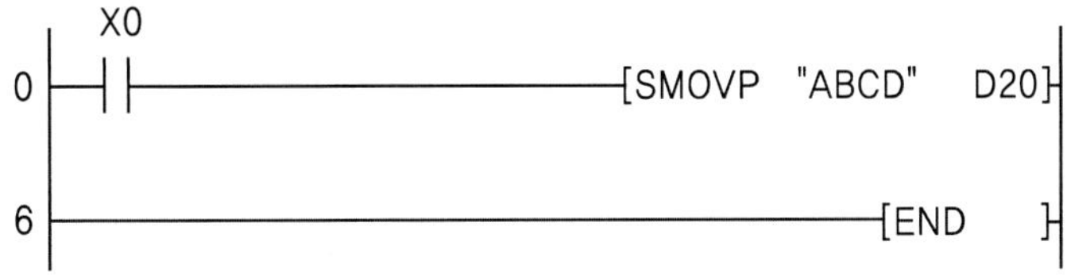

③ 16비트/32비트 데이터 부정전송(CML(P), DCML(P))

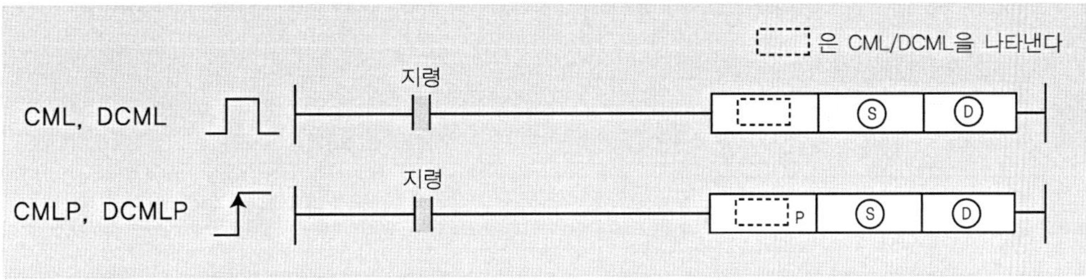

S로 지정된 16비트 데이터를 비트마다 반전하여, 그 결과를 D로 지정된 디바이스에 전송한다.

	b15															b0
실행 전 (S)	1	0	1	1	0	1	0	0	0	1	1	1	0	0	1	0

⇩ 반전

	b15															b0
실행 후 (D)	0	1	0	0	1	0	1	1	1	0	0	0	1	1	0	1

X3이 on되면 D0의 데이터를 반전하여, D16에 저장하는 프로그램

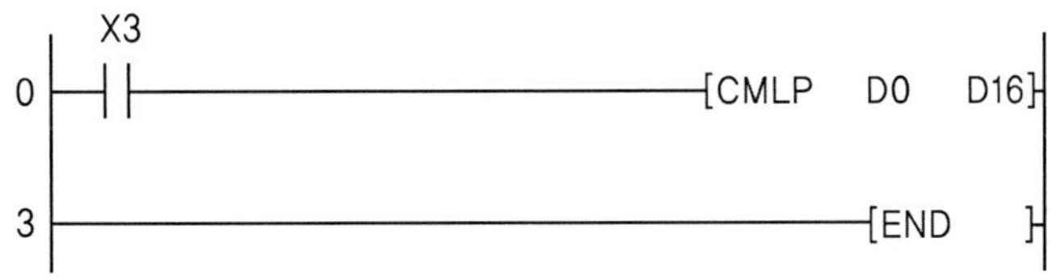

	b15							b8	b7							b0
D0	1	1	0	1	1	0	0	1	1	0	1	0	1	1	1	1

⇩

	b15							b8	b7							b0
D16	0	0	1	0	0	1	1	0	0	1	0	1	0	0	0	0

④ 블록 16비트 데이터전송(BMOV(P))

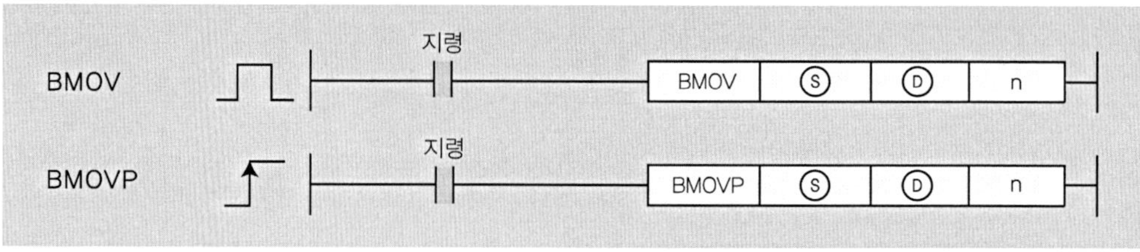

S로 지정된 디바이스부터 n점의 16비트 데이터를 D로 지정된 디바이스부터 n점에 일괄전송한다.

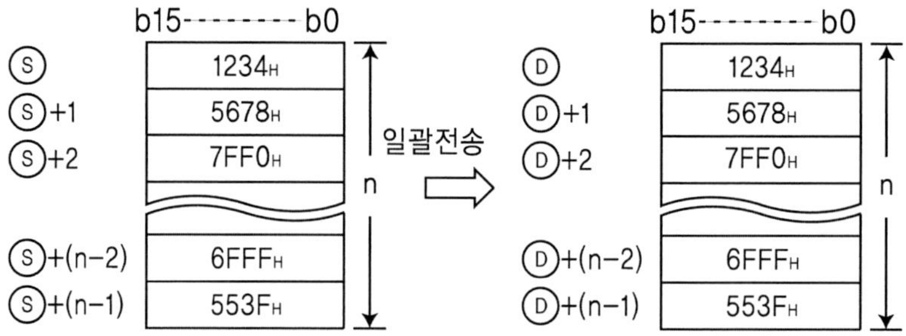

D66 ~ D69의 하위 4비트 데이터를 Y30 ~ Y3F에 4점 단위로 출력하는 프로그램

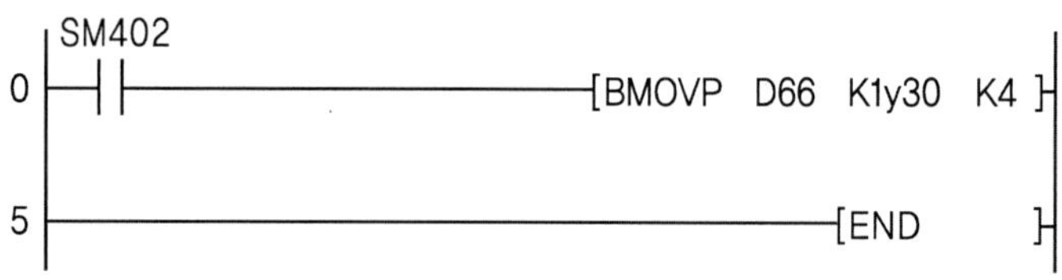

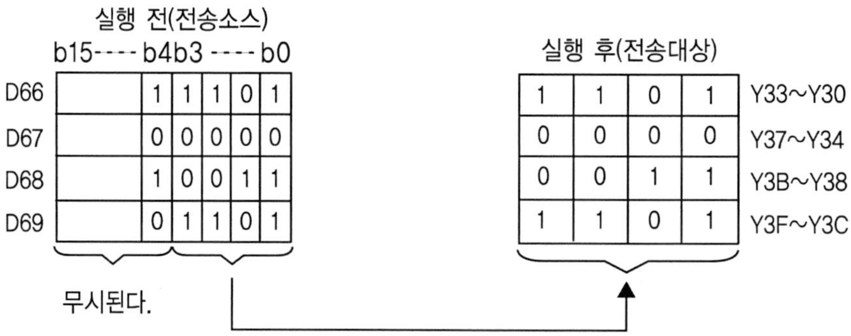

⑤ 동일 16비트 데이터 블록전송(FMOV(P))

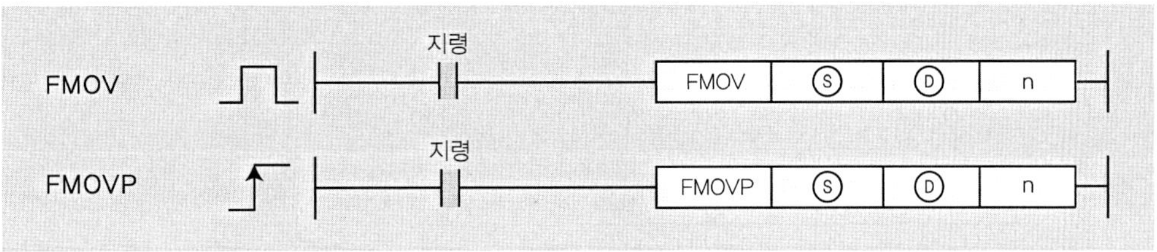

S로 지정된 디바이스의 16비트 데이터를 로 지정된 디바이스부터 n점에 전송한다.

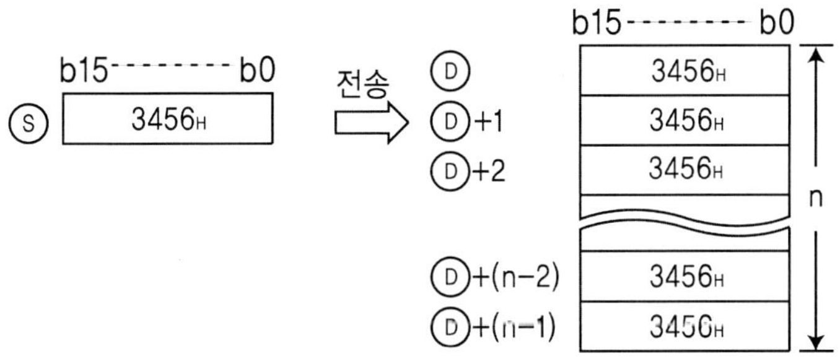

S가 워드 디바이스이며 D가 비트 디바이스인 경우, S의 워드 디바이스는 비트 디바이스 D의 자리지정으로 지정된 비트 수가 대상이 된다. D에 K1Y30을 지정한 경우, S 워드 디바이스의 하위 4비트가 대상이 된다.

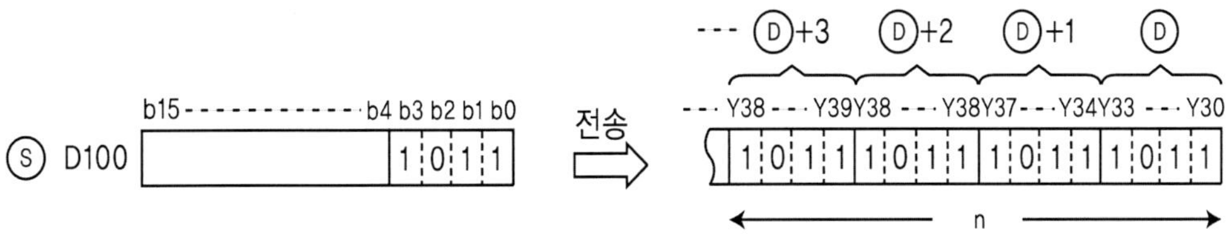

XA가 on되면 D0의 하위 비트의 데이터를 Y10 ~ Y23에 4비트 단위로 출력하는 프로그램.

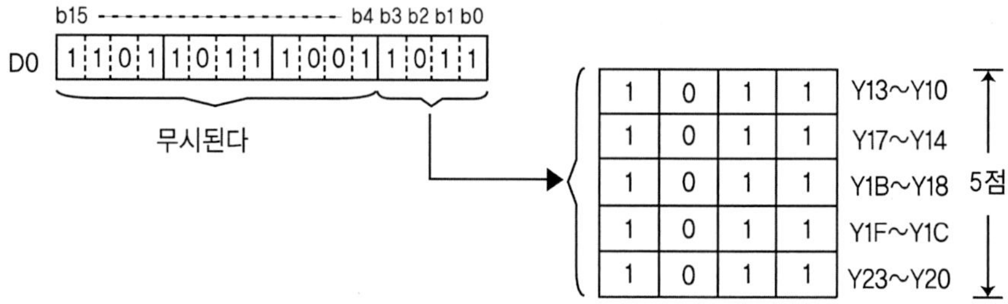

⑥ n비트 데이터의 1비트 오른쪽 시프트, 왼쪽 시프트(BSFR(P), BSFL(P))

- BSFL

: D로 지정된 디바이스부터 n점을 왼쪽으로 1비트 시프트한다.

D로 지정된 디바이스는 0이 된다.

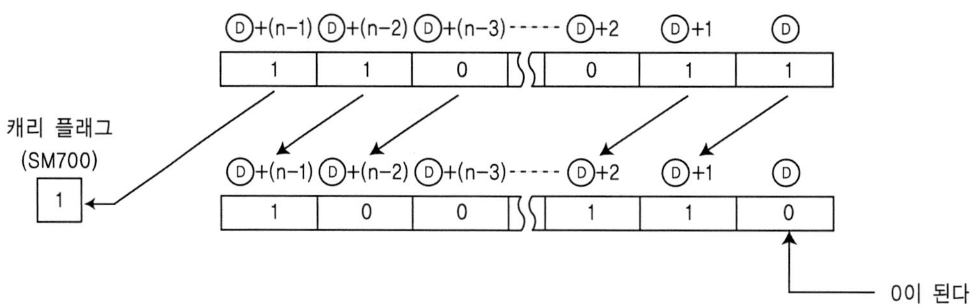

- BSFR

: D로 지정된 디바이스부터 n점을 오른쪽으로 1비트 시프트한다.

D+(N+1)로 지정된 디바이스는 0이 된다.

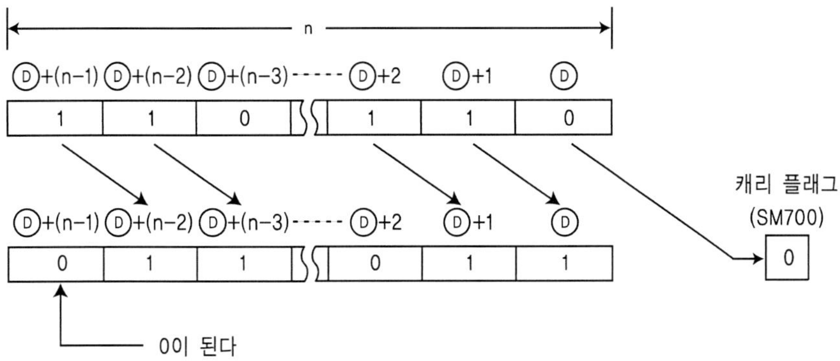

X4가 on되면 Y60 ~ Y6F의 데이터를 왼쪽으로 시프트하는 프로그램

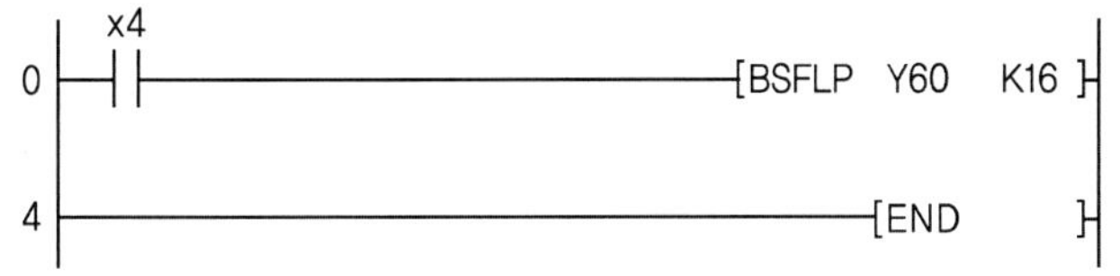

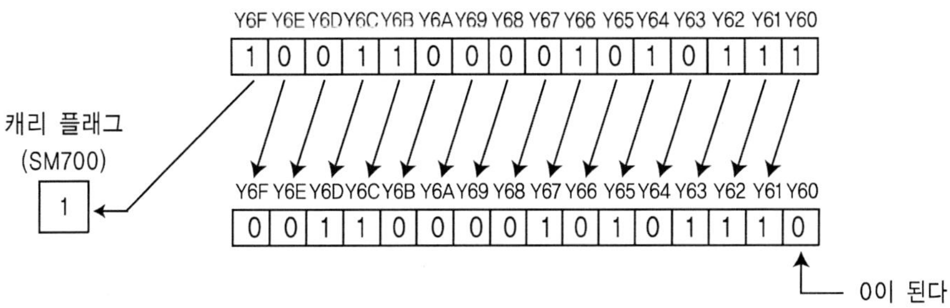

⑦ 8 → 256비트 디코드(DECO(P))

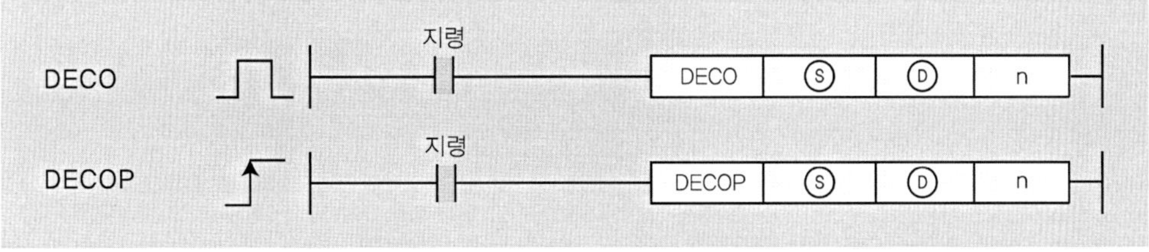

S의 하위 n비트로 지정된 바이너리 값에 대응하는 D의 비트 위치를 on한다.

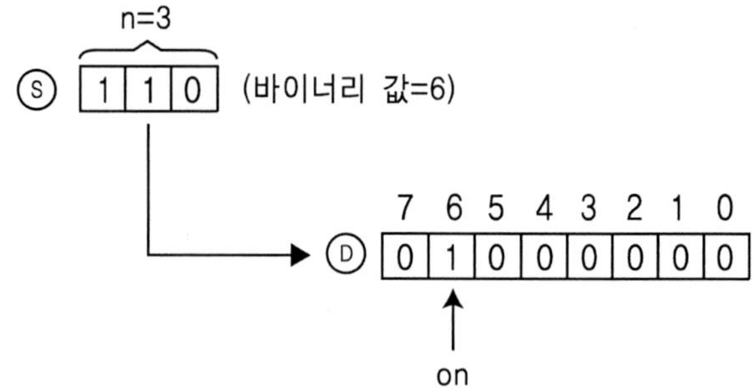

n은1 ~ 8을 지정할 수 있다.

n=0일 때는 처리되지 않으며, D로 지정된 디바이스부터 2n비트의 내용은 변경 되지 않는다. 비트 디바이스는 1비트, 워드 디바이스는 16비트로 취급된다.

X20이 on되면 X0부터 3비트를 디코드하여, 결과를 M10에 저장하는 프로그램

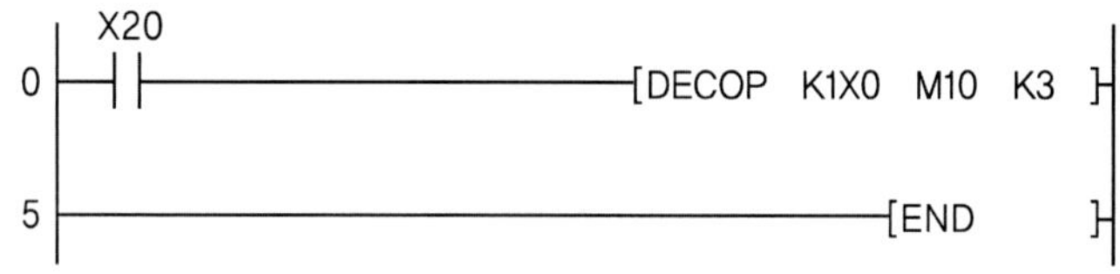

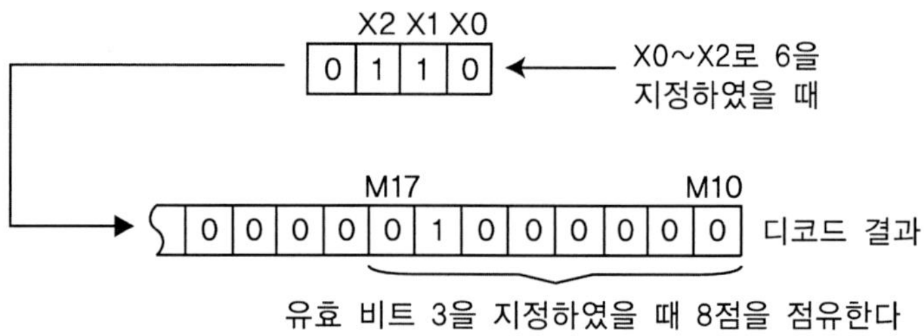

⑧ 256 → 8비트 인코드(ENCO(P))

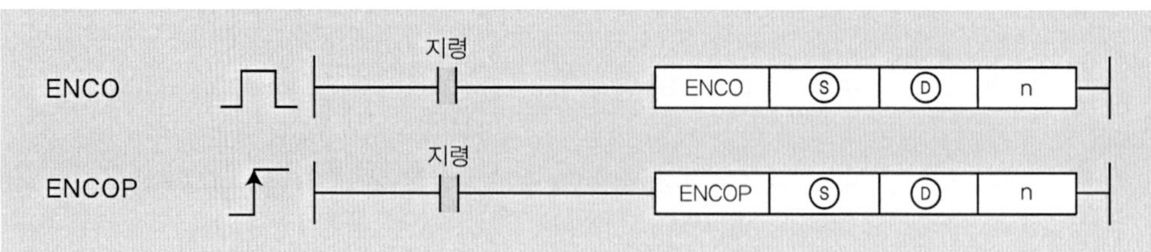

S의 2n비트 데이터에서 1로 되어 있는 비트에 대응하는 바이너리 값을 D에 저장한다.

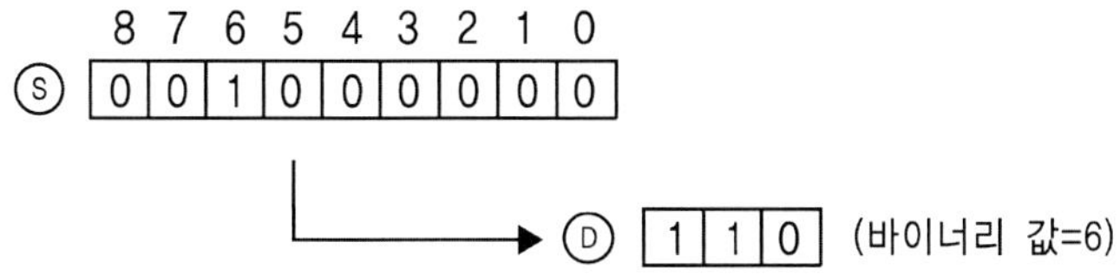

n은 1 ~ 8을 지정할 수 있다.
n=0일 때는 처리되지 않으며 D의 내용이 변경되지 않는다.
비트 디바이스는 1비트, 워드 디바이스는 16비트로 취급된다.
복수의 비트가 1일 때는 상위 비트의 위치에서 처리된다.

X20이 ON되면 M10부터 3비트를 인코드하여, 결과를 D8에 저장하는 프로그램

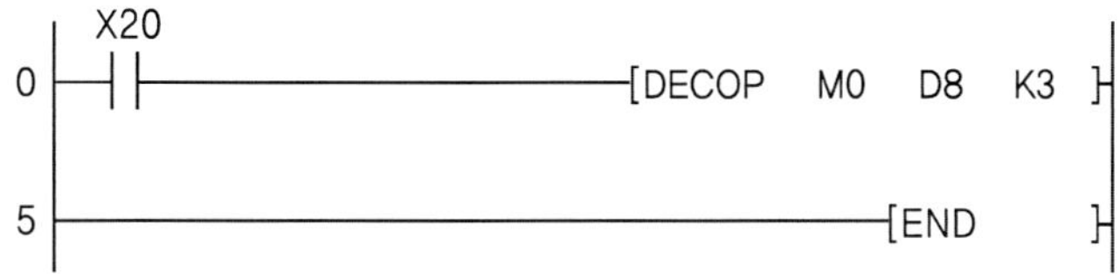

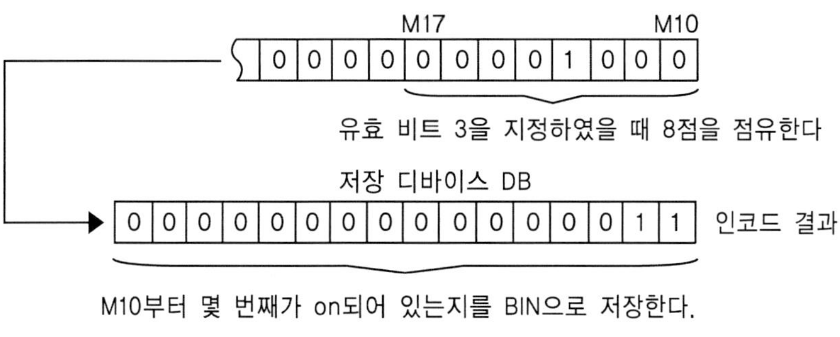

⑨ FOR ~ NEXT(FOR, NEXT)

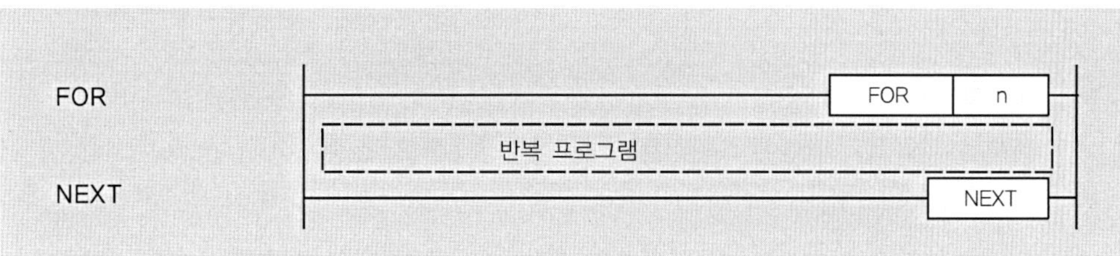

FOR ~ NEXT 명령 사이의 프로그램을 무조건 n회 실행하면, NEXT 명령 다음의 스텝을 처리한다. n은 1 ~ 32,767을 지정할 수 있다.

32,768 ~ 0을 지정하면 n=1과 동일하게 처리된다. FOR ~ NEXT 명령 사이의 프로그램을 실행하고 싶지 않을 때는 CJ, SCJ 명령으로 점프한다.
FOR의 네스팅은 16중(네스트)까지 가능하다.

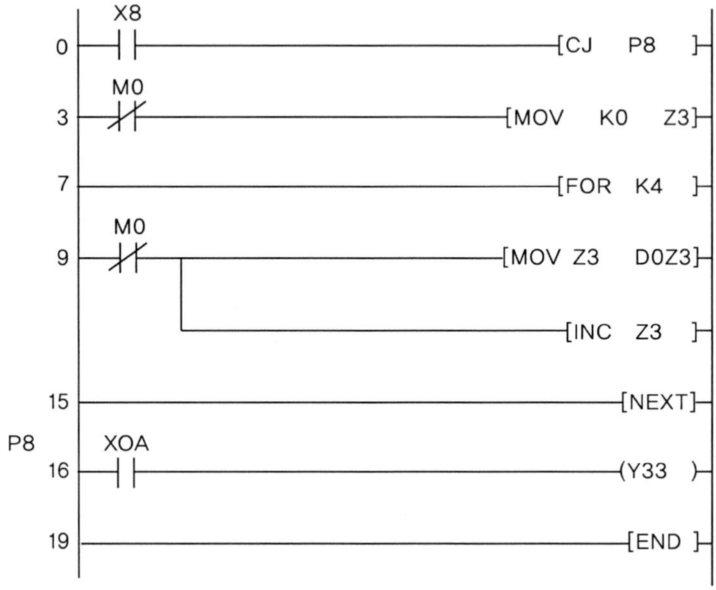

⑩ FOR ~ NEXT 강제 종료(BREAK(P))

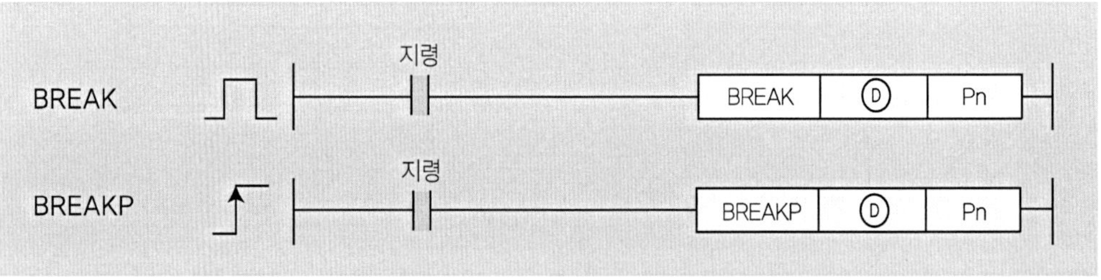

FOR ~ NEXT 명령에 의한 반복 처리를 강제적으로 종료하고, Pn으로 지정된 포터로 실행 위치를 옮긴다. Pn에는 동일 프로그램 파일 내의 포인터만 지정할 수 있다. D에는 강제 종료된 시점의 FOR ~ NEXT 명령에서 반복 처리한 횟수의 나머를 저장한다.
BREAK 명령은 FOR ~ NEXT 명령 사이에만 사용할 수 있다.

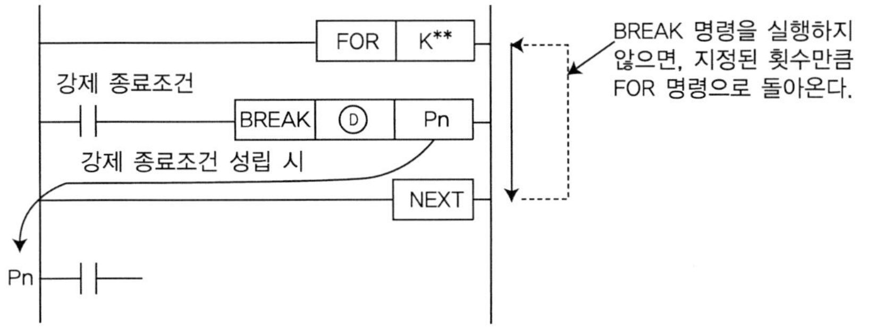

D0이 30이 되었을 때(FOR ~ NEXT를 30회 실행하였을 때) FOR ~ NEXT 사이를 강제 종료하는 프로그램이다. BREAK 명령을 실행하면 D1에는 71이 저장된다.

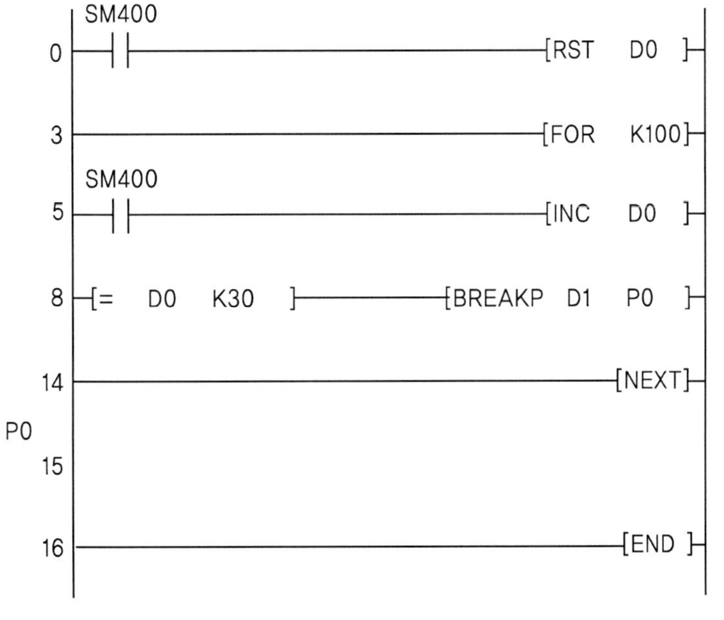

제4장

GX DEVELOPER

Automation of Semiconductor Manufacturing Facilities

4.1 기본 조작(GX DEVELOPER 기능의 시동 및 회로 작성)

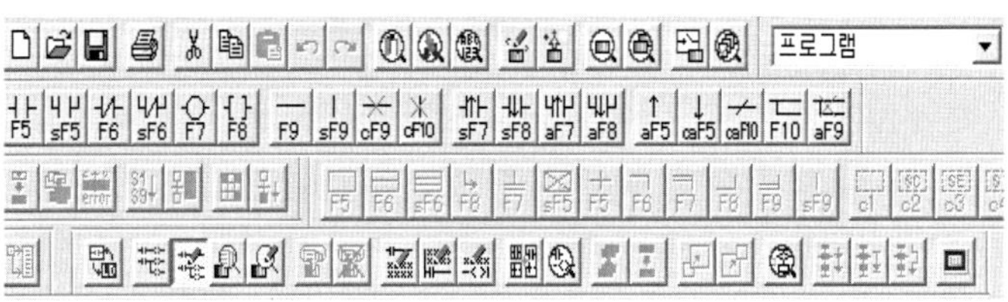

① PC의 전원을 켠다.

② [시작]-[프로그램]-[MELSEC 응용 프로그램]-[GX DEVELOPER] 메뉴를 클릭한다.

③ 툴바의 버튼을 클릭한다.

4.1.1 사용할 PLC 타입의 선택과 파일 설정

위와 같이 버튼을 클릭하면 다음과 같은 대화상자가 나타나므로 사용할 PLC 시리즈 및 타입을 설정한다.

여기에서는 PLC 시리즈를 'Q CPU'로 PLC 타입을 'Q02(H)'로 설정한다.

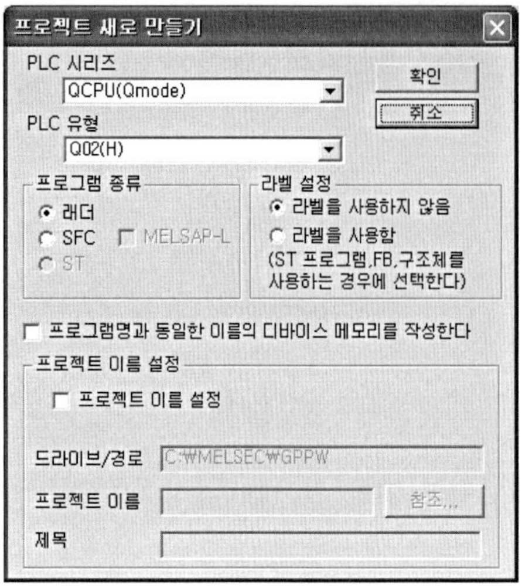

① ▼을 클릭하여 PLC 시리즈를 'Q CPU'로 설정한다.

② ▼을 클릭하여 PLC 시리즈를 'Q02(H)'로 설정한다.

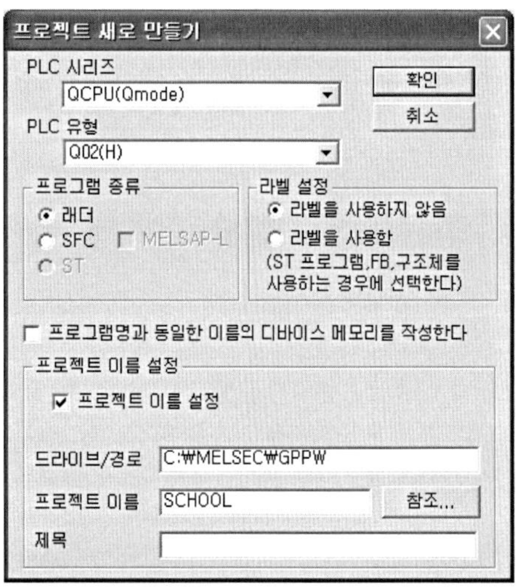

③ 프로젝트명을 설정하기 위해서는 [프로젝트명의 설정]을 확인한다.

④ 드라이브/경로를 설정한다.

⑤ 프로젝트명을 'SCHOOL'로 설정한다.

⑥ [예(Y)] 버튼을 클릭한다.

⑦ 신규 프로젝트가 작성된다.

4.1.2 프로그램 작성

(1) 작성할 프로그램

PLC CPU의 특수 릴레이 SM411(0.2초 클록)을 사용하여 카운트한 값을 LED 표시 시키는 프로그램을 작성한다.

(2) 사용할 디바이스

Y40 ~ Y40F 카운트 값의 표시

(3) 프로그램(PRO1)

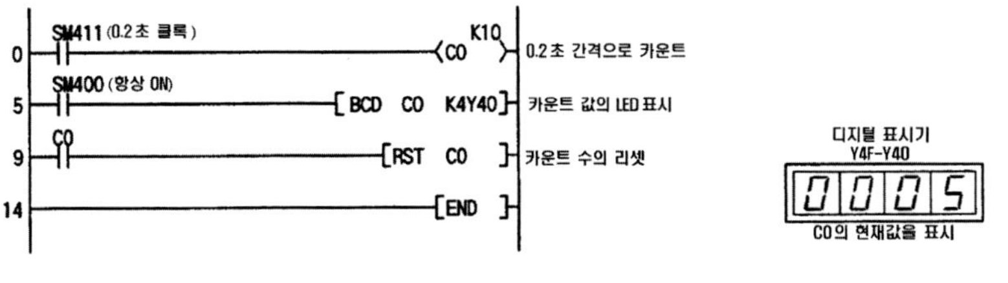

(4) 프로그램 변경

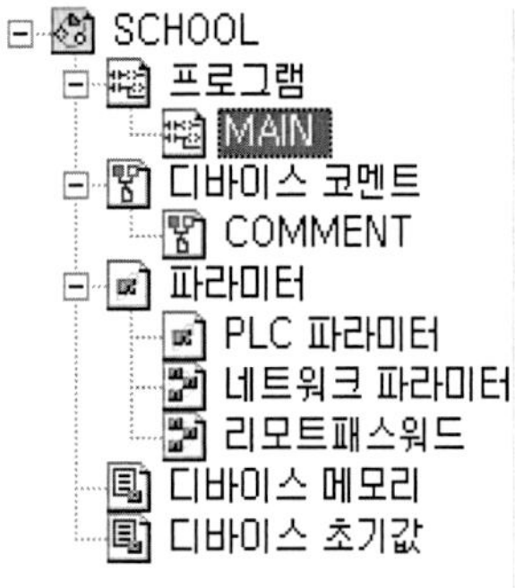

① 프로젝트 데이터 일람의 'MAIN'을 오른쪽 버튼으로 클릭한다.

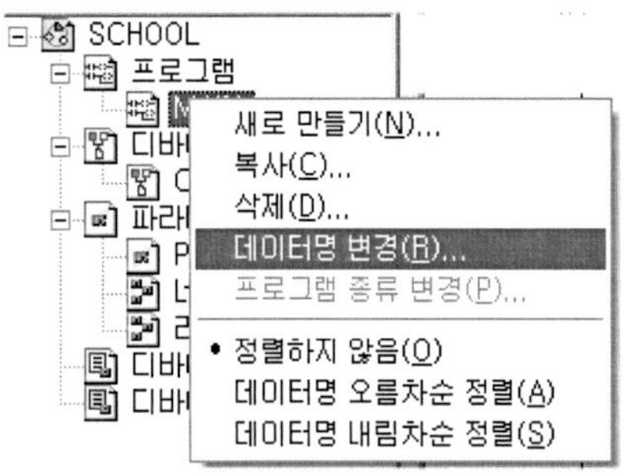

② [데이터 변경] 메뉴를 클릭한다.

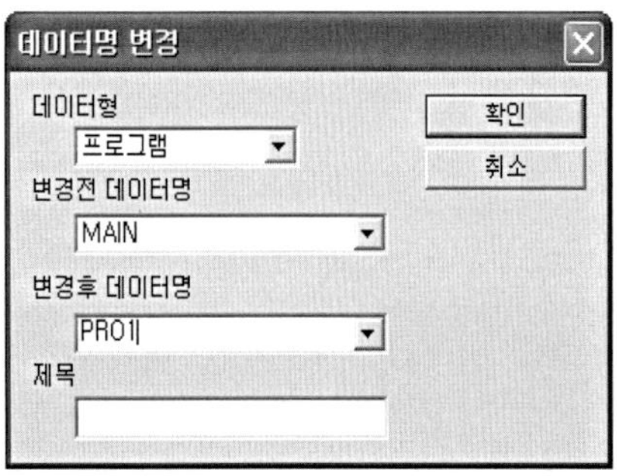

③ 왼쪽과 같은 대화상자가 나타나면 변경할 데이터명 PRO1을 입력한다.

④ 확인 버튼을 클릭한다.

⑤ 확인 대화상자가 표시되면 [예(Y)] 버튼을 클릭한다.

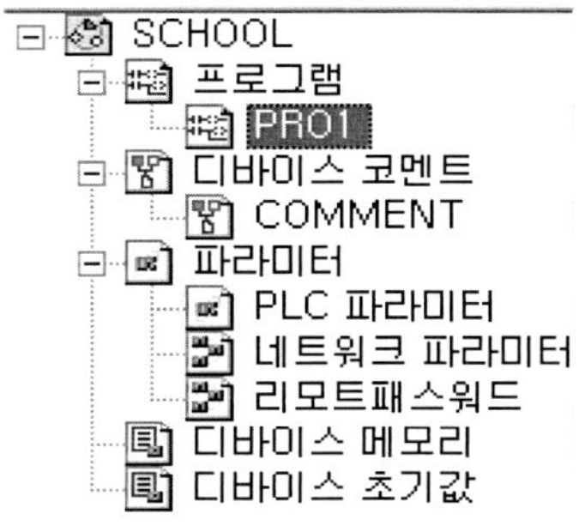

ⓕ 프로그램명이 'MAIN'에서 'PRO1'로 변경된다.

4.1.3 PLC 프로그램 쓰기

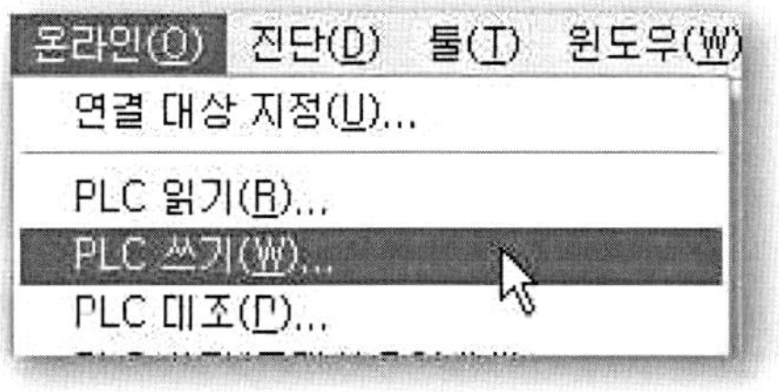

① 온라인 메뉴에서 PLC 쓰기 메뉴를 선택한다.

② 파라미터+프로그램 버튼을 클릭하여 쓰기 할 대상을 지정하고 실행 버튼을 클릭한다. 기본적으로 [Main]과 파라미터 항목은 필수적으로 선택해야 한다.

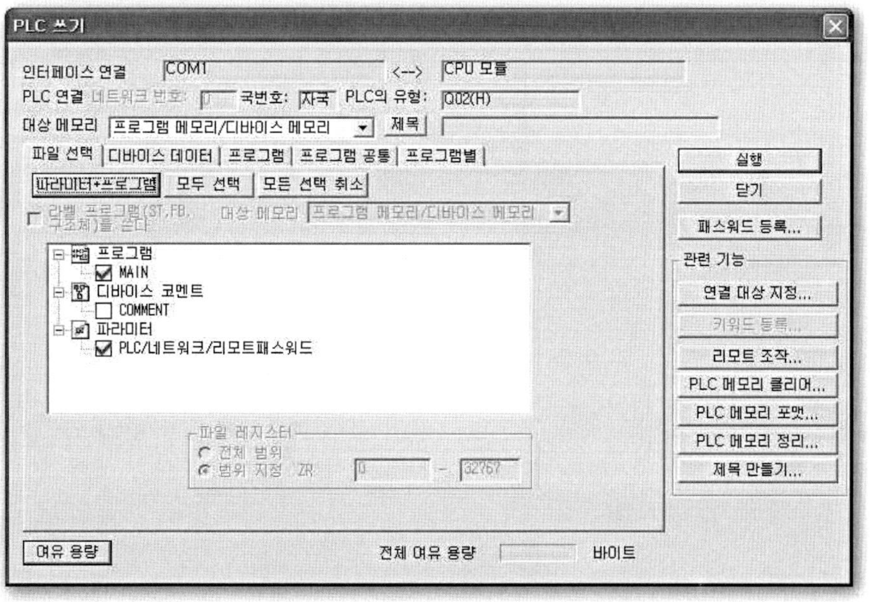

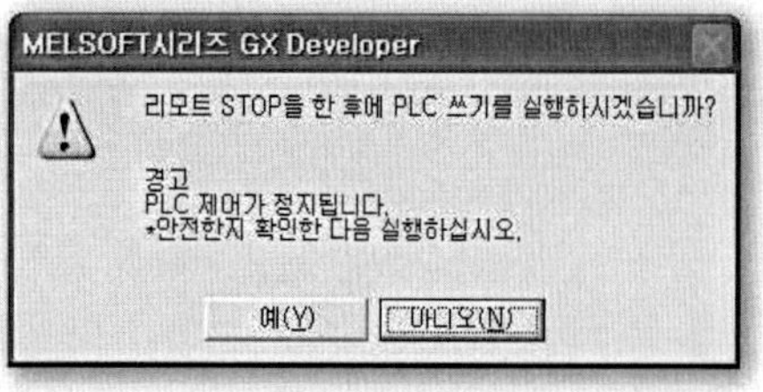

③ PLC CPU 메모리에 프로그램 쓰기동작을 하기 전 CPU상태를 Stop 모드로 전환하기 위해 확인한다. [예(Y)] 버튼을 클릭한다.

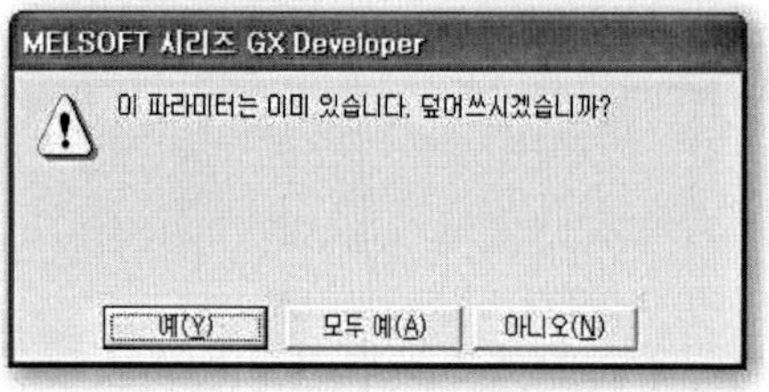

④ PLC에서 프로그램을 쓰겠다는 확인 절차이다. [예(Y)] 버튼을 클릭한다.

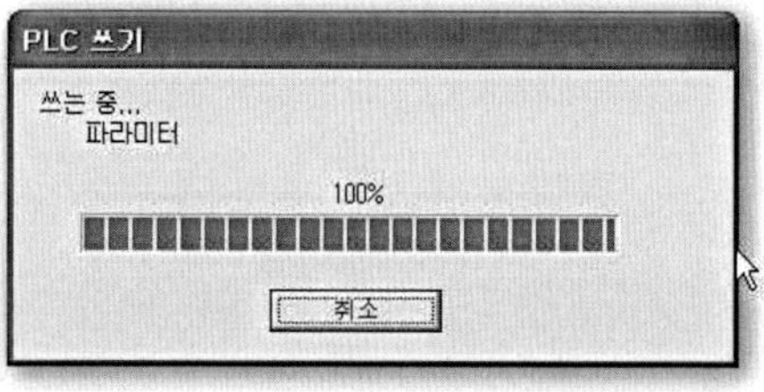

⑤ PLC CPU 메모리에 프로그램 쓰기상태를 표시한다.

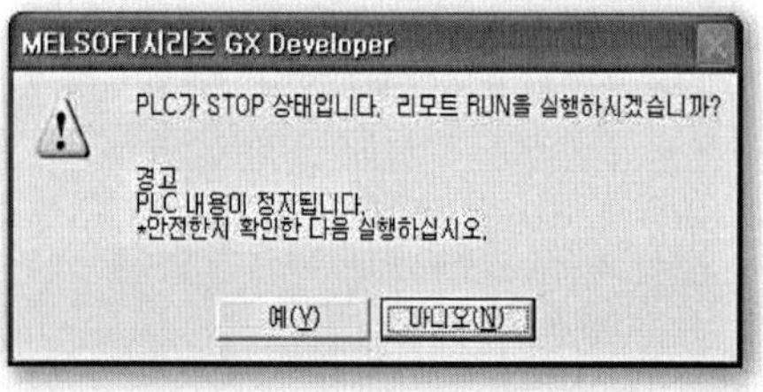

⑥ 프로그램 쓰기 완료가 되면 CPU를 RUN 모드로 전환하기 위해 확인한다. [예(Y)] 버튼을 클릭한다.

4.1.4 CPU에 저장된 프로그램 읽기

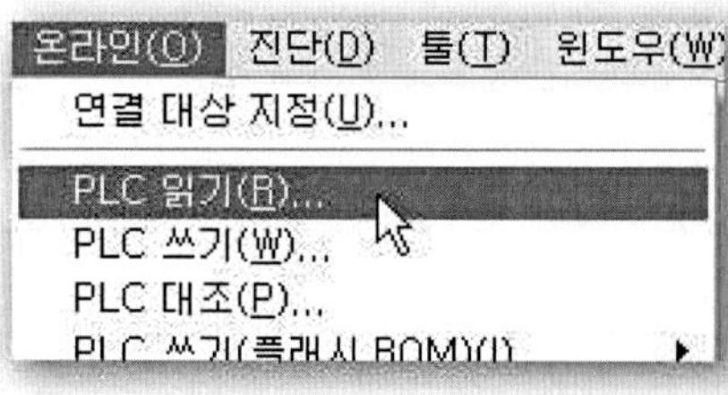

① 온라인 메뉴에서 PLC 읽기 메뉴를 선택한다.

② 파라미터+프로그램 버튼을 클릭하여 읽어 올 대상을 지정하고 실행 버튼을 클릭한다.

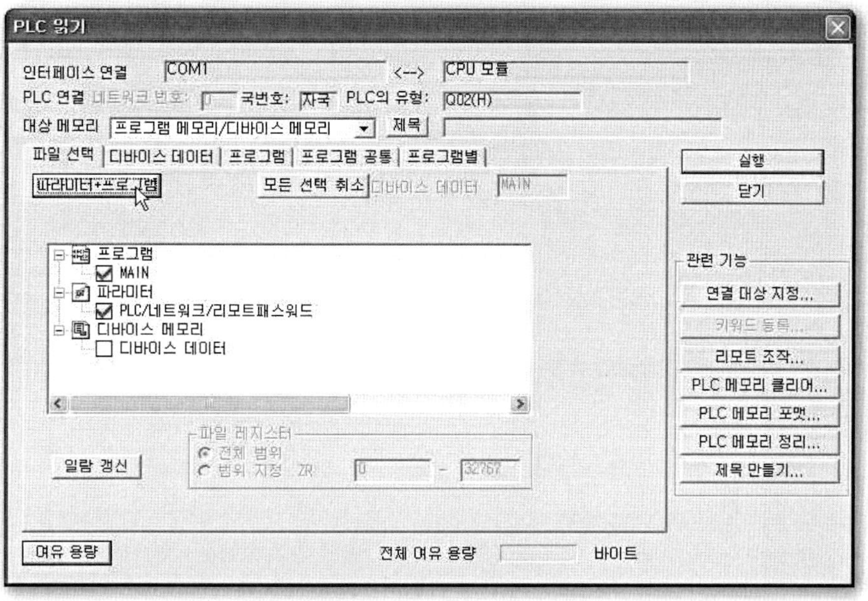

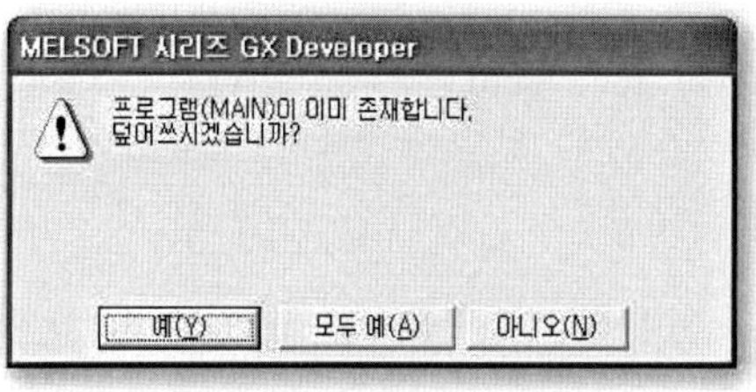

③ PLC에서 프로그램을 읽어 오겠다는 확인 절차이다. [예(Y)] 버튼을 클릭한다.

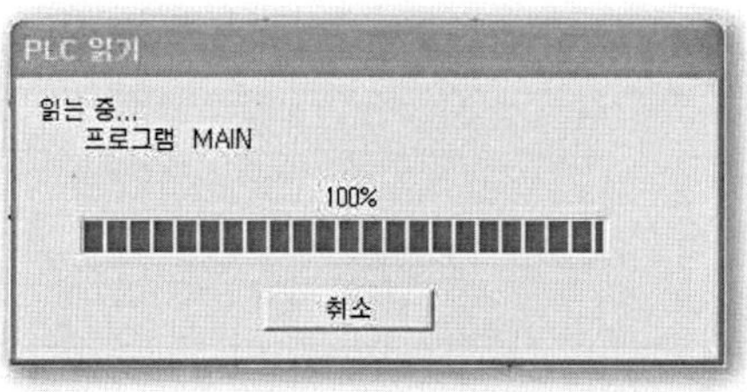

④ PLC에서 프로그램을 읽어 오는 상태를 표시한다.

⑤ 프로그램을 읽기과정이 완료되었다.

4.1.5 연결 대상 지정

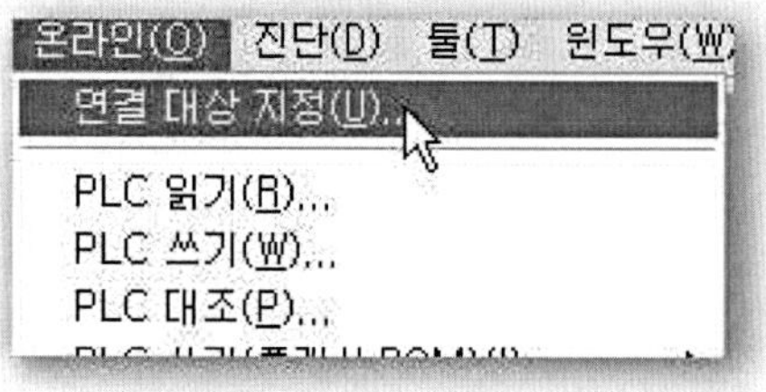

① 온라인 메뉴에서 연결 대상 지정 메뉴를 선택한다.

② PC 측 I/F에서 시리얼/USB 항목을 클릭하여 PLC와 PC 사이의 프로그램 전송 방법을 선택한다.

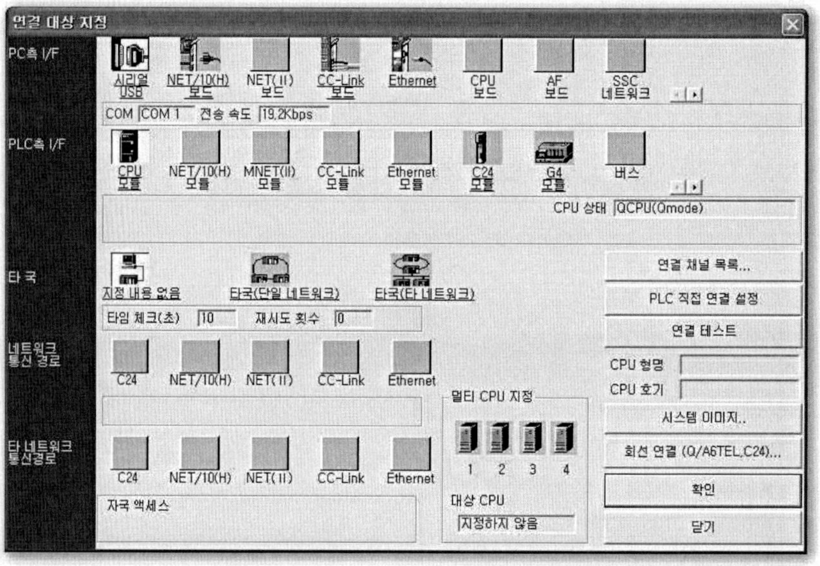

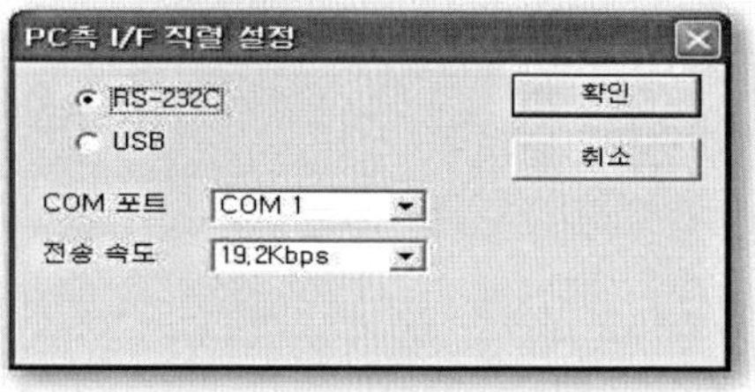

③ RS-232C 또는 USB를 선택한다.

④ 우측 하단의 PLC 직접연결설정 버튼을 클릭하여 연결상태를 확인할 수 있다.

4.1.6 디바이스에 코멘트 작성

① 프로젝트 데이터 일람의 '디바이스 코멘트' 를 더블클릭한다.

② [COMMENT]를 더블클릭한다.

③ 코멘트 편집 화면이 표시되면 'C0'을 입력한다.

④ 표시 버튼을 클릭한다.

⑤ 디바이스명 'C0'의 코멘트 입력란을 클릭하여 '카운터 1'을 입력한다.

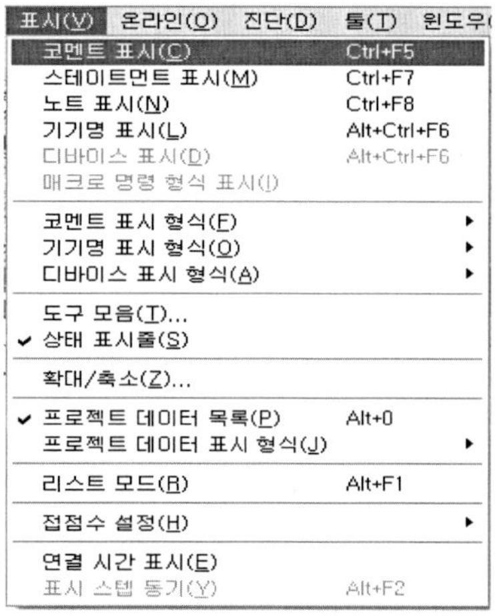

⑦ [표시]-[코멘트] 메뉴를 클릭한다.

⑧ 회로에 코멘트가 표시된다.

4.1.7 프로그램 저장

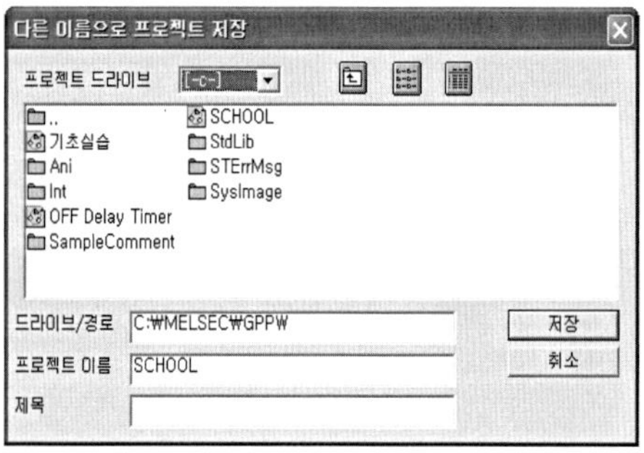

① 툴바의 버튼을 클릭한다.
이로써 PLC 프로그램이 저장된다.
프로젝트명을 설정했을 경우는 바로 저장을 할 수 있다.

② 프로젝트명을 설정하지 않았다면 위쪽의 대화상자와 같이 표시되는데, 드라이브/경로와 프로젝트명을 대화상자와 같이 설정한 후 저장버튼을 누르면 된다.

4.1.8 CPU 내장 메모리 포맷

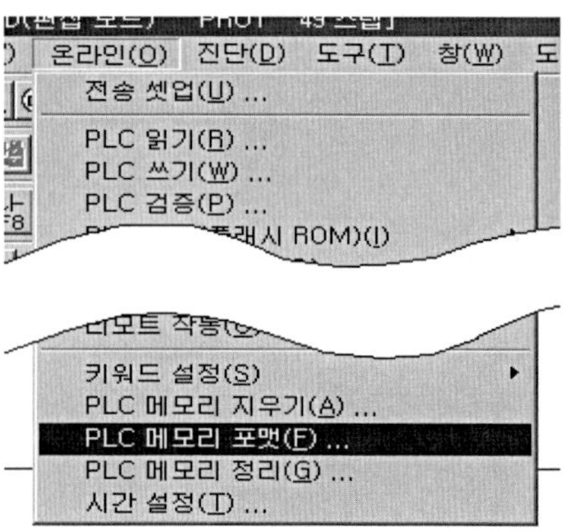

① [온라인]-[PLC 메모리 포맷] 메뉴 클릭

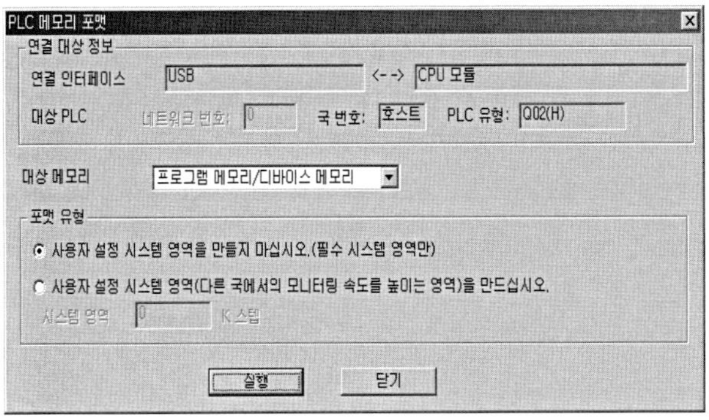

② 왼쪽과 같은 대화상자가 표시되므로 대상 메모리를 '프로그램 메모리'로 설정한다.

③ [실행] 버튼을 클릭한다.

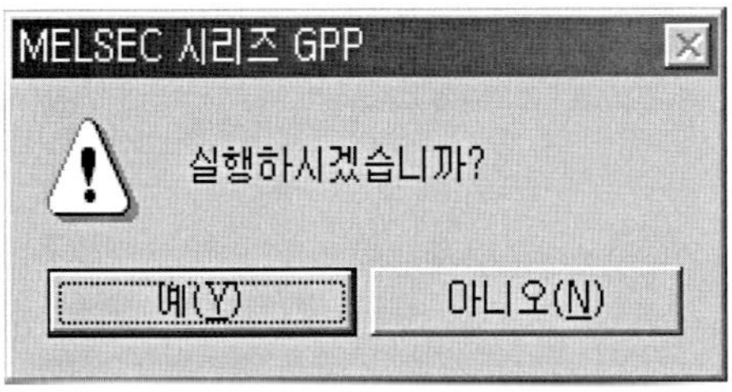

④ [예(Y)] 버튼을 클릭하여 포맷을 실행한다.

⑤ 포맷이 끝나면 왼쪽과 같은 대화상자가 표시되므로 [확인] 버튼을 클릭한다.

4.1.9 CPU 디바이스 메모리 삭제

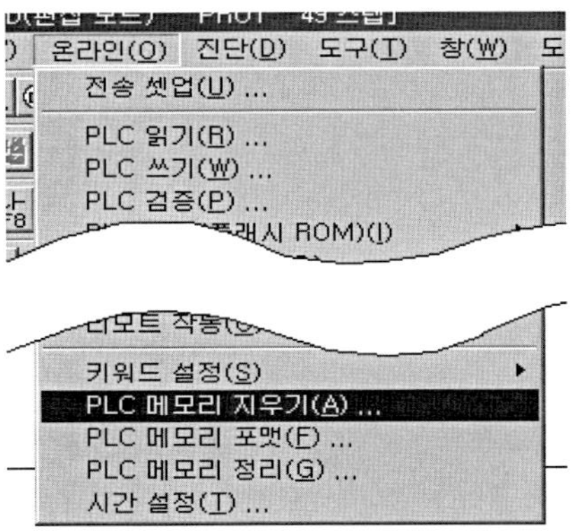

① [온라인]-[PLC 메모리 삭제] 메뉴를 클릭한다.

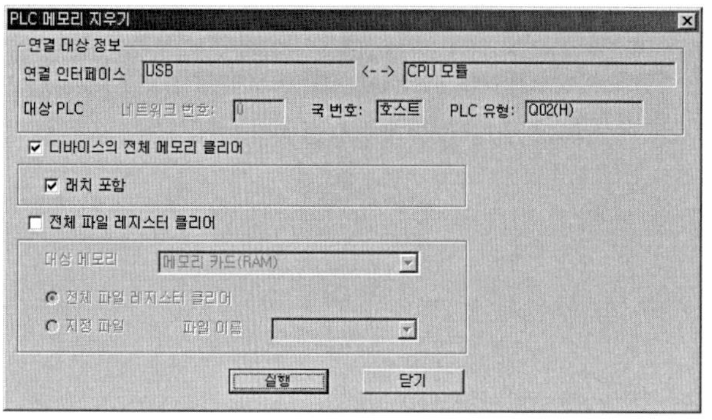

② 왼쪽과 같은 대화상자가 나타나면 [디바이스 메모리 모두 삭제]가 체크되어 있는지를 확인한다.

③ [래치 포함]을 체크한다.

④ [실행] 버튼을 클릭한다.

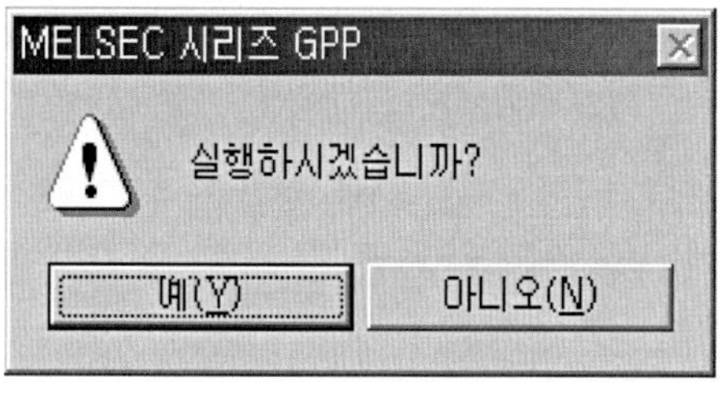

⑤ [예(Y)] 버튼을 클릭하여 래치 디바이스를 삭제한다.

⑥ 래치 디바이스의 삭제가 끝나면 왼쪽과 같은 대화상자가 표시되므로 [확인] 버튼을 클릭한다.

4.1.10 CPU error 정보의 삭제

① [진단]-[PLC 진단] 메뉴를 클릭한다.

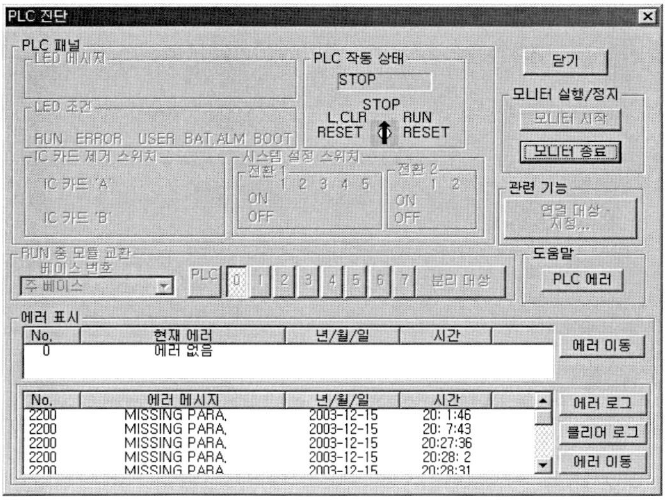

② 왼쪽과 같은 대화상자가 표시되므로 [이력삭제] 버튼을 클릭한다.

③ [닫기] 버튼을 클릭하여 대화상자를 닫는다.

4.1.11 모니터

모니터를 실행을 실습하기 위한 간단한 래더 프로그램을 작성한다.

그리고 RUN/STOP 스위치를 RUN으로 한다.

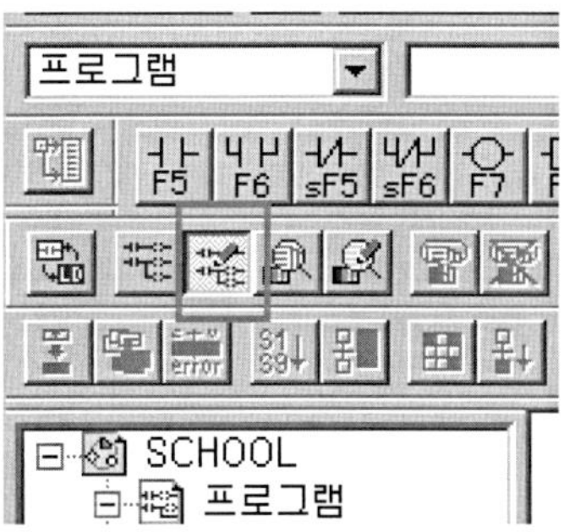

① 툴바의 버튼을 클릭한다.

② 모니터상태의 대화상자가 나타나면 회로 모니터가 실행된다.

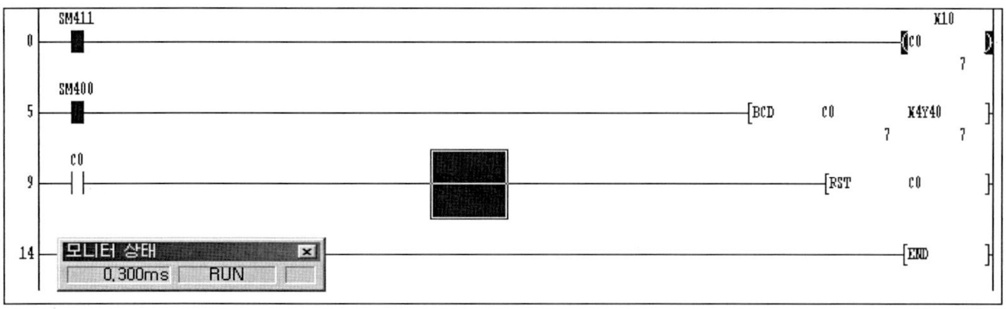

4.1.12 프로그램 변경

PLC CPU에 저장한 프로그램을 RUN 중에 수정한다. 예를 들어 카운터 C0의 설정 값 K10을 K100로 수정한다.

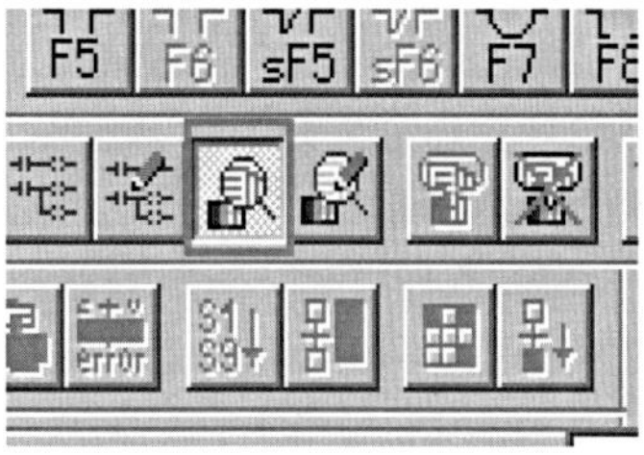

① 툴바의 버튼을 클릭한다.

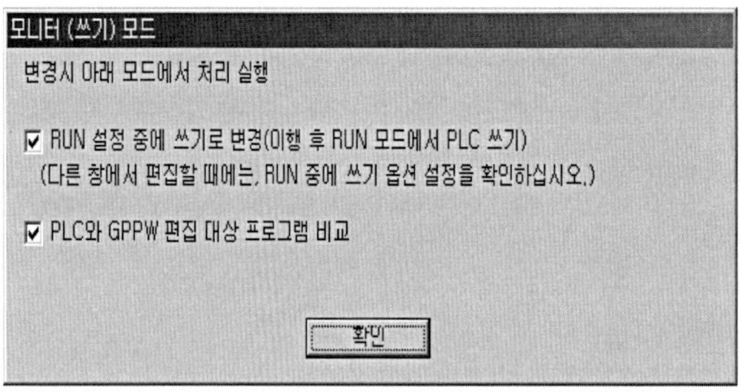

② 왼쪽과 같은 대화상자가 나타나면 [OK] 버튼을 클릭한다. 모니터(쓰기) 모드로 변경된다.

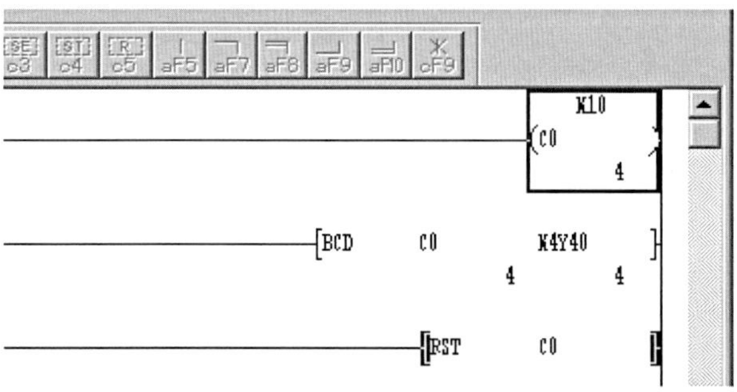

③ 왼쪽 화면과 같이 커서를 이동하여 더블클릭한다.

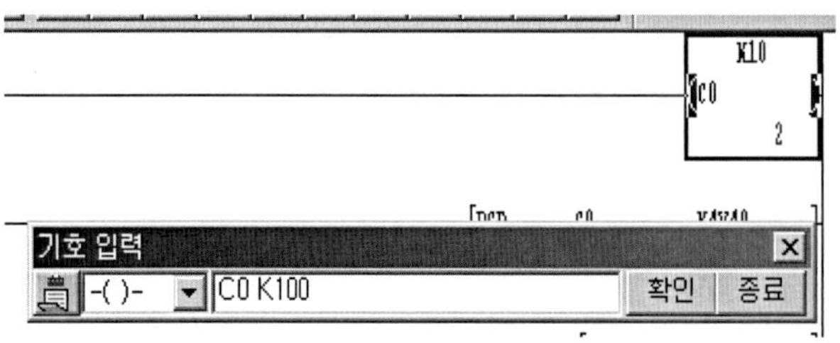

④ 회로 입력 윈도가 표시되면 [C0 K100]으로 변경한다.

⑤ [OK] 버튼을 클릭한다.

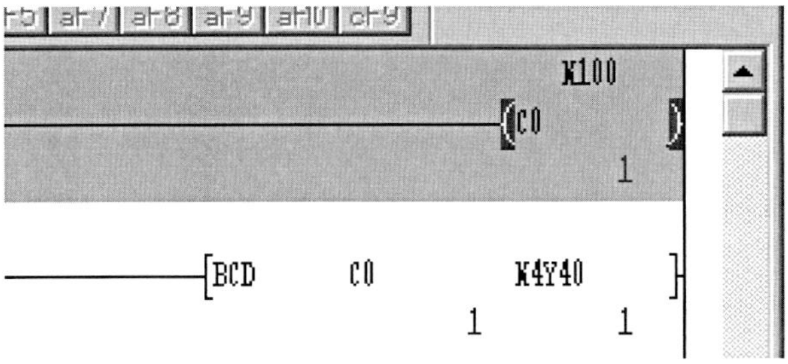

⑥ 회로가 변경된다.

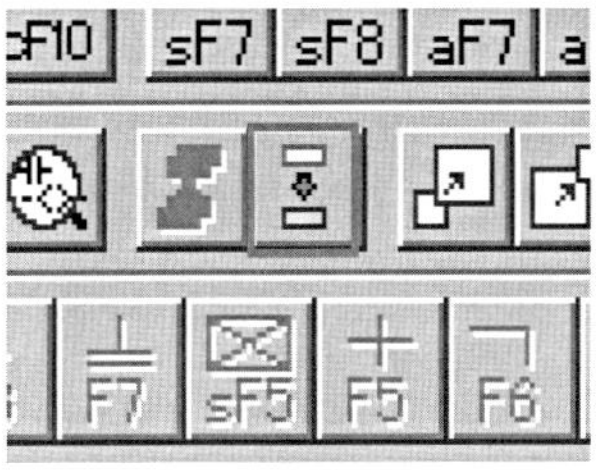

⑦ 툴바의 버튼을 클릭한다.

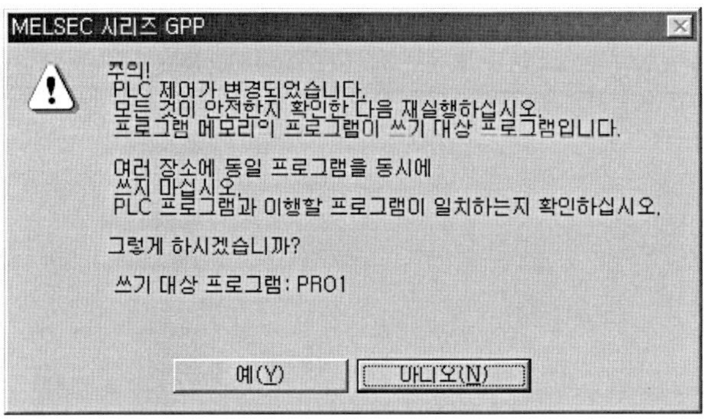

⑧ 왼쪽과 같은 대화상자가 표시되면 [예(Y)] 버튼을 클릭하여 실행 중에 쓰기한다.

⑨ [확인] 버튼을 클릭한다.

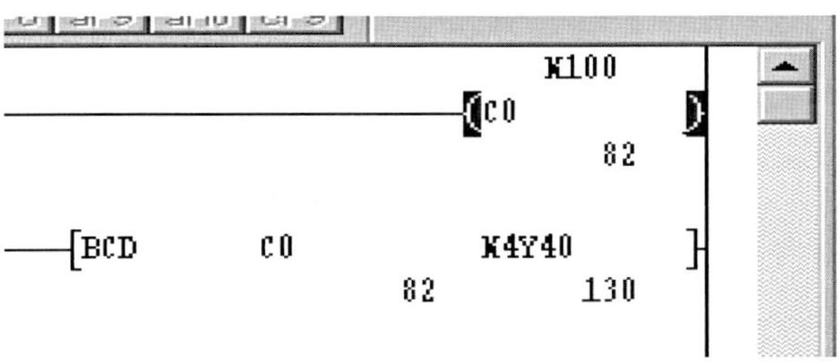

⑩ C0의 카운트가 0~99까지 실시된다. 또 실제기기의 BCD 표시도 0~99까지 카운트된다.

4.2 실습 예제

4.2.1 OUT 명령과 이중코일 오류 방지

(1) OUT 명령

OUT 명령은 입력조건이 'on'으로 되면 지정된 디바이스를 'on'로 하고, 입력 조건이 off가 되면 지정된 디바이스를 'off'로 한다.

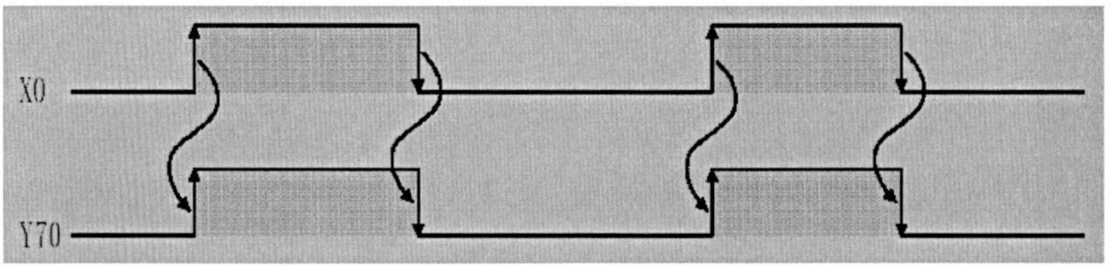

- 타임차트-

(2) 이중코일

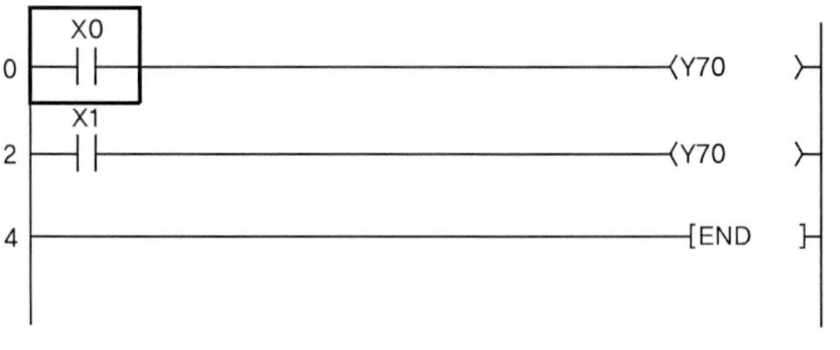

Y70의 출력이 한 프로그램 안에서 이중으로 나타내면 첫 번째 X0를 누를 때는 출력을 내지 않고 X1 스위치를 누를 때만 출력을 낸다.

[연습문제 1] 아래 프로그램은 OUT 명령을 사용한 예제 프로그램이다.
스위치를 1회 누르면 'Y70'이 on이되고 X0를 다시 1회 누르면 'Y70', 'Y71'이 on이 되는 프로그램이다.

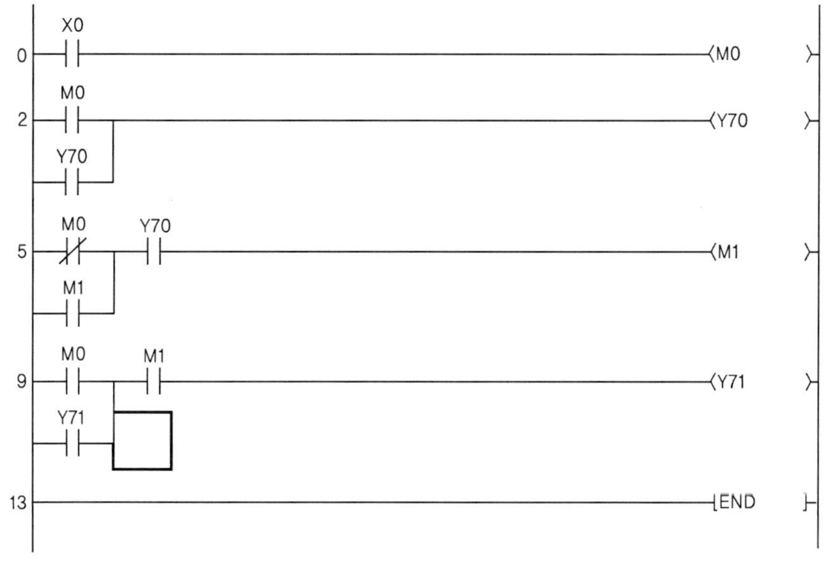

[연습문제 2] X0 스위치를 누르면 아래 타임차트와 같은 동작을 하는 프로그램을 작성해 보시오. 단 X1 스위치를 누르면 모두 off된다.

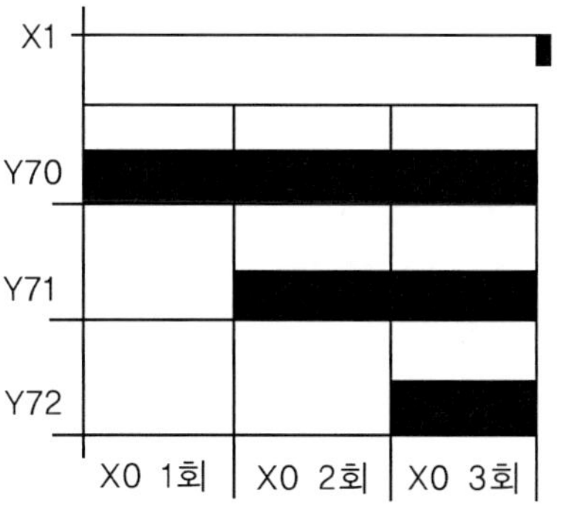

PLC 프로그램

(3) SET , RST 명령

SET 명령은 입력조건이 'on'으로 되면 지정된 디바이스를 'on'으로 하고, 입력조건이 off가 되어도 on상태를 유지한다.

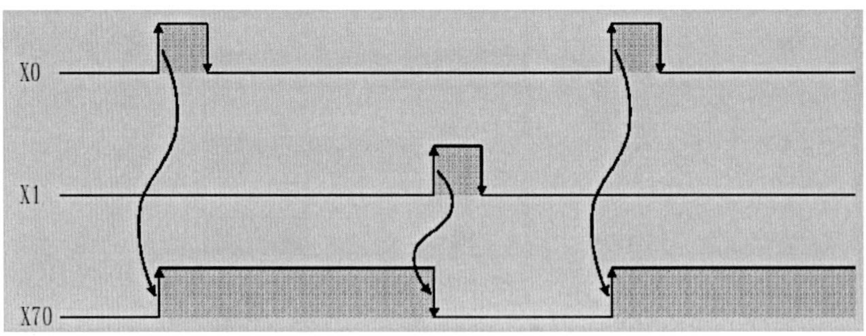

\- 타임차트 -

4.2.2 타이머 계측

[연습문제 1] 아래 타임차트를 보고 타이머를 사용하여 프로그램을 작성하면 다음과 같다.

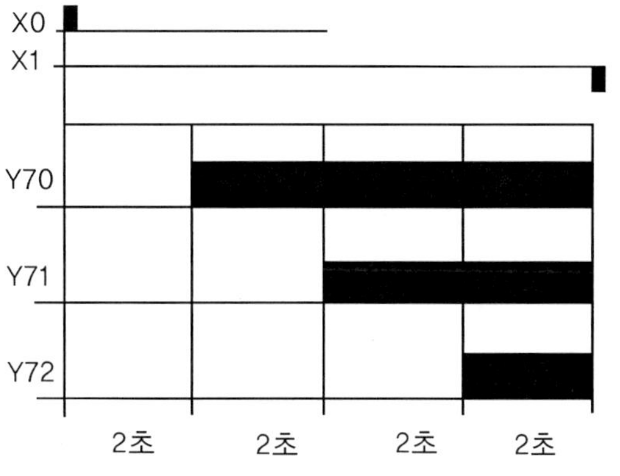

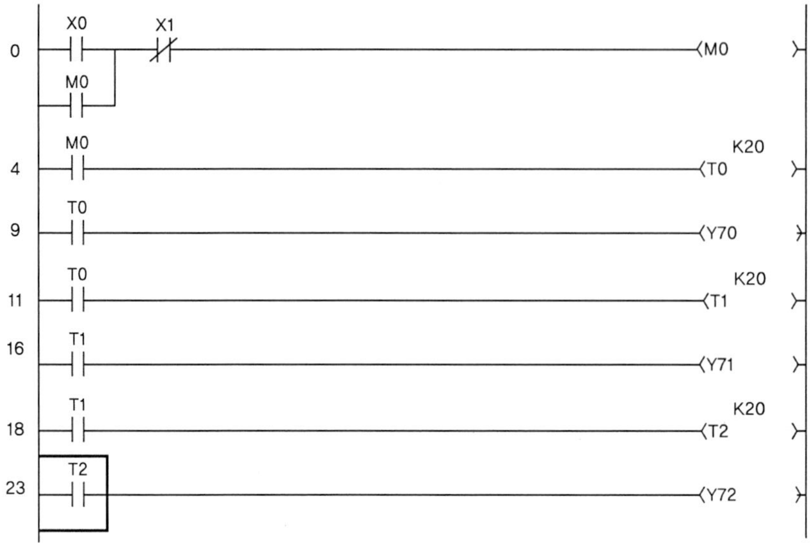

[연습문제 2] 아래 타임차트를 보고 타이머(T)를 사용하여 프로그램을 완성하시오.

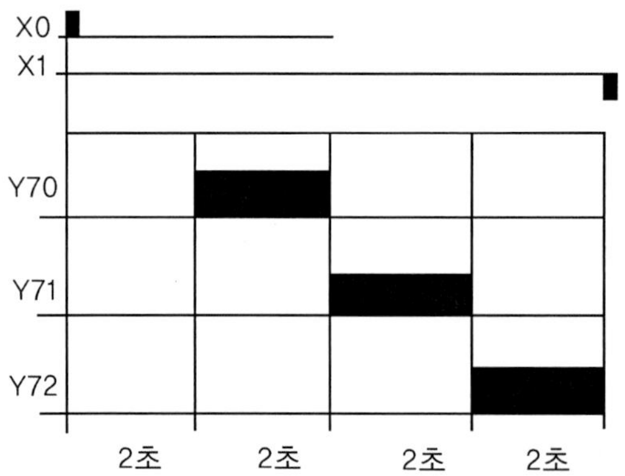

PLC 프로그램

[연습문제 3] 예제 2의 타임차트에서 Y70이 on이 된 후 2초 후 Y71이 on이 된 후 2초 후 Y72가 on이 되는 프로그램이 계속적으로 반복하는 프로그램을 작성하시오.

PLC 프로그램

[연습문제 4] 아래 타임차트를 보고 프로그램을 완성하시오.

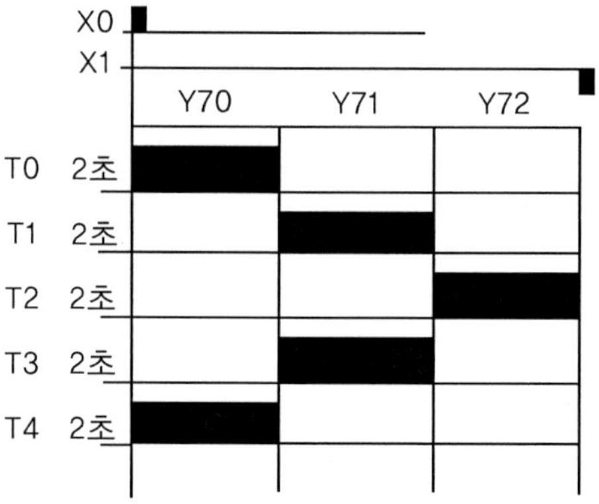

PLC 프로그램

[연습문제 5] 연습문제 4에서 프로그램을 연속적으로 반복하는 프로그램을 작성하시오.

PLC 프로그램

[연습문제 6] 아래 타임차트를 보고 프로그램을 완성하시오.

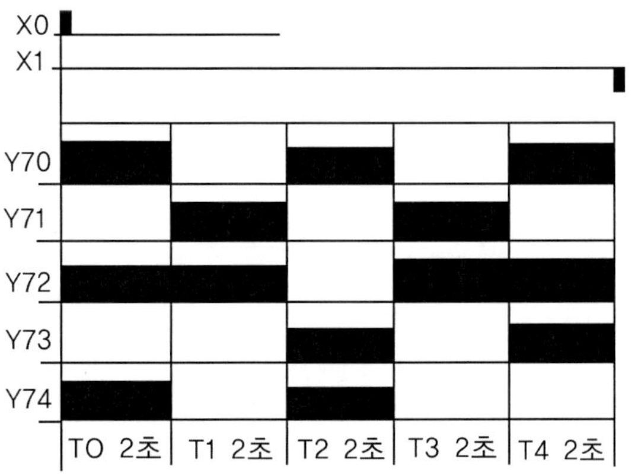

PLC 프로그램

[연습문제 7] 다음 신호등 조건을 보고 타임차트를 완성하고 프로그램을 작성하시오.
(조건) 보행자가 버튼 스위치 X0를 누르기전에 차량 Y74와 보행자 Y70이 on되어 있다 X0 스위치를 누르면 10초 후 차량은 황색 Y73이 on되고 보행자는 적색 유지 2초가 지나면 차량은 적색으로 보행자는 청색으로 바뀌어서 10초가 유지되며 위 동작을 계속적으로 반복한다.

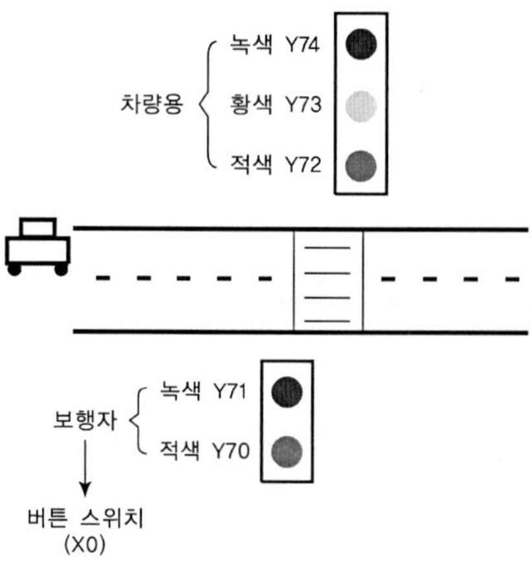

4.2.3 카운터 계수

[연습문제 1] 컨베이어 운전 명령(X0) 스위치를 ON하면 3초 간 버저(Y70)가 울린 다음 컨베이어가 운전(Y71)을 시작한다.
제품이 6개 반송된 것을 검출(X1)하면 컨베이어는 자동으로 정지한다.

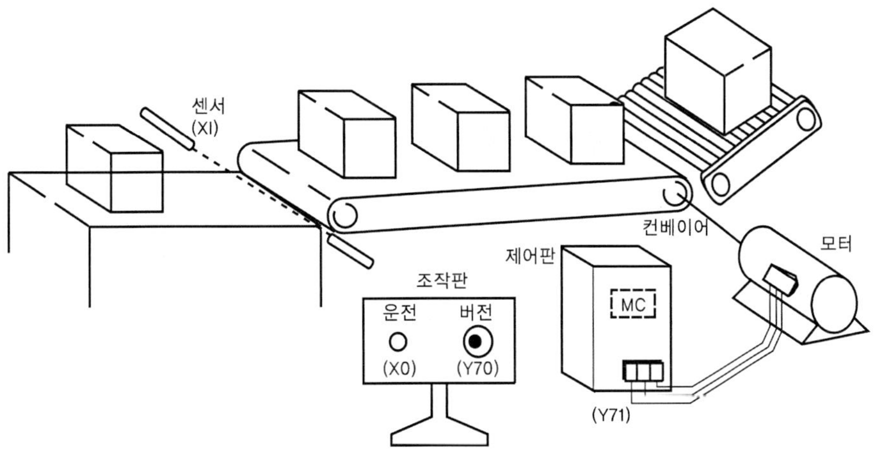

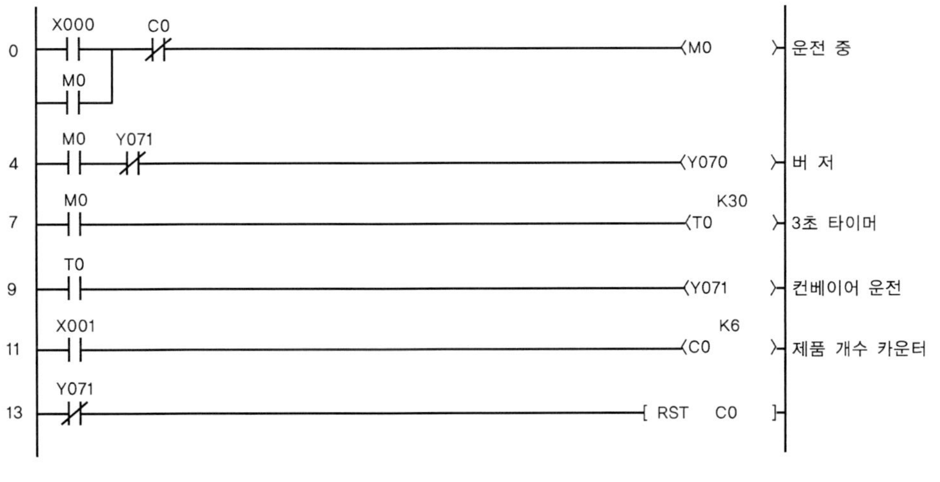

[연습문제 2] 아래 타임차트에서 X0를 누르면 출력이 Y70에서 Y72까지 차례로 이동하면서 램프가 점등된다. 카운터 명령을 이용하여 3회까지만 반복하고 멈추는 프로그램을 작성하시오.

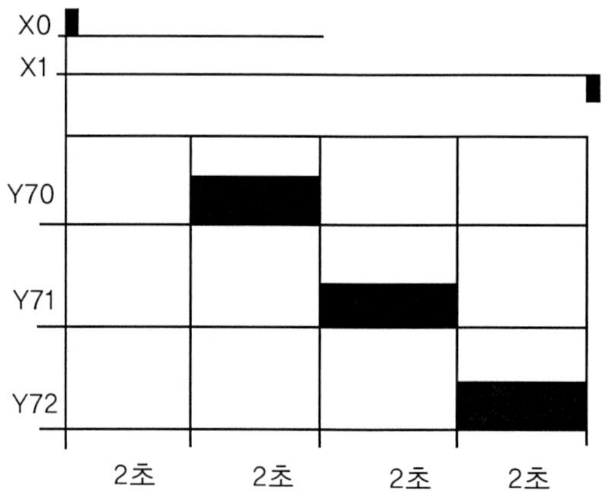

PLC 프로그램

[연습문제 3] 아래 타임차트에서 X0를 누르면 출력이 Y70에서 Y72까지 차례로 이동하면서 램프가 점등된다. 카운터 명령을 이용하여 2회까지만 반복하고 멈춘다. 다음 10초 간을 정지하고 다시 2회 반복하고 하는 연속 프로그램을 작성하시오.

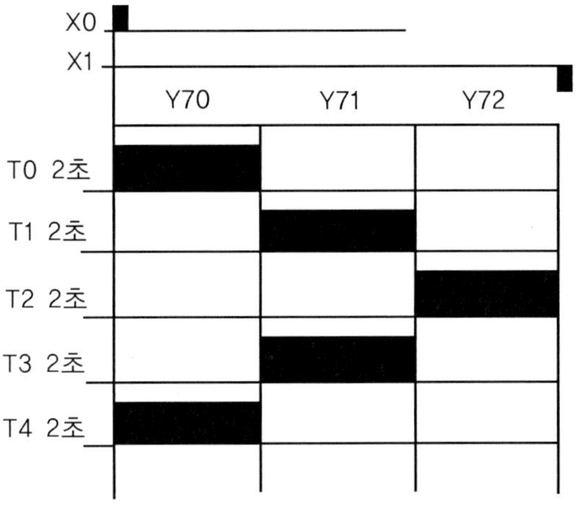

PLC 프로그램

4.2.4 PLS, PLF 펄스

- PLS 펄스 : 입력조건이 올라갈 때 지정된 디바이스의 1 스캔 on 명령
- PLF 펄스 : 입력조건이 내려갈 때 지정된 디바이스의 1 스캔 on 명령

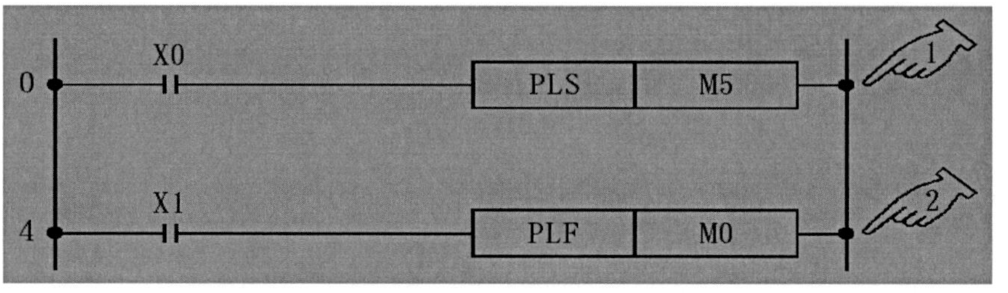

제5장

터치 패널

5.1. 터치 패널의 개요

키보드를 사용하지 않고 스크린에 나타난 문자나 특정 위치에 사람의 손 또는 물체가 닿으면, 그 위치를 파악하여 저장된 소프트웨어에 의해 특정 처리를 할 수 있도록, 화면에 직접 입력 자료를 받을 수 있게 한 스크린이다.

5.2 터치 패널의 구성요소

5.2.1 ITO(Indium tin oxide)

투명 전도막(ITO막)이 증착된 glass(하판)와 film(상판)으로 고정되어, 터치한 지점의 상, 하판이 접촉되어 전기적인 아날로그 X, Y 신호가 컨트롤러(controller)로 전송된다.

일반적인 유리와 필름은 전기가 흐르지 않지만, 터치 패널에 사용되는 유리판과 필름은 특수코팅(ITO막)이 되어 있어 전도제 역할을 한다.

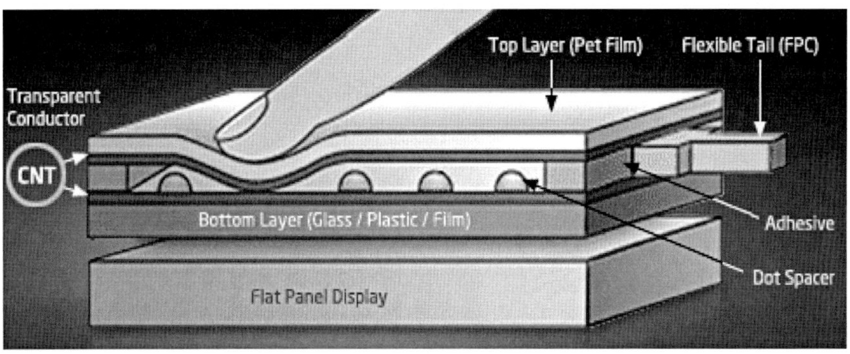

5.2.2 컨트롤러

패널로부터 전송된 전기적인 아날로그 신호가 컨트롤러의 A/D 컨버터에 의해 디지털 신호로 수치화되어 각 운영 시스템의 컨트롤 드라이버로 전송한다.

5.2.3 응용 프로그램

컨트롤러에서 들어오는 디지털 신호를 받아 터치 패널이 각 운영 시스템에 맞게 구현하도록 하는 소프트웨어로서, 드라이버 입장에서 보면 컨트롤러에게 받는 것은 좌표뿐이다. 이 좌표를 받아 화면상의 포인터를 움직이거나 선택을 처리하는 것으로 터치가 완료된다.

5.3 PLC와 터치 패널의 통신 방법

5.3.1 PLC 통신 모듈 스위치 설정

PLC 프로그램을 이용해서 위와 같은 예제 프로그램을 작성한다.

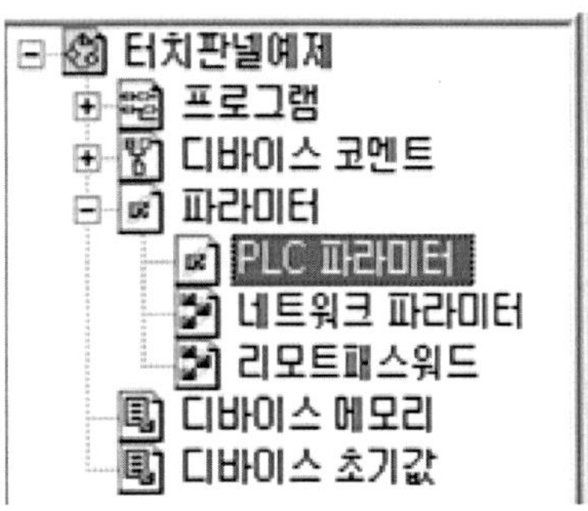

① 파라미터에서 [PLC 파라미터]를 클릭한다.

② I/O 할당에서 [스위치 설정] 버튼을 클릭한다.

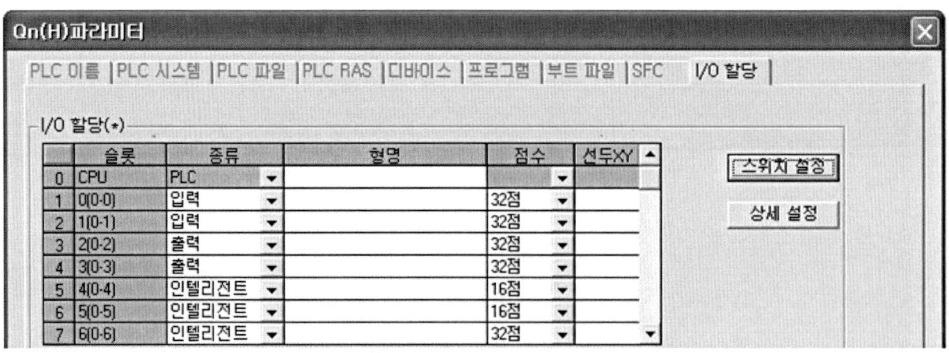

③ 입력형식을 16진수로 하고 위 화면과 같이 스위치 1, 4, 5를 입력한다.

5.3.2 통신 파라미터 설정

① 터치 스크린 프로그램인 POD를 실행 시킨 후 파일에서 신규 작성을 클릭한다.

② 편집 기종 선택 창이 뜨면, 맞는 기종을 선택하여 주고 나머지 설정을 화면과 같이 맞추어 준다.

③ 시스템 설정에서 [PLC 통신]-[PLC] 기종을 클릭한다.

④ 왼쪽과 같은 화면이 뜨면 화면과 같이 [PLC 기종]을 선택한다.

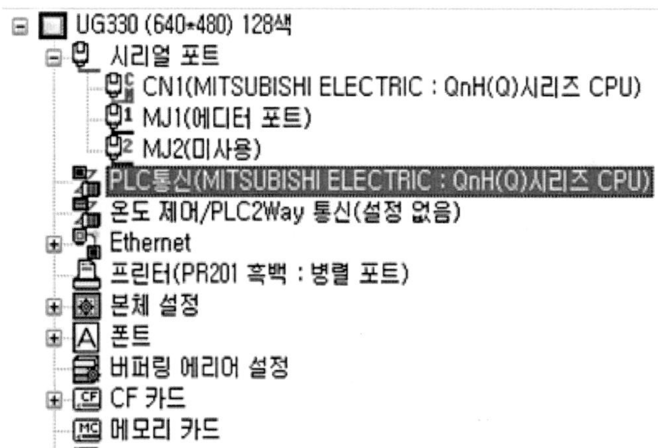

⑤ 왼쪽의 화면과 같이 [PLC 통신]을 클릭한다.

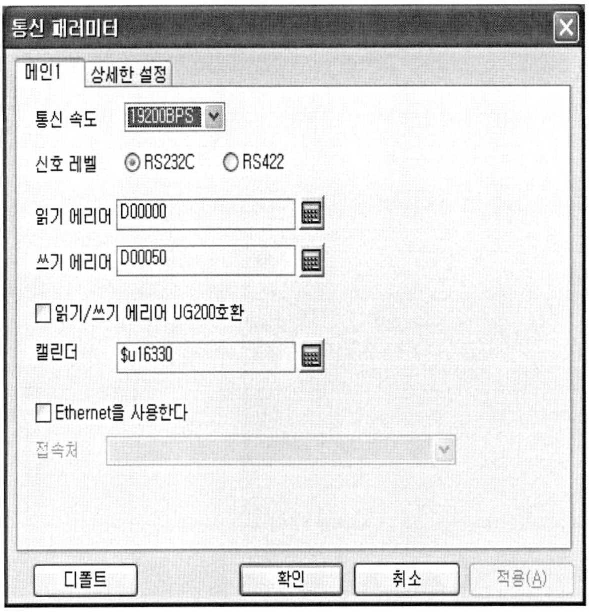

⑥ 메인 1에서 통신 속도와 전송 신호 레벨 등을 설정한다.

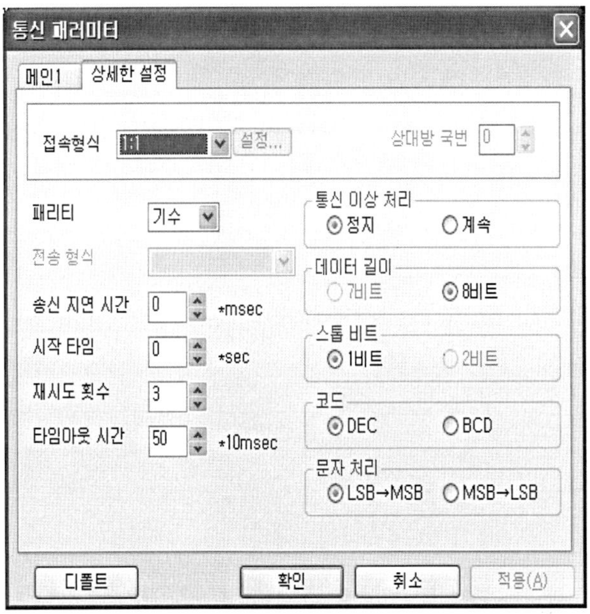

⑦ 상세한 설정에서 접속형식 등을 왼쪽 화면과 같이 설정하여 준다.

⑧ 터치 스크린 그림 준비상태 화면.

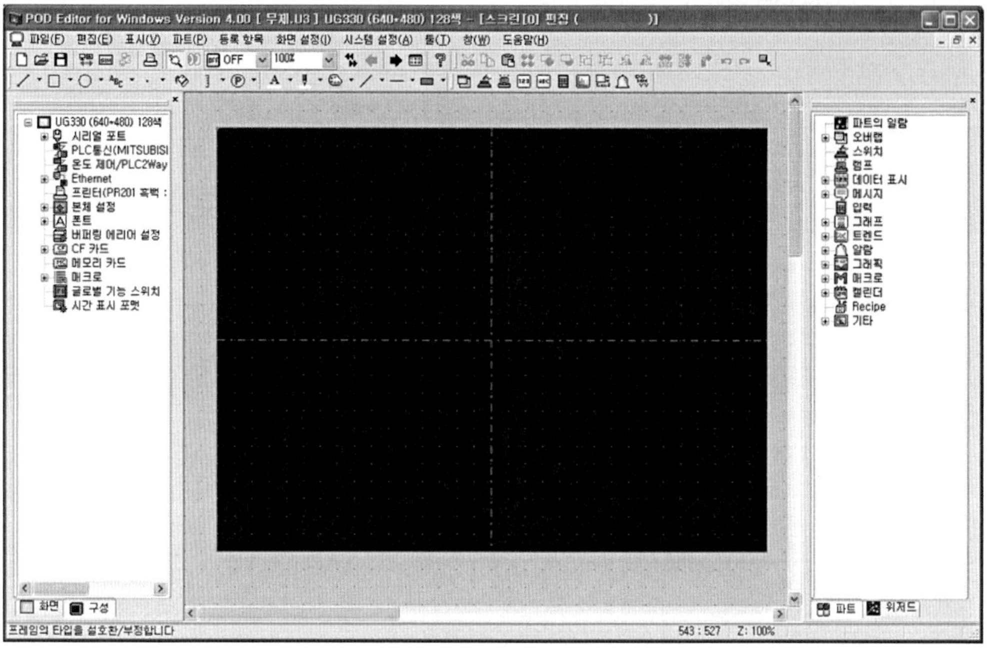

5.4 터치 패널 그림

5.4.1 화면 배경색 설정

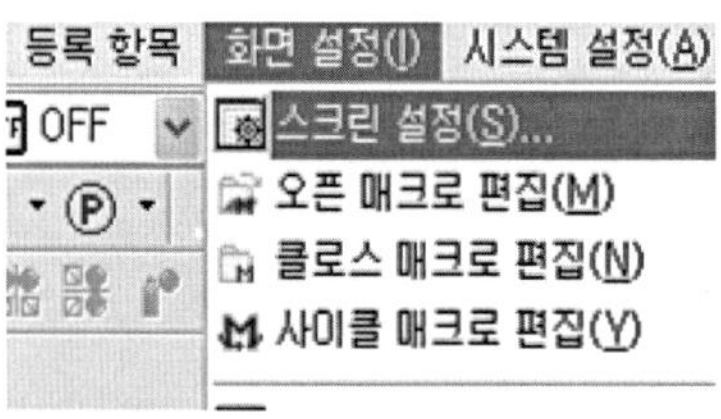

① [화면 설정(I)]에서 [스크린 설정(S)]을 클릭한다.

② [스크린 설정] 배경색을 클릭한다.

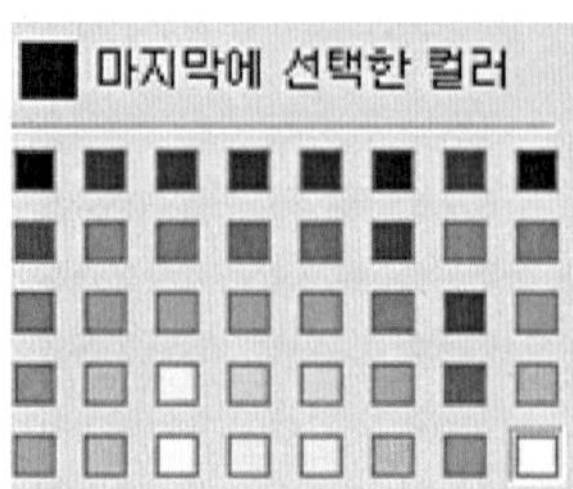

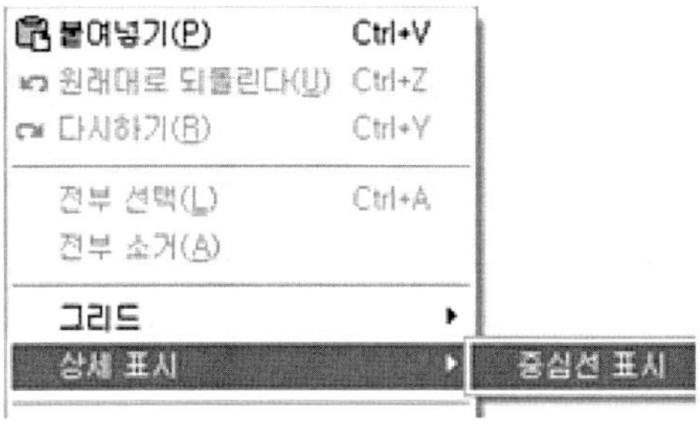

③ [상세 표시]에서 [중심선 표시]를 클릭한다.

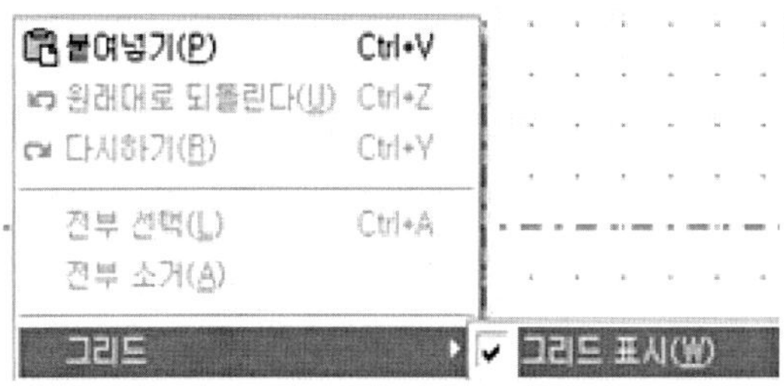

④ [그리드]에서 [그리드 표시]를 클릭한다.

⑤ 배경 화면 설정 화면

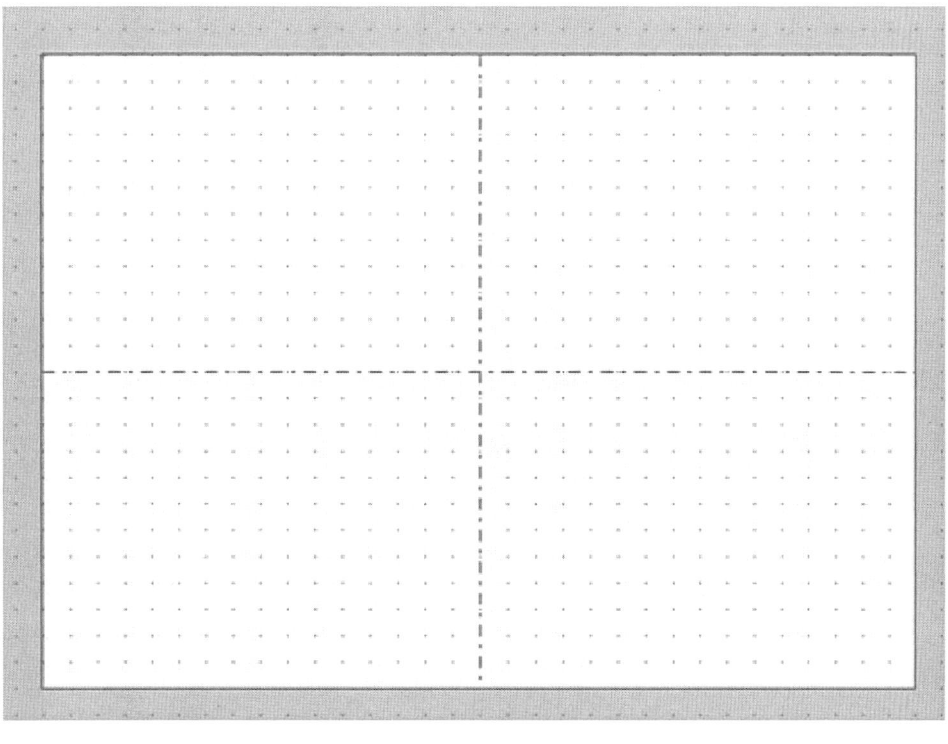

5.4.2 스위치 입력

① [파트(P)]에서 [스위치]를 선택하여 클릭한다.

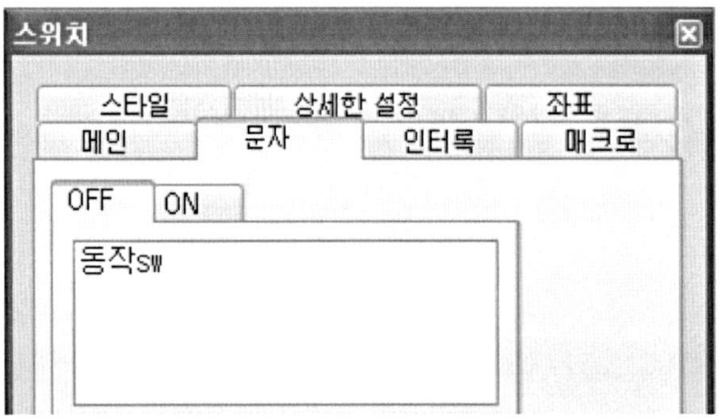

② 왼쪽의 화면과 같이 [문자]를 선택하고 스위치의 이름을 기입한다.

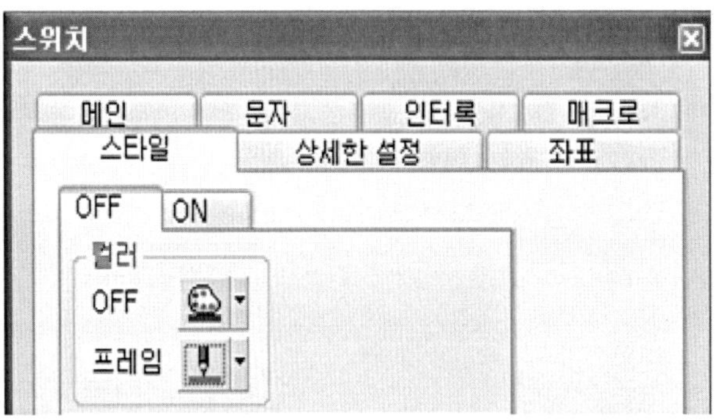

③ [스타일]을 선택하여 스위치의 색상 및 프레임 등을 선택하여 준다.

④ 아래 화면과 같이 나타나면, 화면에 나타난 [스위치]를 더블클릭하여 메모리 접점을 할당하여 준다.

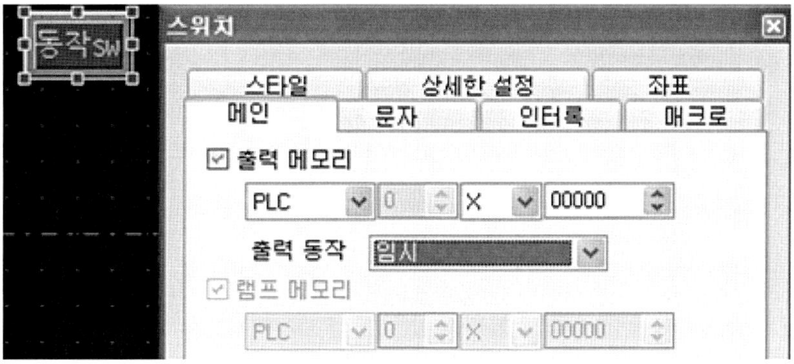

5.4.3 램프 입력

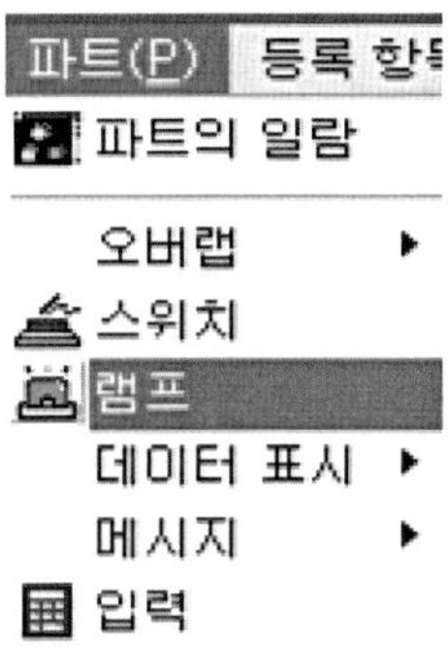

① [파트(P)]에서 [램프]를 선택하여 클릭한다.

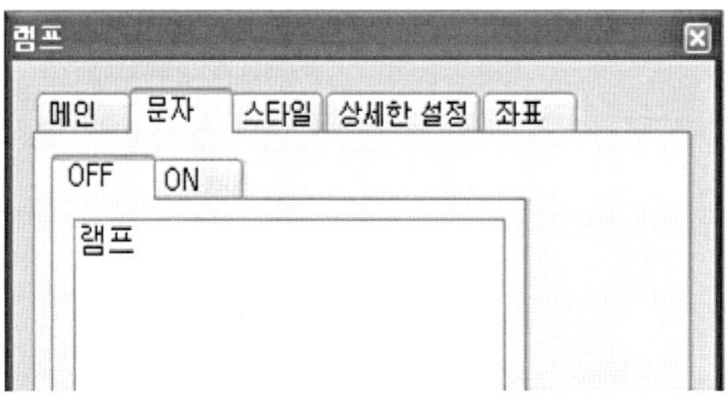

② 왼쪽의 화면과 같이 [문자]를 선택하고 램프 이름을 기입한다.

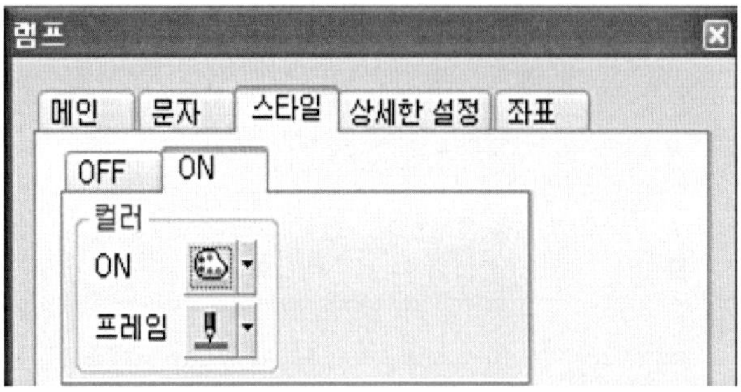

③ [스타일]을 선택하여 램프의 색상 및 프레임 등을 선택하여 준다.

④ 아래 화면과 같이 나타나면, 화면에 나타난 [램프]를 더블클릭하여 메모리 접점을 할당하여 준다.

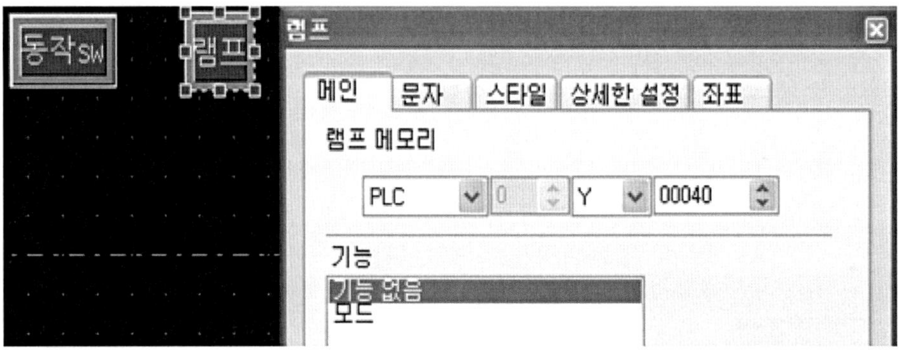

5.5 PC에서 터치 패널로의 통신

5.5.1 전송을 위한 배선

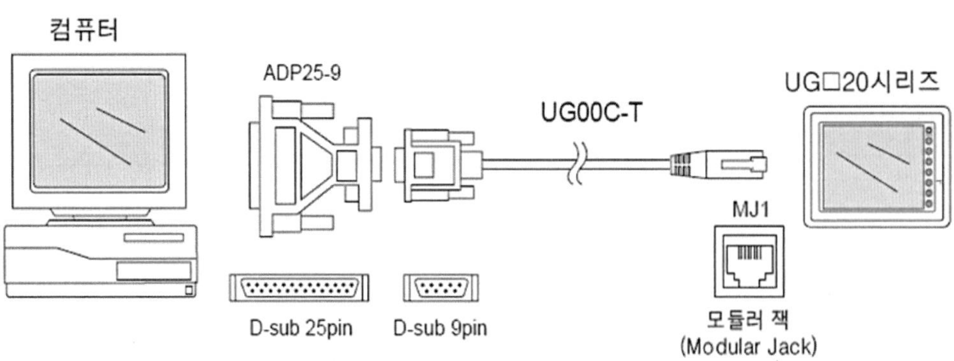

UG□20 뒷면

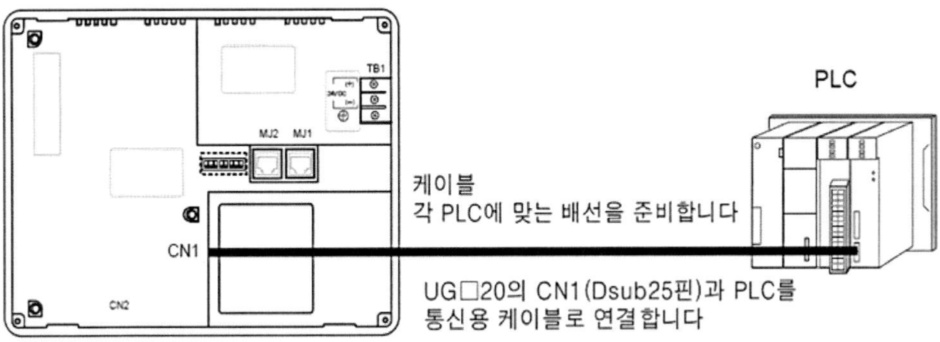

5.5.2 PC에서 터치 패널로의 전송

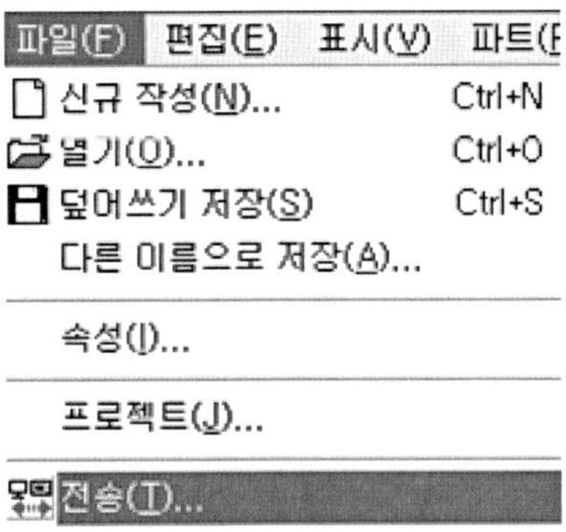

① [파일]에서 [전송]을 클릭한다.

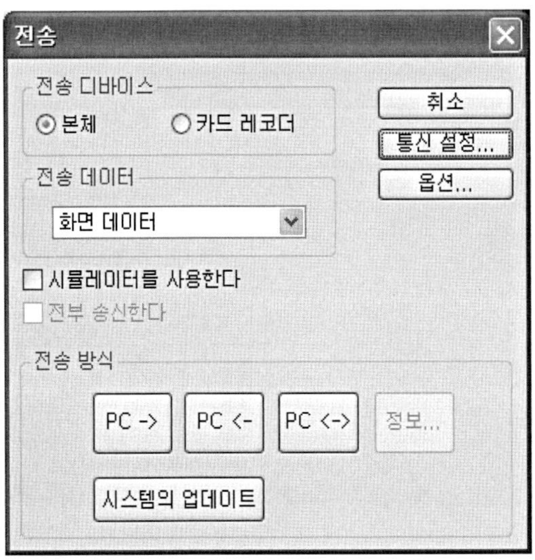

② [전송]에서 [통신 및 옵션]을 설정한다.

③ [통신설정]에서 [통신 포트]는 [시리얼 포트]를 선택하고 통신 포트와 속도를 아래 화면과 같이 설정한다.

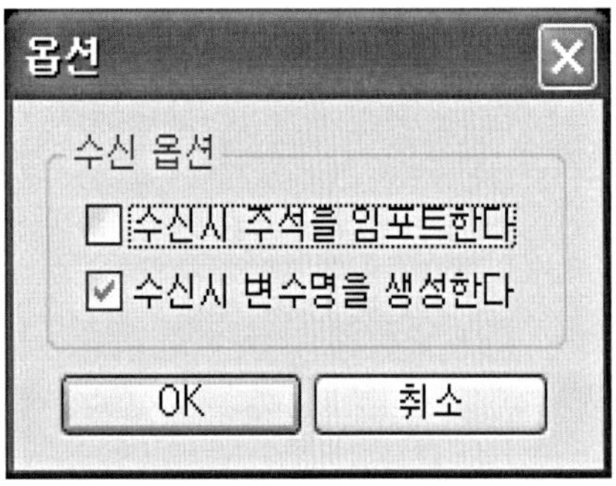

④ [옵션]에서는 [수신] 옵션을 선택하여 준다.

5.5.3 터치 패널에서의 동작 확인

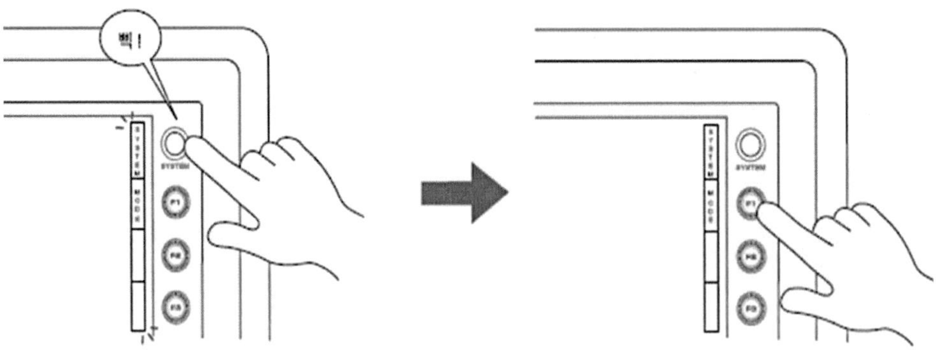

PLC와 접속되어 있는지 확인하고, [SYSTEM] 키를 누른 후 [F1] 키를 누르면, UG 20에 컴퓨터에서 작성한 화면이 표시된다.

5.6 터치 패널을 이용한 예제

[연습문제 1] 동작 스위치를 누르면 램프가 켜지면서 화면에 특정한 숫자가 표시된다. 정지 스위치를 누르면 램프가 off되고, 리셋 스위치를 on시키면 화면에 표시되었던 숫자가 '0'으로 리셋된다.

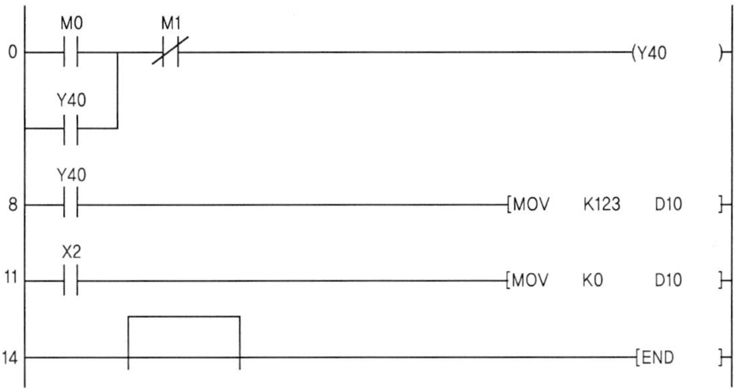

◉ 예제 1) 따라하기

① 다음과 같이 화면을 구성한다.

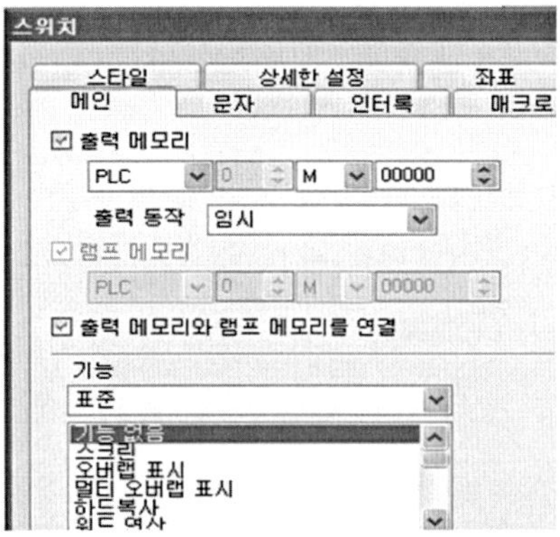

② 스위치는 [스위치] 옵션의 메인에서 각 스위치의 출력 메모리를 설정하여 준다.

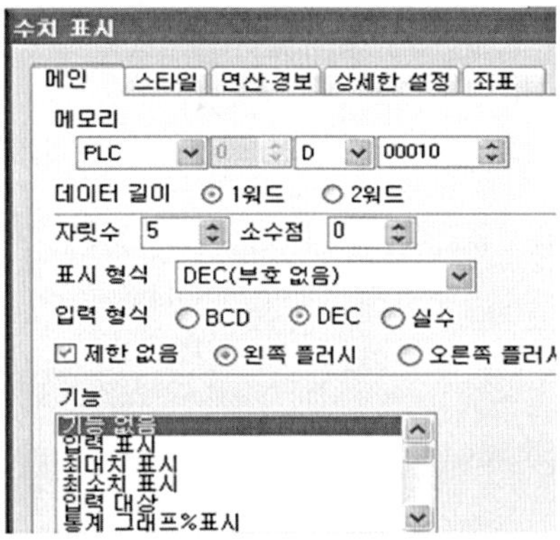

③ 수치표시는 [수치표시] 옵션의 메인에서 자릿수 및 메모리 등을 설정하여 준다.

[연습문제 2] 카운터 초기값을 100으로 설정한다. 터치 패널의 수치 입력기능을 이용해서 카운터 설정 값을 설정하고, 터치 패널의 수치표시기능을 이용해서 카운터 현재 값을 출력한다. 터치 패널의 비트 스위치와 램프를 이용해서 리셋 및 결과 확인.

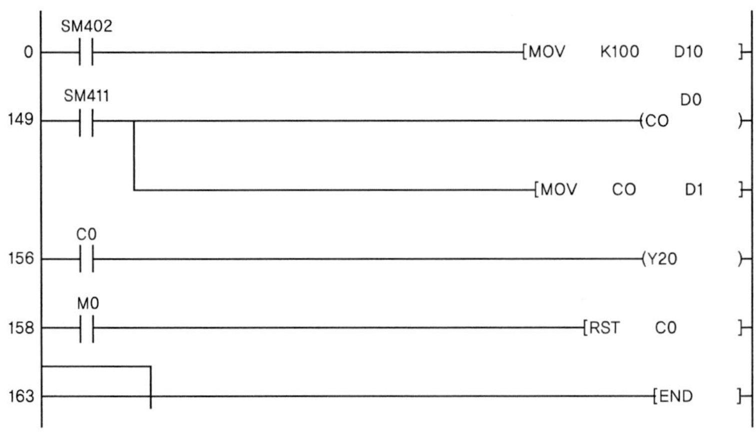

◉ 예제 2) 따라하기

① 다음과 같이 화면을 구성한다.

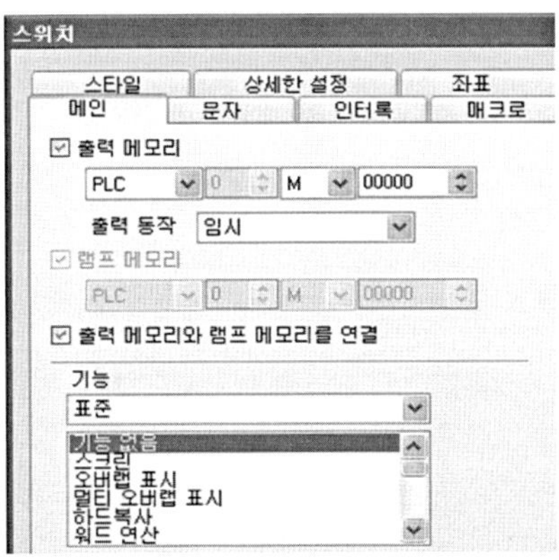

② 스위치는 [스위치] 옵션의 메인에서 왼쪽 화면과 같이 설정한다.

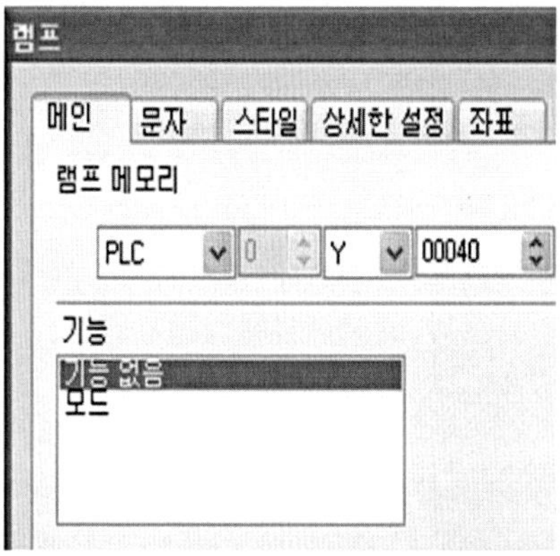

③ 램프는 [램프] 옵션의 메인에서 왼쪽 화면과 같이 설정한다.

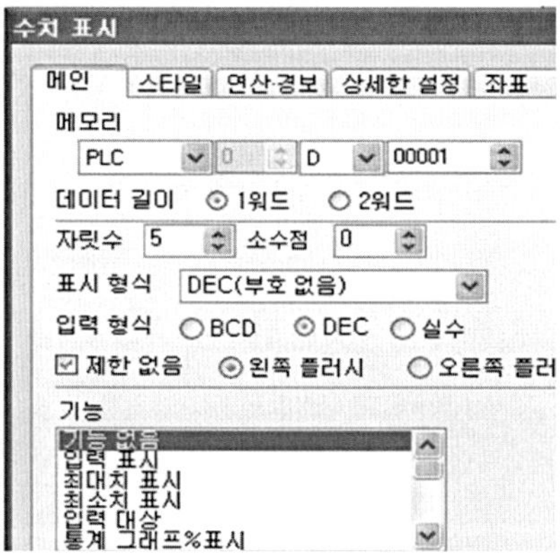

④ 수치표시는 [수치표시] 옵션에서 왼쪽의 화면과 같이 설정한다.

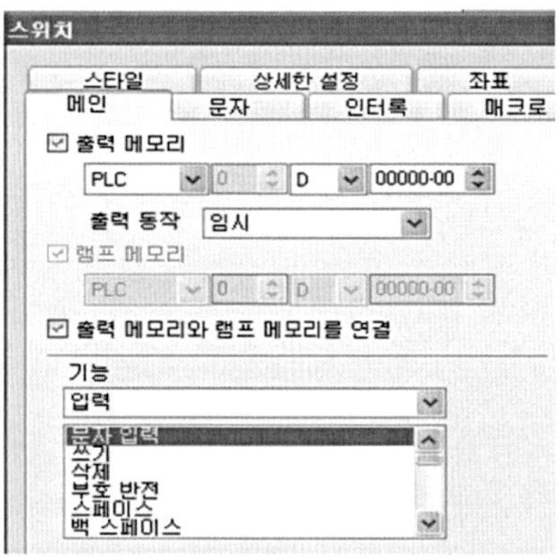

⑤ 텐키의 입력은 [스위치] 옵션을 이용하여 왼쪽의 화면과 같이 설정한다.

제6장

인버터(Inverter)

6.1 인버터(Inverter) 개요

6.1.1 인버터의 역사

인버터는 3상 유도전동기의 속도를 제어하는 장치로서 공장 자동화에 있어 핵심 제품이라 할 수 있다. 현재 각종 PLANT 설비와 공조 설비에 많은 인버터가 사용되고 있다. 또한, 인버터는 에너지 절약 분야에서도 사용되어지고 있으며, 산업용 유도전동기의 속도제어를 위해 사용되고 있는 인버터는 1950년대 미국의 GE에서 사이리스터 방식으로 처음 개발되어 DC전동기 등 특정 가변속의 대체 수요로 일부 사용되다가 1980년대 들어 일본에서 트랜지스터를 이용한 범용인버터를 상품화하여 보급함에 따라 그 수요가 급속히 늘어나기 시작하여 이제는 전 세계적으로 가장 널리 사용되고 있는 가변속기기가 되었다. 국내에서도 1980년대 초반에 인버터가 소개되기 시작하여 초기에는 주로 공장의 자동화기기를 대상으로 생산성 및 품질 향상을 목적으로 사용되다가 점차 에너지 절약의 중요성이 대두되면서 에너지 절약을 목적으로 폭넓게 사용되고 있다. 또한 최근에는 환경문제와 결부되어 에너지를 절약하기 위한 각종 정부정책 및 기업들의 움직임이 점차 가시화되어 대표적인 에너지 절약기기로서의 인버터의 중요성도 커지고 있다. 그러나 국내에서의 산업용 유도전동기에 대한 인버터 정착률은 아직 3.5% 정도로 추정되고 있다. 이는 외국의 경우와 비교하여 보면 상당히 낮은 수치로 앞으로 시장확대가 급속히 이루어질 수 있음을 알 수 있다. 과거 경제적인 면 때문에 기계식 가변속기를, 성능적인 면 때문에 DC전동기 시장을 대체하지 못하였지만 최근 인버터의 급속한 기술 발전이 이루어져 이들 시장을 빠른 속도로 대체하고 있으며, 앞으로는 가정용, 상업용 등 비산업용의 수요도 확대될 것으로 기대되고 있다.

6.1.2 구성 및 원리

인버터란 일반적으로 직류 (DC)를 교류 (AC)로 변환하는 장치를 뜻한다.

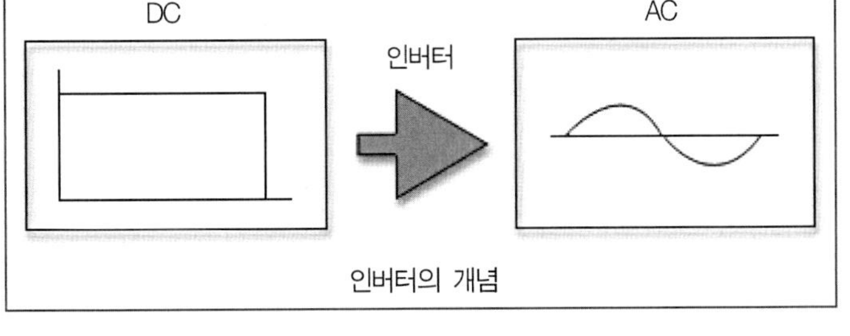

▸▸ **그림 6.1** 인버터의 개념

반대로 인버터와는 반대의 의미를 가지고 있는 컨버터는 교류(AC)를 직류(DC)로 변환하는 변환 장치를 말한다.

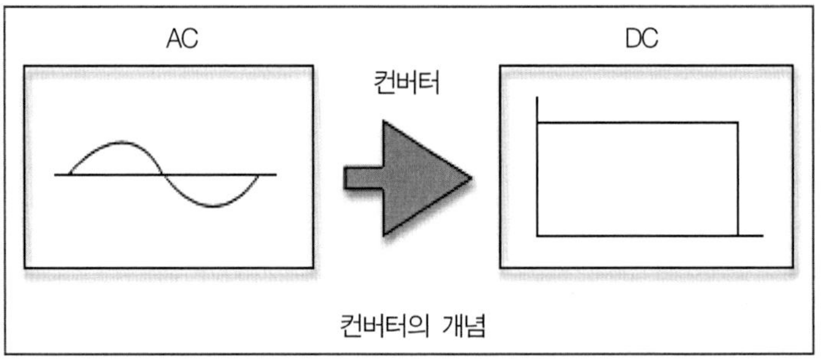

▸▸ **그림 6.2** 컨버터의 개념

인버터는 이 2가지의 개념이 결합된 시스템으로 상용 전원으로부터 공급된 전력을 입력받아 자체에서 전압과 주파수를 가변시켜 전동기에 공급함으로서 전동기 속도를 고효율로 쉽게 제어하는 일련의 장치를 말하는 것으로 이러한 시스템을 편의상 인버터로 부른다. 인버터는 상용 전원으로부터 공급된 교류(AC) 전압을 입력받아 이 전압을 정류하여(맥류) 평활(DC)한 다음 직류 성분을 다시 교류(AC)로 변환하는 장치이고 그 구성은 아래 그림과 같이 구성되어 있다.

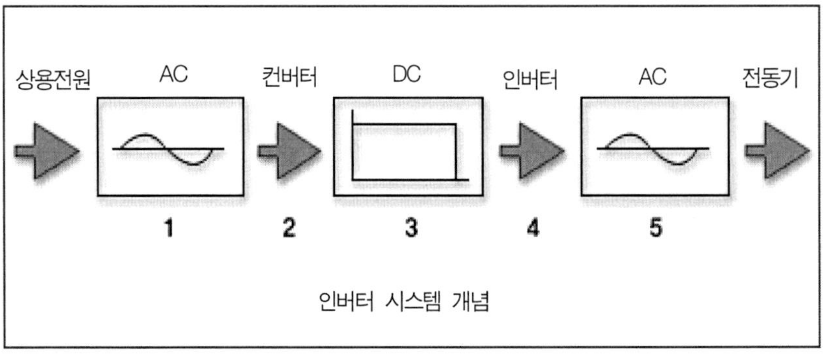

▸▸ **그림 6.3** 인버터 시스템의 개념

상용 전원(교류 50Hz 또는 60Hz)을 상용 전원을 이용하여 전동기를 가변속하기 위해 임의 주파수의 교류 전원을 만들기 위한 시스템이 인버터 시스템으로 다음과 같이 구성되어 있다.

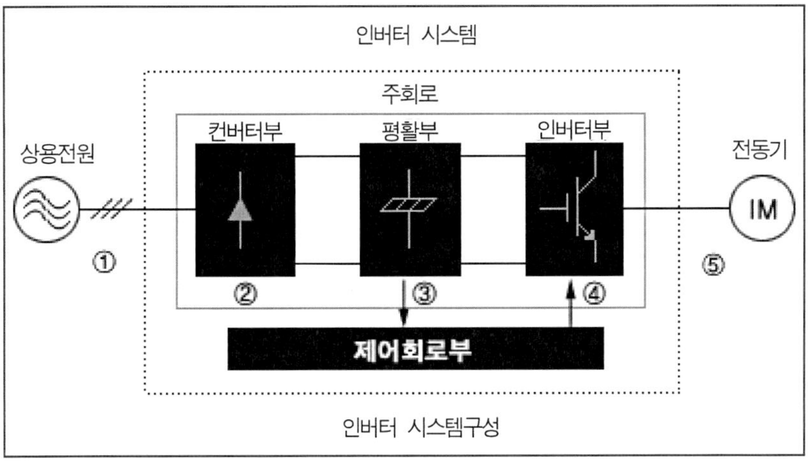

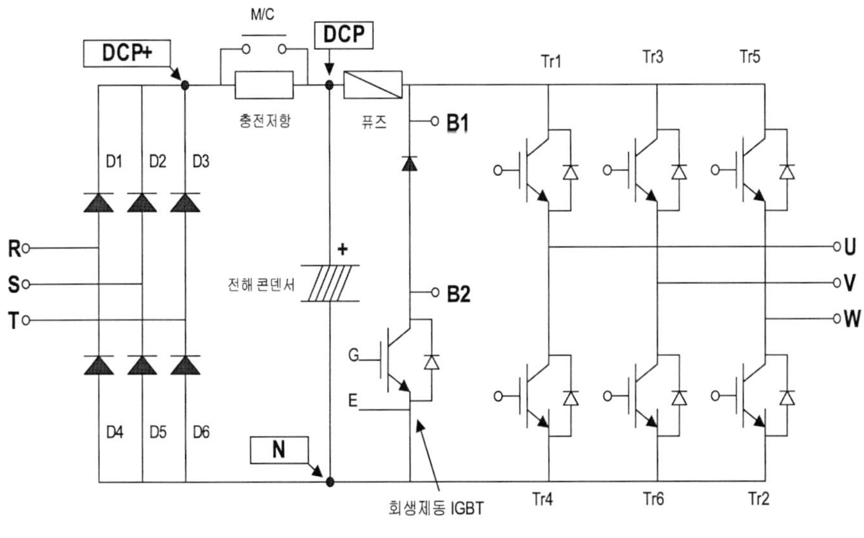

▸▸ **그림 6.4** 인버터 시스템의 구성

사용 전원 ①(고정주파수 고정전압)을 컨버터 회로 ②로 맥동 성분이 포함된 직류 성분으로 만든 다음 다시 평활 회로 ③을 거쳐 이 맥동 성분을 제거하여 완전한 직류성분으로 만든 다음 다시 인버터 부 ④에서 가변주파수 가변전압을 만들어 전동기의 속도를 제어하는 시스템으로 구성되어 있다. 인버터 시스템의 각 부분 파형을 보면 입력 전원 ①이 컨버터 회로를 통과하면 맥동 성분이 포함된 직류② 성분으로 바뀌고 이 성분은 평활 회로 ③을 거치면 완전한 직류 성분이 된다. 이 직류 성분은 다시 인버터 회로 ④를 거쳐 임의주파수 임의전압으로 만든 후 전동기로 출력한다.

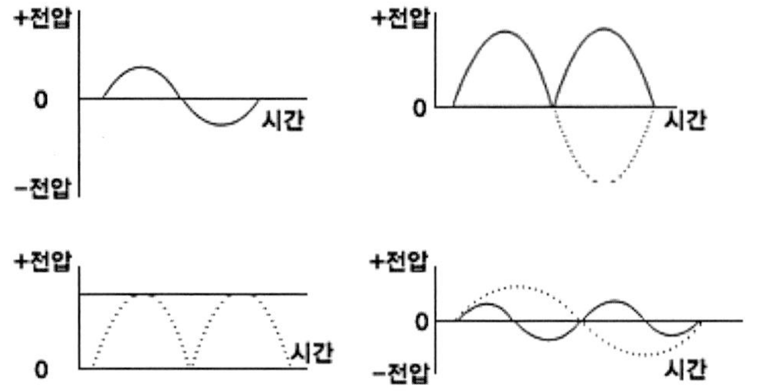

▸▸ 그림 6.5 시스템을 통과한 교류전압의 변화

6.1.3 3상 교류를 만드는 방법

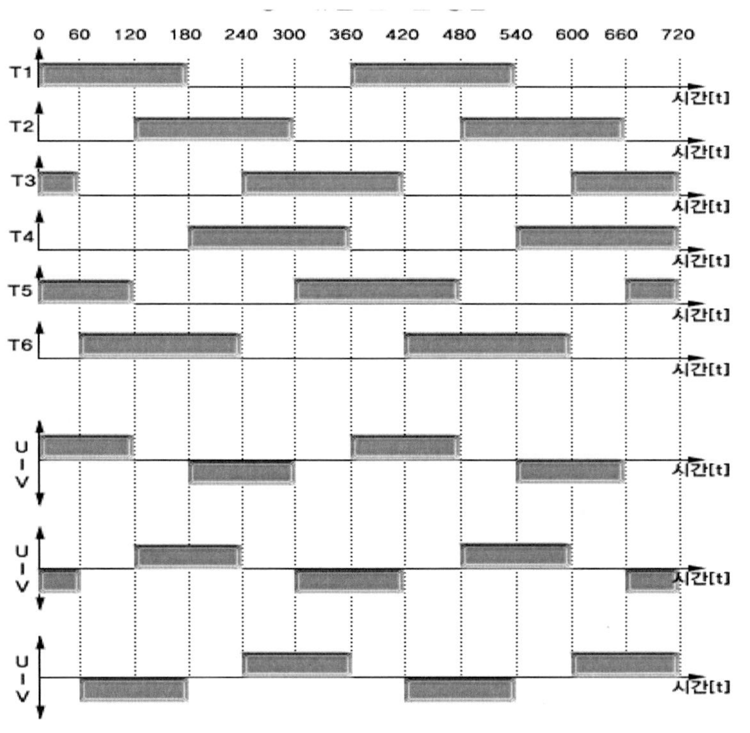

▸▸ 그림 6.6 주어진 DC전압으로 3상 교류 발생 방법

각각 120°의 위상 차이를 가지고 T1, T2, T3를 ON 하고 T1가 T4, T2와 T5, T3과 T6은 각각 인터록으로 on하면 전동기 단자전압은 위 그림과 같이 기간에 따라 변한다.

6.1.4 전압을 변경하는 방법

스위치(transistor)를 on/off하는 시간의 폭을 조절하여 전압을 가변한다. 이 방법을 PWM 방식(Pulse Width Modulation)이라 부른다. 아래 그림과 같이 스위치를 on하는 시간과 off하는 시간의 비율을 1/2로 하면 평균전압도 따라서 1/2이되고 on 비율을 높이면 따라서 평균전압도 상승된다.

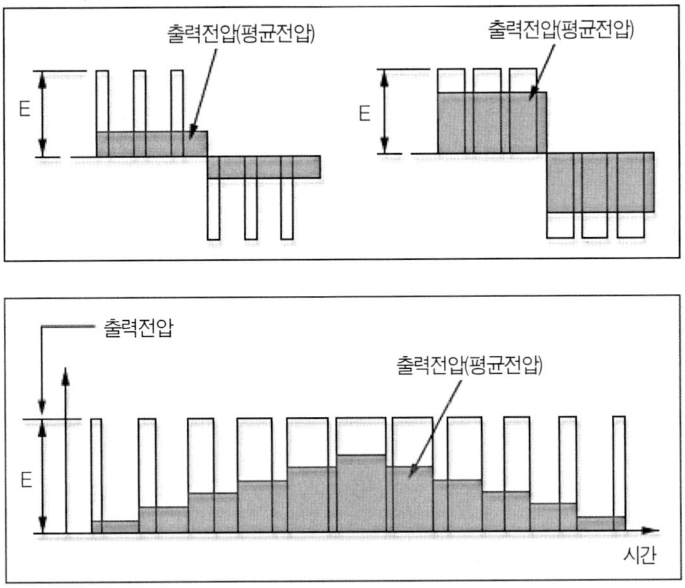

▸▸ **그림 6.7** PWM 신호를 이용한 출력전압의 변경

6.1.5 인버터의 종류 및 특성

인버터의 종류에는 직류 전원의 제어 방법에 따라 전압형과 전류형으로 크게 2종류로 나눌 수 있다.

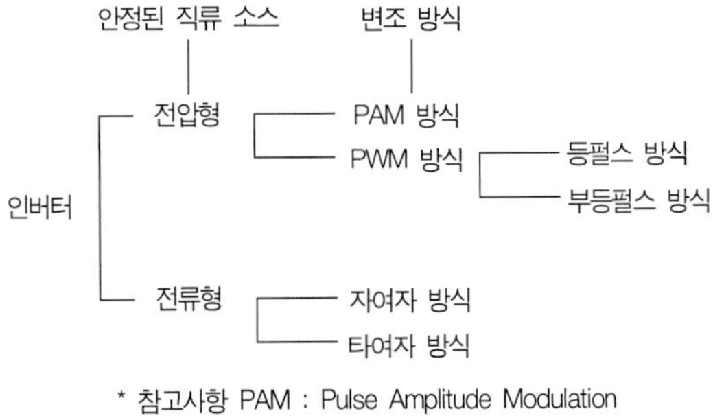

* 참고사항 PAM : Pulse Amplitude Modulation
PWM : Pulse Width Modulation

▸▸ **그림 6.8** 인버터의 종류

(1) 전압형 인버터

전압형 인버터는 직류 정전압원의 전압을 스위칭작용으로 교류로 역변환하여 유도 전동기에 직입하는 방식이며 전류 I = V/Z으로 되어 전동기의 임피던스 Z의 리액턴스 성분 때문에 정현파에 가까워진다.

(2) 전류형 인버터

전류형 인버터는 직류 정전류원의 전류를 유도전동기에 흐르게 하는 것이 되며 파형이 전류 파형으로 된다. 3상 유도 전동기의 단자전압은 V = I × Z로 흐르는 전류 I와 전동기 임피던스 Z에 의하여 자동적으로 결정 된다.

(3) PAM과 PWM 제어 인버터

AM 방식에서는 정전압원의 전압이 그대로 유도전동기의 단자전압으로 되기 때문에 정전압원의 전압 V는 다이리스터 등을 이용 위상제어나 초퍼제어로 정전압원의 전압을 가변시켜 인버터부에서 주파수만 가변시키는 방법(출력주파수에 따라서 전압 가변되도록). PWM제어에서는 정전압원의 전압 V는 일정하고 인버터 스위치를 on/off 시켜 반 사이클 중에 펄스의 폭과 수를 제어하여 가변전압, 가변주파수로 만든다. 반 사이클 중의 펄스의 폭과 수는 교류전압 파형이 근사적으로 정현파가 되도록 제어한다. 이 방식에서는 전압형이지만, 급속 응답이 가능하고 전압 파형도 가깝게 되어 토크 리플이 경감되고 컨버터 출력전압이 일정하기 때문에 전원 역율이 85% 이상 개선되는 좋은 점이 있다.

6.1.6 인버터 사용 목적

(1) 에너지 절약

팬, 펌프 등의 요구 유량, 교반기 등의 부하상태에 따라서 회전수를 제어함으로써 구동전력을 절감, 자동화 분야, 반송기의 정지 정도 향상, 라인 속도의 제어 정도 향상, 피드백제어 등에 의한 유량제어에 의해 자동화를 실현한다.

(2) 제품 품질의 향상

제조에 최적화 라인 속도의 실현, 가공에 최적한 속도를 실현, 라인의 장치 간 속도의 협조를 취함으로써 제품 품질이 향상된다.

(3) 생산성 향상

제품 품종에 맞추어 최적한 라인 속도나 가감 속도를 실현하고 제어 응답성의 향상, 라인 속도의 업에 의해 생산성이 향상된다.

(4) 제품 비율의 향상

제품 품질을 손상하지 않는 설비의 상승, 상승 시간의 최소화, 각종 외관에 대한 속도의 안전성을 실현, 제품 비율을 향상한다.

(5) 보수성의 향상

기계에 무리를 주지 않는 기동정지, 무부하 시의 저속 운전에 의해 설비의 수명이 연장된다.

(6) 설비의 소형화

고속화에 의한 설비의 소형화와 운전상태를 고려한 기계 시방에 의한 여유분의 삭감 등에 의해 소형화를 실현한다.

(7) 승차감의 향상

엘리베이터, 전차 등에서 부드러운 가 감속에 의해 승차감의 향상을 실현한다.

(8) 환경의 쾌적성

공조상태 등에 있어서 온, 오프제어에서 속도제어에 의해 필요 유량을 연속 운전함으로써 쾌적한 환경을 실현한다.

(9) 저소음화

부하에 맞추어 회전수를 낮춤으로써 기계, 바람의 소음을 줄인다.

6.1.7 인버터 적용 시 장• 단점

(1) 장점

① 가격이 싸고 보수가 쉬운 농형 유도전동기로 가변속 운전이 가능하다.

② 기존 설치된 유도전동기 사용이 가능하다. 전동기, 부하기계, 구동계동의 개조가 불필요하며, 기계의 기능을 향상한다.

③ 연속적인 광범위 가변속 운전이 가능하다.

④ 유도전동기의 제어로 브러시, 슬립 등이 필요 없이 보수성과 내환경성이 우수하다.

⑤ soft start/stop 임의 가감속 시간의 조정, 장시간에 걸쳐 가감속 운전이 쉽다.

⑥ 시동전류가 저하된다.

- 직입 가동 시 정격전류의 4~6배의 시동 전류가 흐르지만 인버터 운전으로 정격전류의 1.5~2배로 감소한다. 따라서 회전자의 온도 상승이 작게 되므로 고빈도 on/off 운전 가능하다.
- 직입 시동 시에 의한 전원 전압 강하의 대책도 된다.

⑦ 전기적 제동이 쉽다(회생제동, 직류제동).

⑧ 전동기의 병렬 운전이 가능하다(1대의 인버터로 다수대의 전동기를 병렬운전 가능). - 공정상 그룹운전이 가능하다.

⑨ 운전 효율이 비교적 높다.

⑩ 고속 운전이 가능하다. - 기존 설비의 수송 능력을 간단하게 증가시킬 수 있다.

⑪ 전력이 절감된다.

⑫ 최적 속도제어에 의해 품질이 향상된다.

⑬ 쾌적한 환경을 만든다(공조 설비).

(2) 단점

① noise 발생으로 주변 정밀기기 오동작 발생 가능하다.

② 마이크로 서지 발생으로 인버터와 전동기 거리가 15m 이상일 경우 전동기의 수명 단축 및 전동기 소손이 발생할 가능성이 있다.

6.1.8 인버터의 적용 분야

〈표 6.1〉 인버터의 적용 분야

No	적용효과	분야(용도)	적용법	종래 방식
1	에너지 절약	송풍기, 펌프, 교반, 압출기, 방사기	가변속 운전 사용 전원에 의한 가변속 운전의 조합	상용 전원에 의한 정속 운전 버퍼, 베인 등에 의한 제어 기계식 변속기 유체 이용
2	자동화	반송기계전반	복수대 모터의 비율 속도 운전	기계식 변감속기 1차 전압제어 와전류 이음제어
3	생산성 향상	공작기계 섬유기계 반송기계	중속운전 쿠션 시동 정지에 의한 불량의 저감	상용 전원에 의한 일정속도 운전 1차 전압 제어
4	설비 효율화	금속가공기계	고주파 모터에 의한 고속 운전	M/G 장치
5	보수절감 (환경대책)	섬유기계 공작기계 추측기계 프로세스라인 차량구동	직류 모터의대체	직류 모터
6	품질 향상	공작기계 교반기계 섬유기계	무단계의 최적 속도 운전 선택	상용 전원에 의한 일정 속도 운전
7	쾌적성 향상	공조기	압축기 등의 가변속 운전에 대한 연속적 온도제어	상용 운전 on off제어

6.2 인버터의 사용

기본적으로 사용하는 인버터의 성능에 따라 다르지만 보통 별도의 부가적인 제어 장치 없이 인버터 단독 사용이 가능하다. 현재 교재에서 사용하고 있는 VS mini J7 기종은 인버터 내부에 오퍼레이터 볼륨을 사용하여 손쉽게 모터제어를 가능토록 구현되어 있다.

인버터는 단품으로는 작동되지 않으므로, 정확한 주변기기의 선정 및 정확한 접속이 전제되어야 한다. 잘못된 시스템 구성 및 접속은 인버터가 정상적인 동작이 되지 않는다던가, 경우에 따라 급격한 수명 저하를 초래한다. 최악의 경우 인버터의 파손도 있을 수 있다.

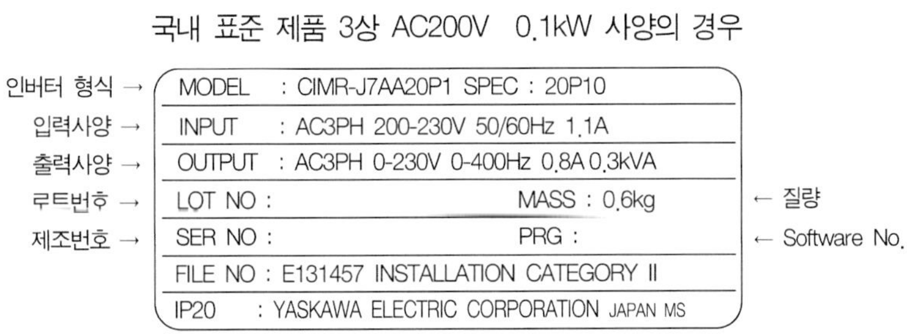

▸▸ **그림 6.9** 명판 기입의 예

C I M R - J 7 A A 2 0 P 1

- Inverter (CIMR)
- VS mini J7 시리즈 (J7)

기호	기종전개
A	Operator 장착 (Volume 있음)
B	Operator 없음 (Blank Cover부착)
C	Operator 장착 (Volume 없음)

주의) 냉각 Finless형의 상세한 설명은 당사에 문의바랍니다.

기호	사 양
A	국내표준

기호	전압 사양
B	단상 200V
2	상상 200V

기호	최대적용모터용량
OP1	0.1 kW
OP2	0.2 kW
OP4	0.4 kW
OP7	0.75 kW
1P5	1.5 kW
2P2	2.2 kW
3P0	3.0 kW
3P7	3.7 kW

▸▸ **그림 6.10** 모델명 설명 예

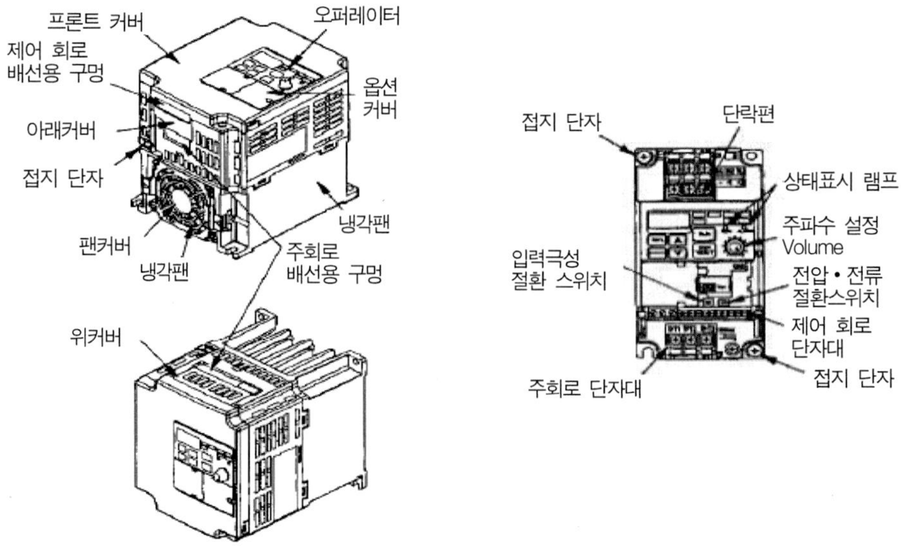

▸▸ **그림 6.11** 인버터의 각부 명칭

〈표 6.2〉 설치 시 유의 사항

명 칭	내 용
전 원	인버터의 허용 전원 사양 내에서만 사용.
누전브레이커(ELB) 또는 노퓨즈 브레이커(NFB)	인버터는 전원 투입 시, 높은 돌입 전류가 발생되므로, 브레이커의 선정 시 주의가 필요함.
전자 접촉기	인버터의 동작정지에 사용하지 말 것
리액터의 설치	역율 개선 및 대용량 전원 직하 이상이므로 배선 거리는 10m 이내에 설치할 경우 필요.
인버터	인버터의 수명은 주변 온도에 영향을 받으므로 주위 온도가 허용 온도치를 초과하지 않도록, 가능한 온도가 낮은 환경에서 사용한다. 특히 판넬에 수납할 경우에는 인버터의 온도 상승에 주의한다. 잘못된 배선은 인버터의 파손을 초래하므로 제어 신호선은 주 회로선과 충분한 거리를 유지하고, 특히 노이즈의 영향을 받지 않도록 한다.
출력 측의 접속기기	진상용 콘덴서, 서지 킬러, 라디오 노이즈 필터는 출력 측에 접속하지 않는다.
접지	감전 방지를 위해 모터 및 인버터는 필히 접지한다.

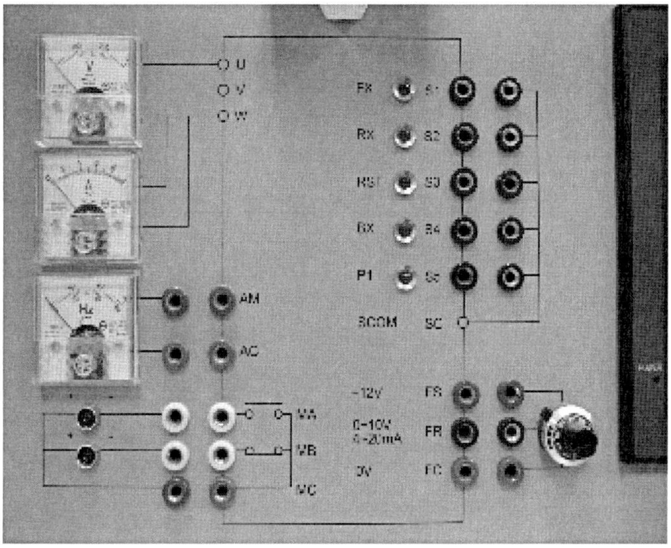

▸▸ **그림 6.12** 실습장 내 인버터 배선

(1) 오퍼레이터에 의한 운전(볼륨설정과 디지털설정)

인버터는 엄밀하게 분류하면 AC 전원을 DC 전원을 바꿔주는 역할을 한다. 이때 변화된 DC 전원을 원하는 주파수의 AC 전원으로 바꿔주어 원하는 모터를 원하는 주파수의 속도로 제어할 수 있게 된다. 따라서 간단한 구동에는 별도의 제어 장치 없이 설정 값의 변경만으로 인버터가 지원하는 한계 내에서 원하는 모터제어를 할 수 있다. 여기에서는 간단하게 구동실습을 하여 인버터에 대한 이해를 높인다.

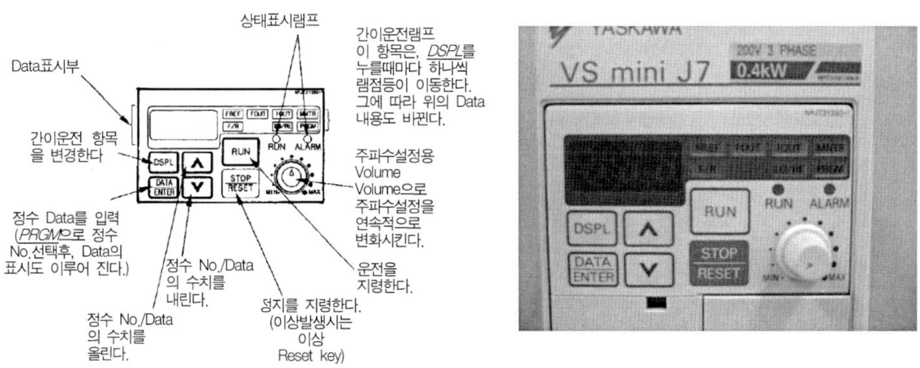

▸▸ **그림 6.13** 인버터의 외부 오퍼레이터 설명

〈표 6.3〉 인버터 간이 램프

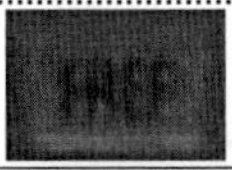	주파수 지령 설정/ 모니터 (HZ) : 운전 속도설정
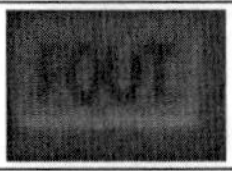	출력주파수 모니터 : 출력 중인 주파수를 표시(설정 불가능)
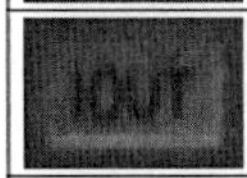	출력전류 모니터 : 출력 중인 전류를 표시(설정 불가능)
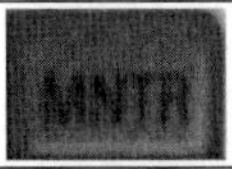	다기능 모니터 : 선택한 모니터 번호의 내용을 표시
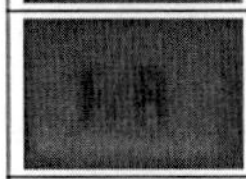	정회전/역회전 :오퍼레이터의 조작으로 운전 시 모터의 회전방향 설정
	local/remote 선택 : 운전 방법설정(오퍼레이터 / 입력단자 / 통신)
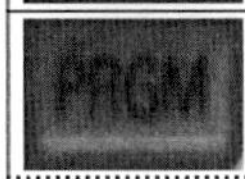	정수 No. / 데이터 : 정수 No.를 사용하여 데이터를 설정, 변경

(2) 인버터 VS mini J7 기종의 정수설정 방법

〈표 6.4〉 인버터 정수설정 방법

이름	정수
운전 지령 선택	n02 = 0 : 오퍼레이터의 [RUN], [STOP RESET]이 유효해진다. = 1 : 제어 회로 단자에 의한 운전 및 정지가 유효해진다. = 2 : 통신(MEMOBUS 통신)이 유효해 집니다.
주파수 지령 선택	n03 = 0 : 오퍼레이터 볼륨이 유효해진다. = 1 : 주파수 지령 1(정수 n21)이 유효해진다. = 2 : 제어 회로 단자의 전압 지령 (0-10V)이 유효해진다. = 3 : 제어 회로 단자의 전류 지령 (4-20mA)이 유효해진다. = 4 : 제어 회로 단자의 전류 지령 (0-20mA)이 유효해진다. = 6 : 통신(MEMOBUS 통신)이 유효해진다.

인버터에 내장된 프로그램 설정을 하여 인버터 내부 오퍼레이터를 이용한 운전 방법으로 DSPL 버튼으로 각 항목으로 이동 후 화살표를 이용하여 각 프로그램 설정을 한다.

(3) 구동

① 전원을 켠다.

② DSPL을 눌러 PRGM을 켜고 정수 n02에 1을 설정한다.
(오퍼레이터에 의한 볼륨 조작 유효)

③ DSPL을 눌러 PRGM을 켜고 정수 n03에 1을 설정한다.
(오퍼레이터에 의한 디지털 지령 모드로 설정을 변경)

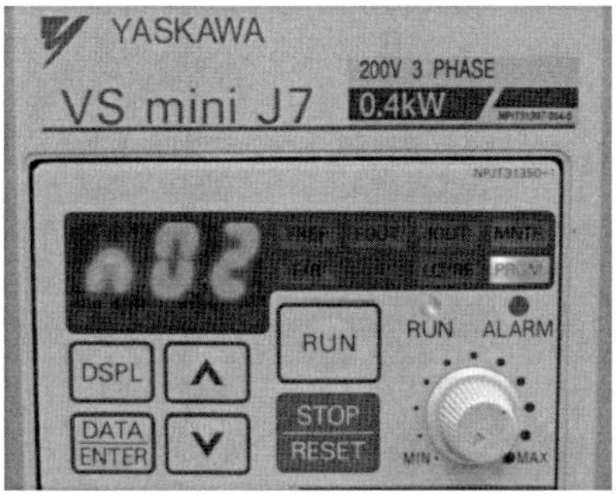

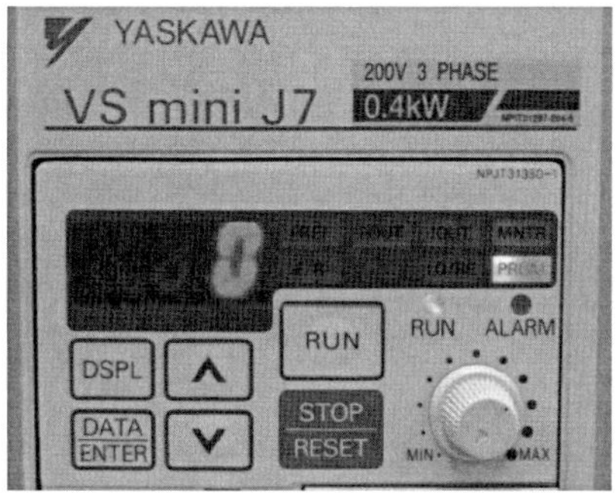

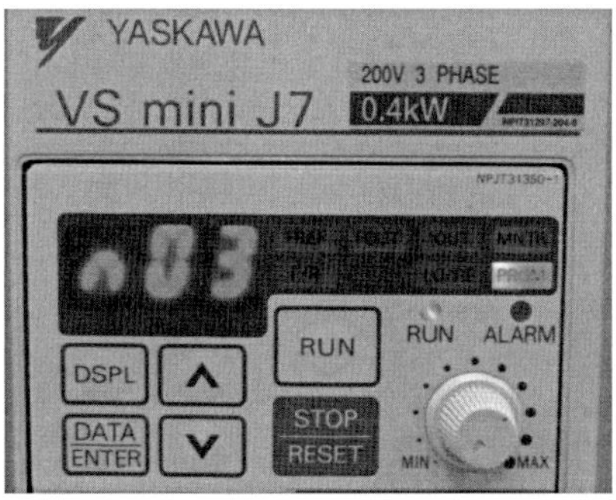

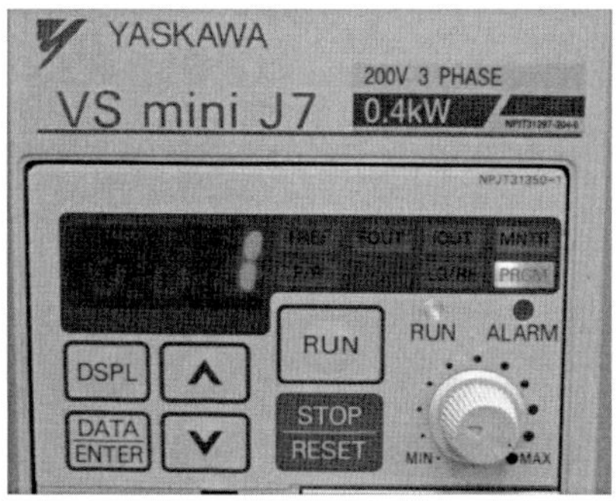

④ 가속과 감속에 대한 정수를 설정한다.
n16 : 15.0(가속 시간)
n17 : 5.0(감속 시간)

⑤ DSPL을 눌러 F/R 을 켜고, 화살표를 눌러 정전 또는 역전을 선택한다.
(모터를 역전시켜서는 안되는 경우에는 역전을 선택하지 않도록 확인한다.)

⑥ DSPL을 눌러 FREF을 켜고, 화살표를 눌러 60Hz를 설정한다.

(지령 주파수를 설정한다.)

⑦ DSPL을 눌러 FOUT을 켜고 RUN을 눌러 동작시킨다.

⑧ STOP을 누르면 정지된다.

6.3 PLC 연동 모터제어

6.3.1 MELSEC

(1) GX DEVELOPER를 이용한 PLC 프로그램 작성

① 컴퓨터의 전원을 on한다.

② 윈도의 [시작] → [모든 프로그램] → [MELSEC 응용 프로그램] → [GX DEVELOPER] 메뉴를 클릭한다.

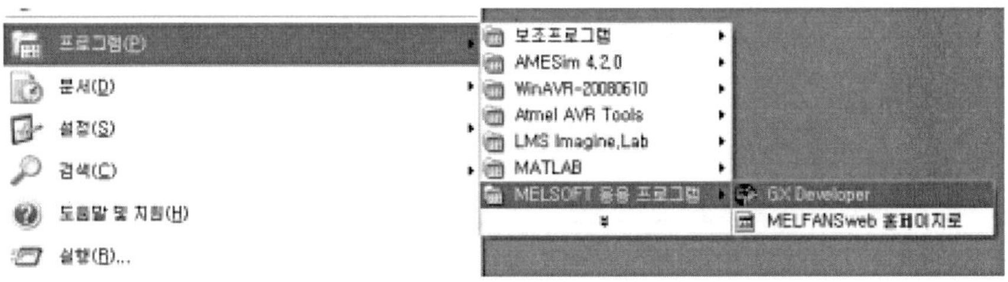

③ GX DEVELOPER가 실행된다.

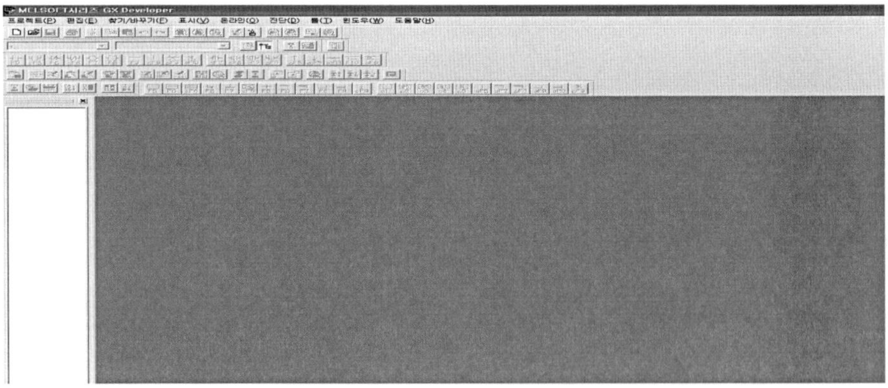

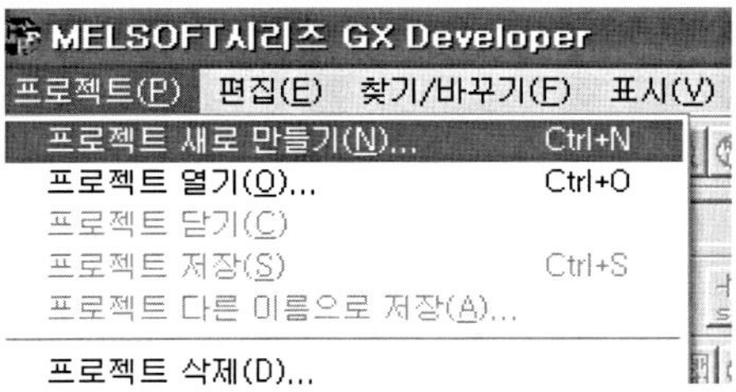

④ 새로운 프로젝트를 위해 프로젝트 메뉴에서 [프로젝트 새로 만들기] 선택

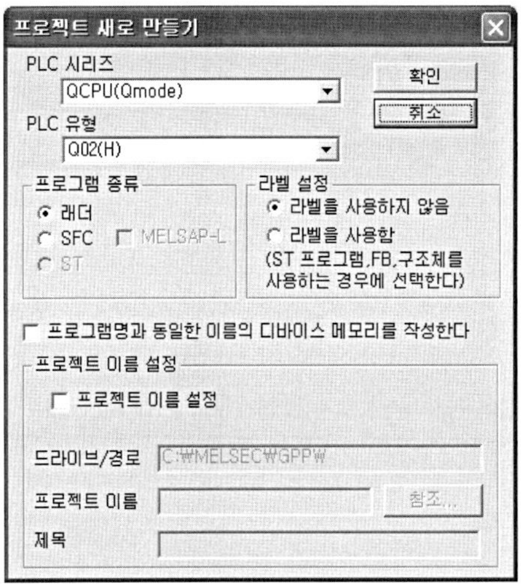

⑤ 사용할 PLC의 타입의 선택과 파일이름 설정

⑥ 프로젝트 새로 만들기 여부를 묻는 창이 나오면 [예] 선택

⑦ 새로운 프로젝트 창이 생성되면 PLC 프로그램 작성 준비 완료

(2) 래더 프로그램의 작성

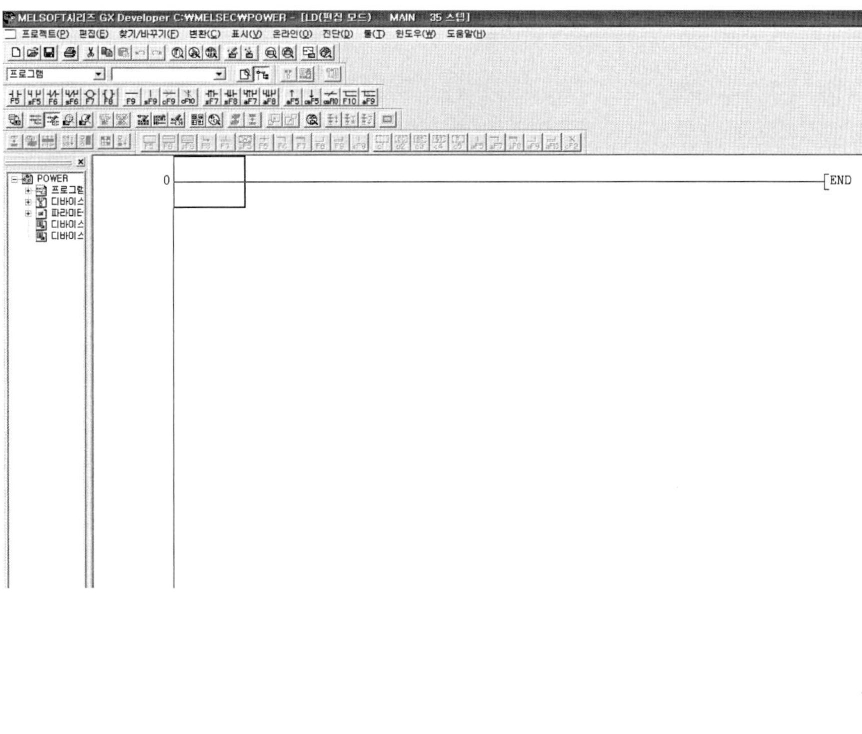

아래 그림과 같이 GX DEVELOPER를 사용하여 출력 Y40에 연결된 램프를 on/off하는 PLC 프로그램을 작성하는 방법에 대해 살펴보겠다. PLC 프로그램을 작성하기 전에 PLC의 입출력에 연결된 입력기기와 출력기기의 할당 입출력 번지를 먼저 확인해야 한다.

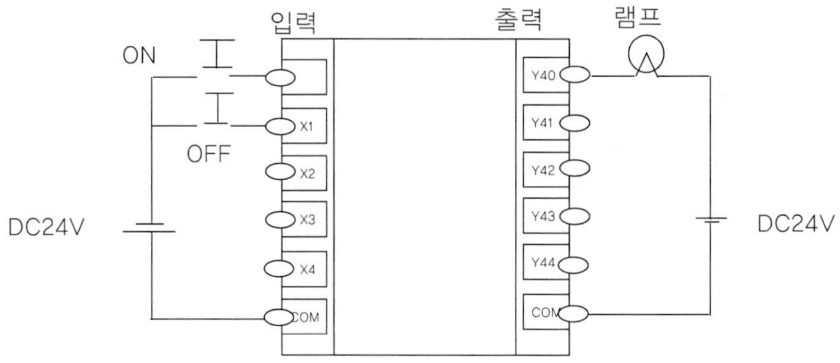

▸▸ **그림 6.14** PLC 입/출력 배선도

① PLC의 입출력 번지 할당

입출력 번지 할당이란 각종 명령 스위치, 검출 스위치, 제어 대상의 조작기기, 표시등의 입출력기기를 PLC의 입력 모듈과 출력 모듈의 몇 번째 입력과 출력에 접속하여 사용할 것인가를 정하는 것이다.

〈표 6.5〉 PLC의 입력 번지 할당

번호	입력NO	입력 신호명	기호	비고
1	X00	PB1	ON	누름 버튼 스위치 램프 on
2	X01	PB2	OFF	누름 버튼 스위치 램프 off

〈표 6.6〉 PLC의 출력 번지 할당

번호	입력NO	입력 신호명	기호	비고
1	Y40	L1	LAMP1	램프
2	Y41	–	–	–

② PLC와 입출력기기 사이의 배선

위에서 PLC 입/출력 배선도를 살펴보면 입력 2개(램프 on 버튼 스위치, 램프 off 버튼 스위치), 출력 1개(램프)로 구성된 시스템이다. 입력 모듈은 2개의 푸시 버튼을 각각 X00, X0에 연결하고, 출력 Y40에 램프를 연결한다.

③ PLC 프로그램 작성 방법

PLC의 입출력 결선이 끝났으면 램프 점등을 위한 PLC 프로그램을 작성해야 한다. 위에서 주어진 문제는 자기유지 회로를 이용하여 램프의 ON/OFF를 제어하는 프로그램이다. 자기유지 회로를 PLC 프로그램으로 작성하여 입력 스위치의 조작에 의해 램프의 점등이 제어되는지를 확인해 보다. PLC 프로그램 작성 전에 교재와 동일한 조건에서의 프로그램 작성을 위해 펑션 키를 이용한 PLC 프로그램에 사용할 심벌 선택 정의를 아래 그림과 같이 수행한다.

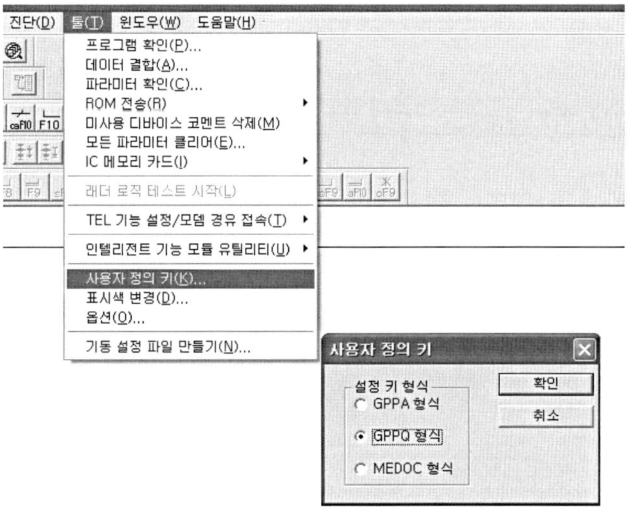

▸▸ **그림 6.15** 래더 심벌 설정 키 형식 선택

a. GX DEVELOPER의 메인메뉴 [툴(T)]을 선택.

b. 하위메뉴에서 [사용자 정의 키(K)]를 선택.

c. 설정 키 형식을 [GPPQ형식]을 선택한 후 [확인] 버튼을 클릭한다.

GX DEVELOPER에서는 심벌을 선택하는 방법이 숫자 키를 이용하는 방법과 펑션 키를 이용하는 방법이 있는데 여기에서는 펑션 키를 이용하는 방법을 사용한다. PLC 프로그램 심벌을 선택할 때, 펑션 키를 이용하거나 또는 마우스 커서를 이용하여 해당 심벌을 클릭하면 된다. 일반적으로 PLC 프로그램을 작성하다 보면 여러 종류의 PLC를 사용하게 되는 데 PLC의 제조회사마다 심벌을 선택하는 펑션키가 다르게 배치되어 있다.

(3) 프로그램 따라하기.

① PLC 입력 X0 설정

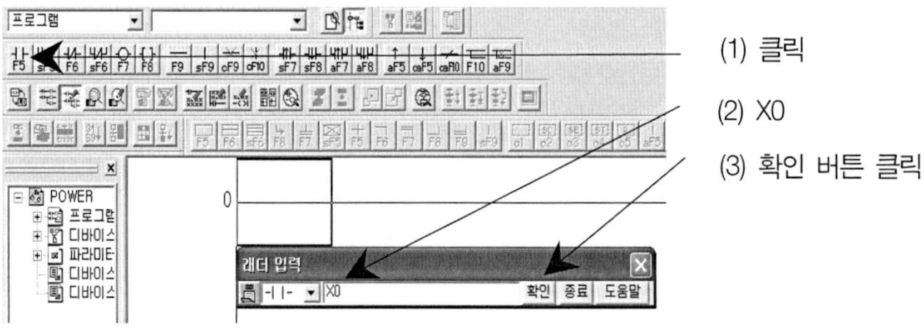

② PLC 입력 X1 설정

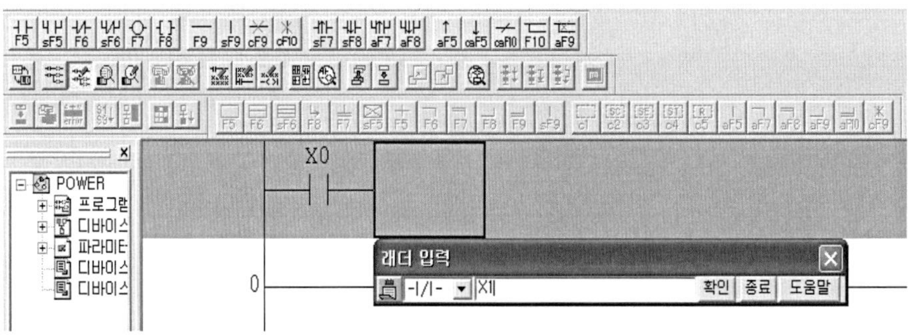

③ PLC 출력 Y40 설정

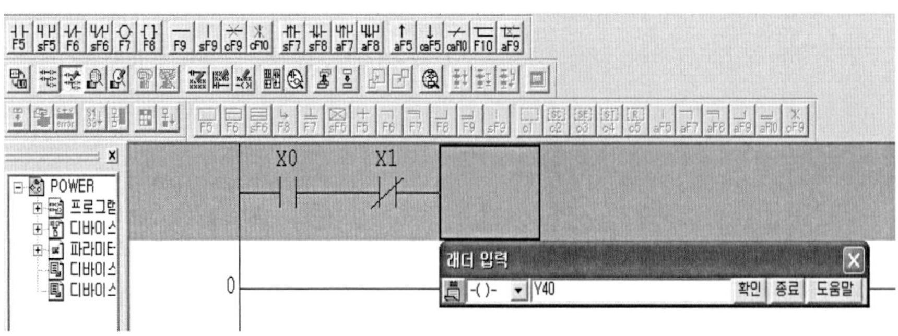

④ 자기유지 회로를 위한 Y40 설정

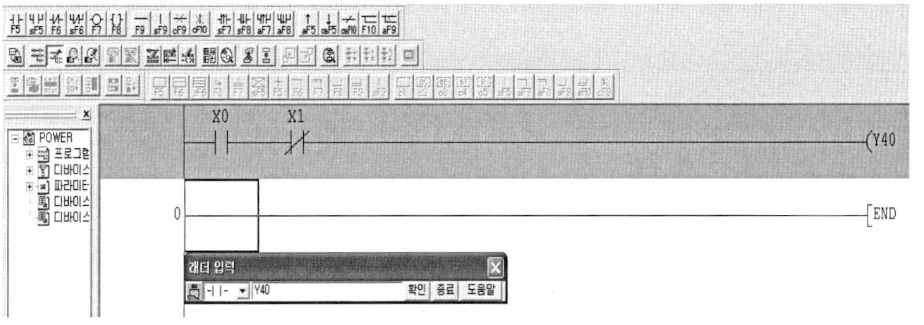

⑤ 자기유지 회로 구성을 위한 수직선 삽입

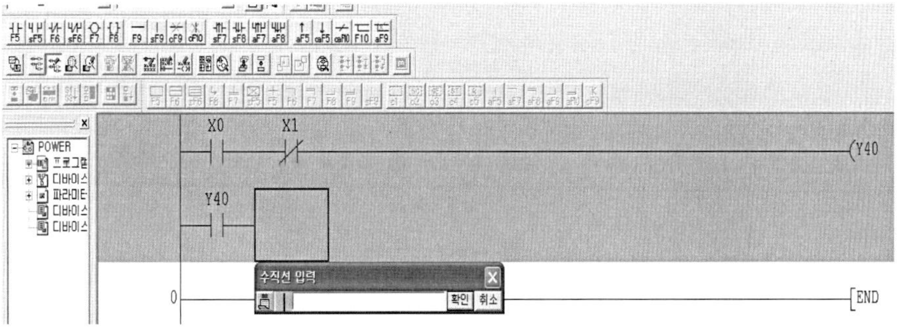

⑥ PLC에 전송 가능한 파일로 변환

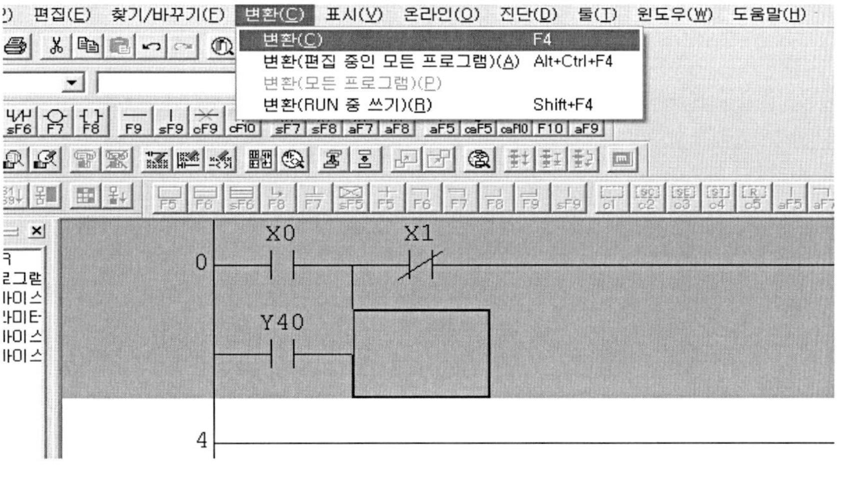

⑦ 프로그램 변환이 끝났으면 작성한 프로그램을 PLC에 전송

⑧ [온라인] 메뉴에서 연결 대상 지정을 설정

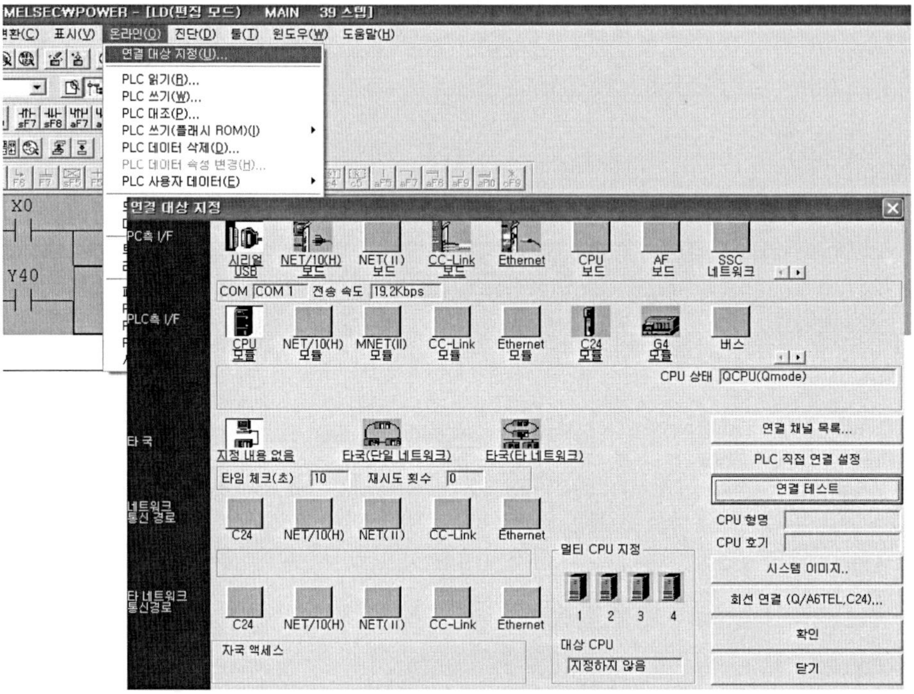

⑨ PLC 쓰기

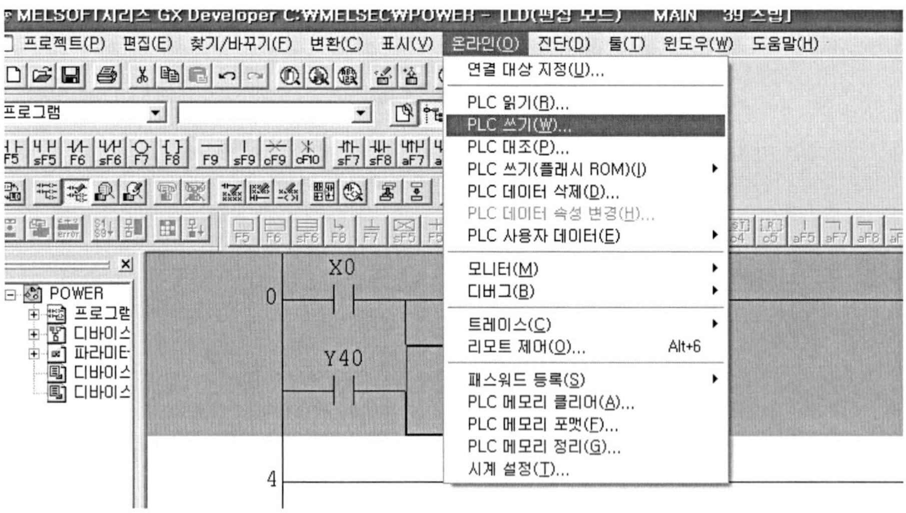

⑩ 모니터 모드로 확인

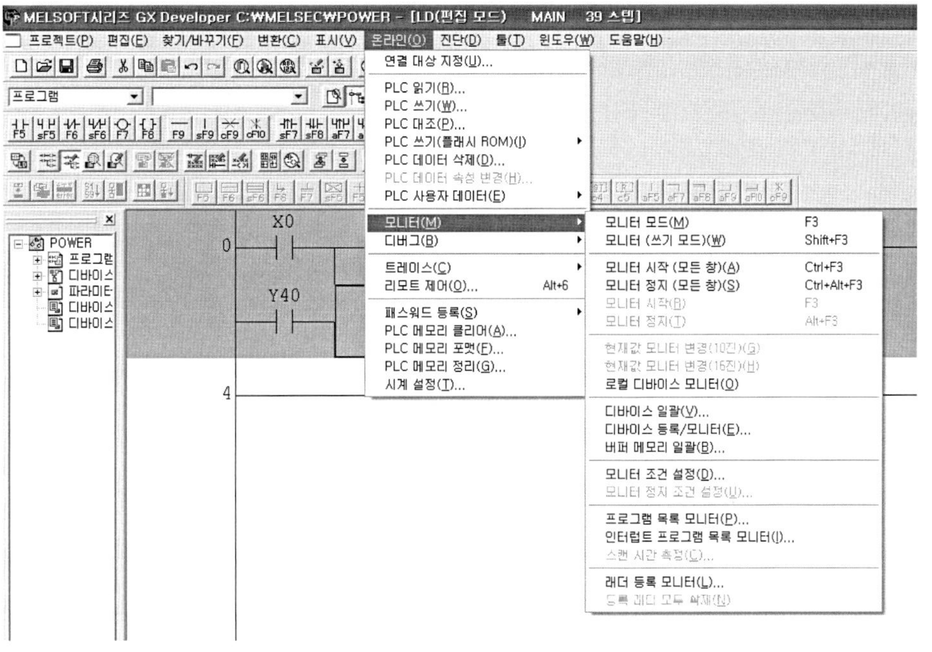

⑪ 동작 확인

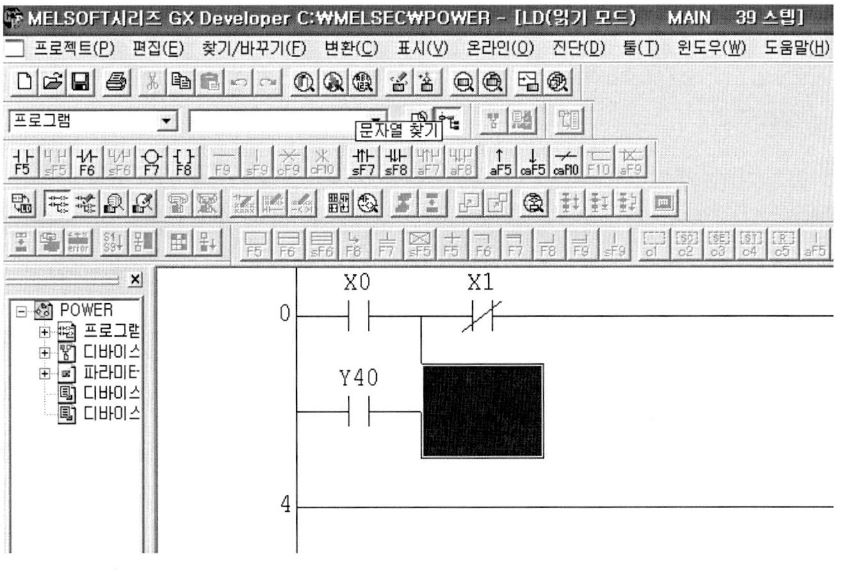

6.3.2 PLC 연동실습

(1) PLC 프로그램을 이용하여 정/역 회전을 실습한다.

① 외부 운전 방식(3Wire방식)

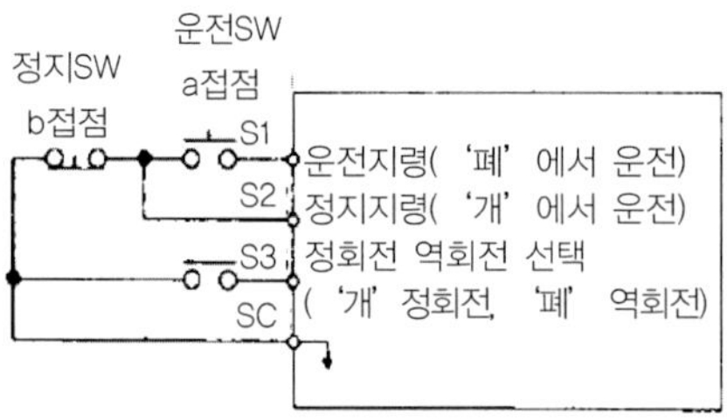

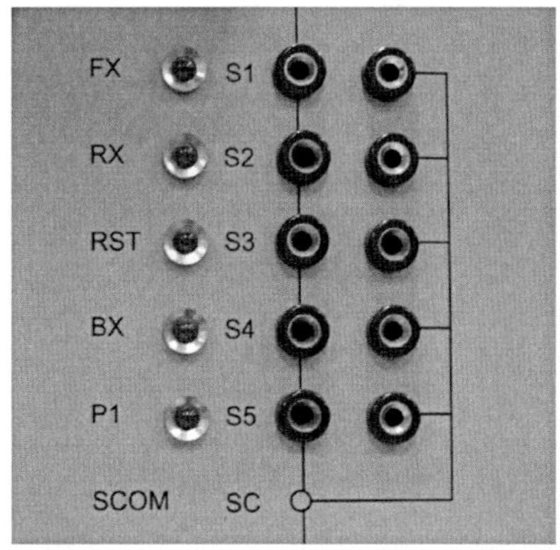

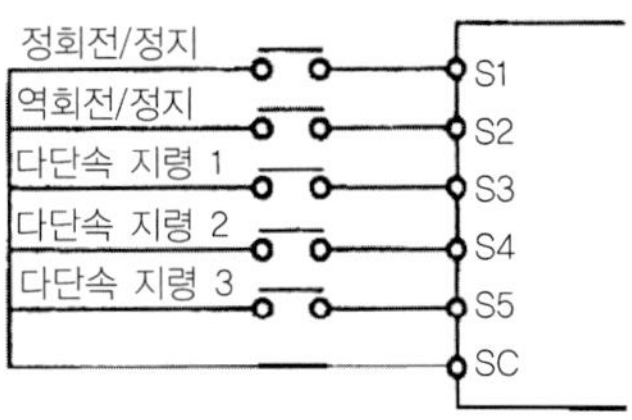

SC 단자와 S1, S2 단자를 사용하여 멜섹을 이용하여 모터제어를 실습한다.

② 멜섹(GX DEVELOPER) 프로그램

입력 X0 / X1은 입력 스위치로 설정을 하였으며 X2는 정지 스위치로 사용하였다. 출력값은 Y50 / Y51을 사용하여 Y50은 S1 단자에 Y51은 S2 단자에 인가하여 모터 정역을 전환할 수 있도록 하였다.

〈표 6.7〉 입/출력 할당

입/출력 할당	비고
X0	정회전 on
X1	역회전 on
X2	정지
M0 / M1	내부접점
Y50 / Y51	S1 단자 / S2 단자에 인가

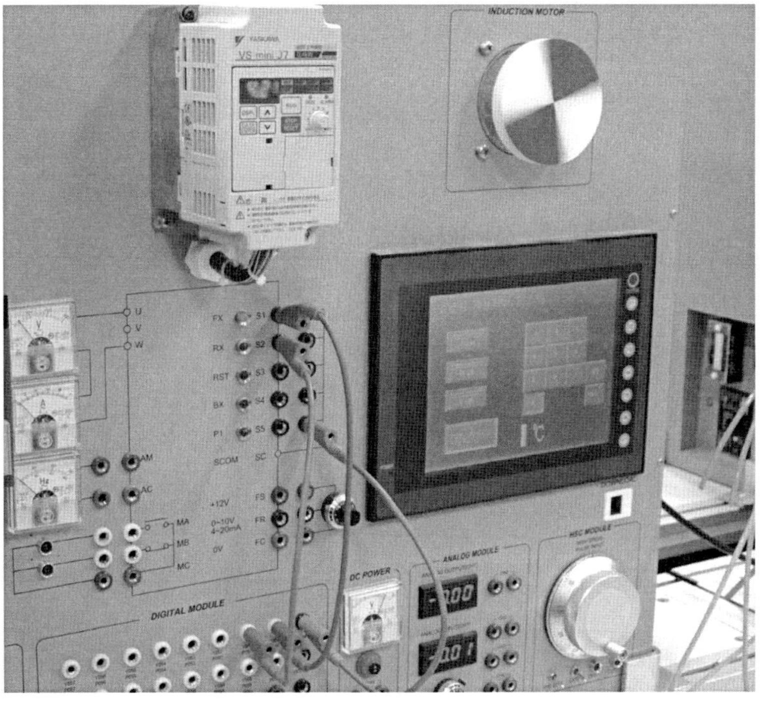

▸▸ **그림 6.16** 입/출력 할당 및 배선

6.4 실습 예제

6.4.1 터치스크린을 이용한 인버터 속도제어

터치스크린을 이용하여 다음과 같은 조건의 스케치를 하고 다음 기능을 수행하도록 한다.

① 터치스크린에 정회전 역회전 그리고 정지 스위치를 넣는다.
② 속도를 조절할 수 있는 스위치를 넣는다.
③ 현재 속도 레벨을 표시하도록 한다.
④ 현재의 회전 방향 및 운전상태를 표시하도록 한다.

(1) 터치스크린 그림

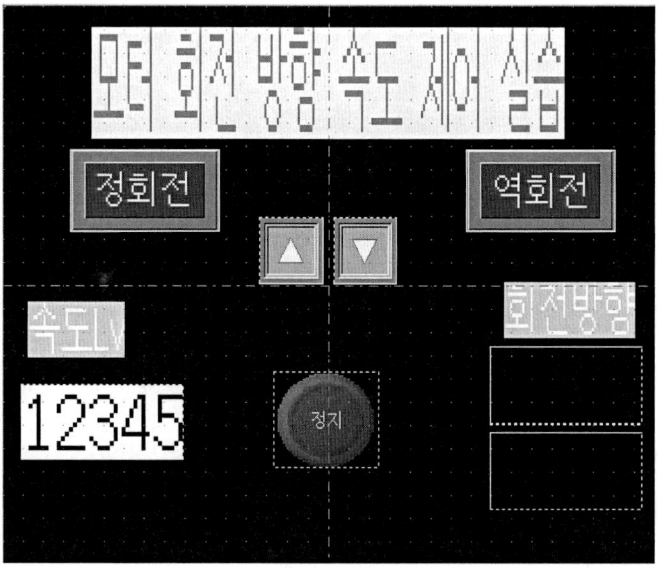

- 터치의 상단 중앙에는 실습 제목을 텍스트화하여 적는다.
- 회전 방향의 선택은 램프의 기능으로써 on되었을 경우 회전 방향을 나타내도 록 내부 메모리를 사용하여 동작시키도록 한다.
- 속도를 나타내는 부분은 현재의 속도 레벨을 BCD 코드를 이용하여 전송시켜 그 수치를 터치스크린을 통해서 확인하도록 하여야 한다.

(2) PLC 프로그램

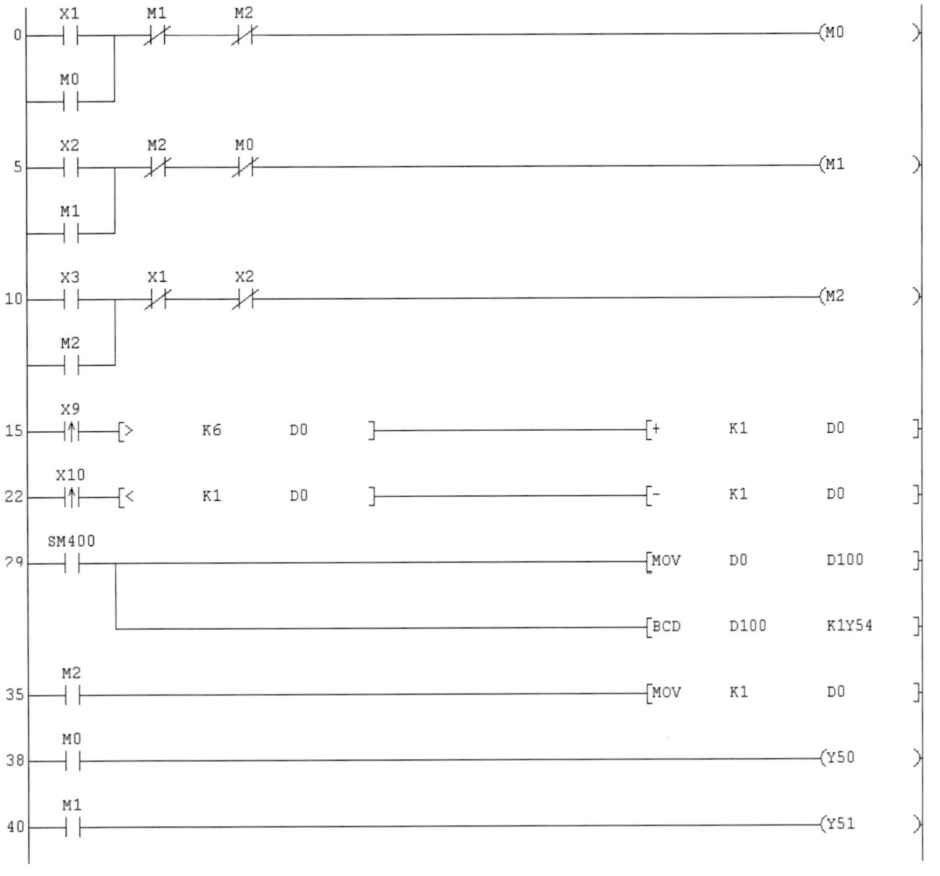

데이터 레지스트 D100의 경우 터치와 연동되는 데이터 값이다. 이값을 통한 속도의 변경 사항을 터치스크린으로 확인할 수가 있다.

6.4.2 PLC 제어를 통한 인버터의 속도제어

(1) 정수설정

① 회전 방향을 제한한다(n05).

역전 불가능으로 설정하면 제어 회로 단자 또는 오퍼레이터에서의 역전 지령이 불가능해지며 동작 중 역전하면 안되는 경우 설정한다.

기본 설정은 '0'이며 역전하면 안될 시 '1'로 설정한다.

② 속도를 단계적으로 바꾼다.

주파수 지령과 입력 단자 기능 선택의 조합으로 최고 9단속까지 속도를 단계적으로 바꿀 수 있다.

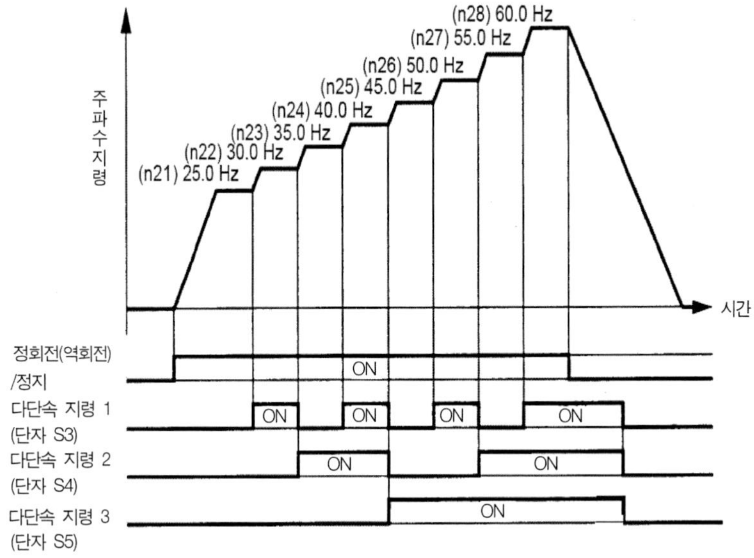

n02 = 1(운전 방법 선택)

n03 = 1(주파수 지령 선택)

n21 = 25.0Hz(주파수 지령 1)

n22 = 30.0Hz(주파수 지령 2)

n23 = 35.0Hz(주파수 지령 3)

n24 = 40.0Hz(주파수 지령 4)

n25 = 45.0Hz(주파수 지령 5)

n26 = 50.0Hz(주파수 지령 6)

n27 = 55.0Hz(주파수 지령 7)

n28 = 60.0Hz(주파수 지령 8)

n36 = 2(다기능 입력 단자 S2)

n37 = 6(다기능 입력 단자 S3)

n38 = 7(다기능 입력 단자 S4)

n39 = 8(다기능 입력 단자 S5)

- N.02와 N.03은 오퍼레이터에 의한 운전에서 외부 입력에 의한 제어로 설정을 바꾸는 역할을 한다.
- N.21~N.28까지는 인버터 조작에 의한 주파수 지령설정이며 그래프와 같이 다단 변속이 가능하다.
- N.36/N.37/N.38/N.39 정수는 다기능 입력 단자의 사용을 허용하는 설정이며 비트의 조합을 이용한 주파수 조작을 위해 주어진 대로 설정을 한다.
- 다단속 입력 단자의 S3/S4/S5 3개를 이용하여 조합하여 다단 변속을 실습하여 본다.

〈표 6.8〉 다단속 입력

비트(S2/S3/S4/S5)	지정 정수	주파수 설정
1 0 0 0	N.21	25Hz
1 1 0 0	N.22	30Hz
1 1 1 0	N.24	40Hz
1 0 0 1	N.25	45Hz
1 1 0 1	N.26	50Hz
1 0 1 1	N.27	55Hz
1 1 1 1	N.28	60Hz

- 지정 정수에 대한 주파수설정을 통해 원하는 속도로 구동할 수 있다.
- N.16(가속) N.17(감속) 정수설정을 통해 가 감속 속도를 설정할 수 있다(인버터 설정).

◉ 멜섹(GX DEVELOPER) 프로그램

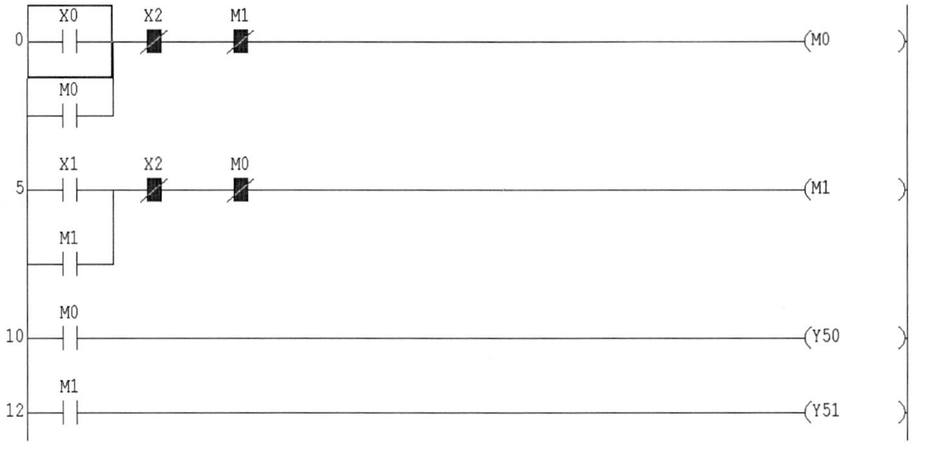

모터 구동에 대한 프로그램은 이전의 모터 정/역의 자기유지 회로를 그대로 사용한다.

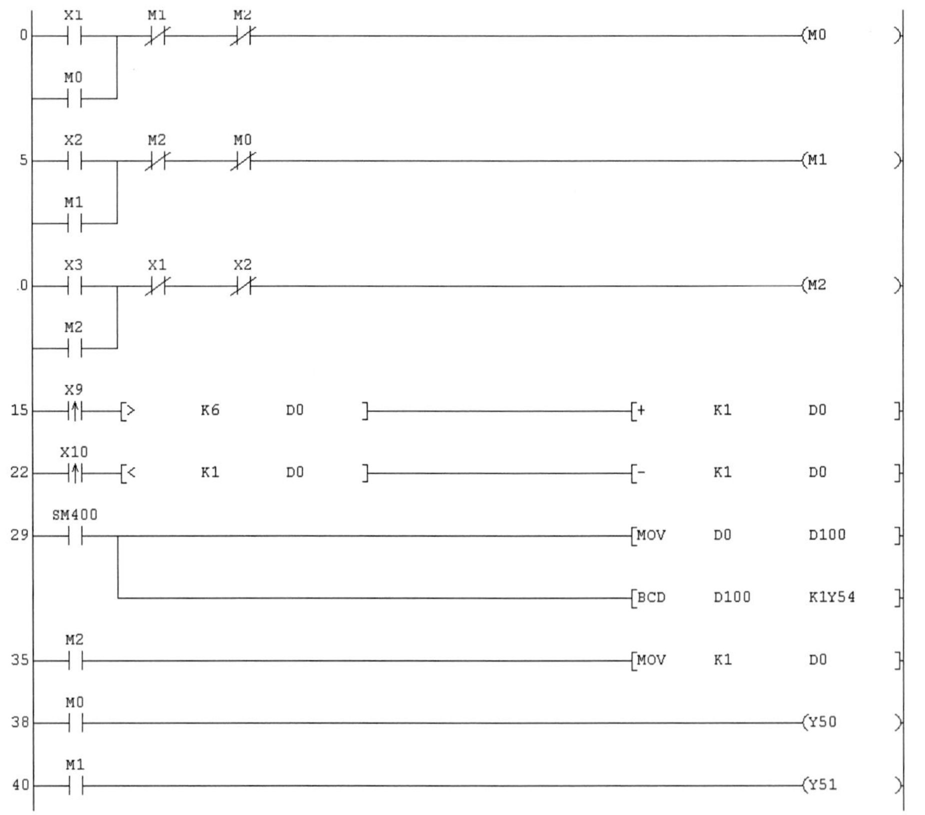

제7장

PLC 통신

Automation of Semiconductor Manufacturing Facilities
Automation of Semiconductor Manufacturing Facilities

7.1 CC-Link의 개요

7.1.1 Mitsubishi 네트워크의 구조

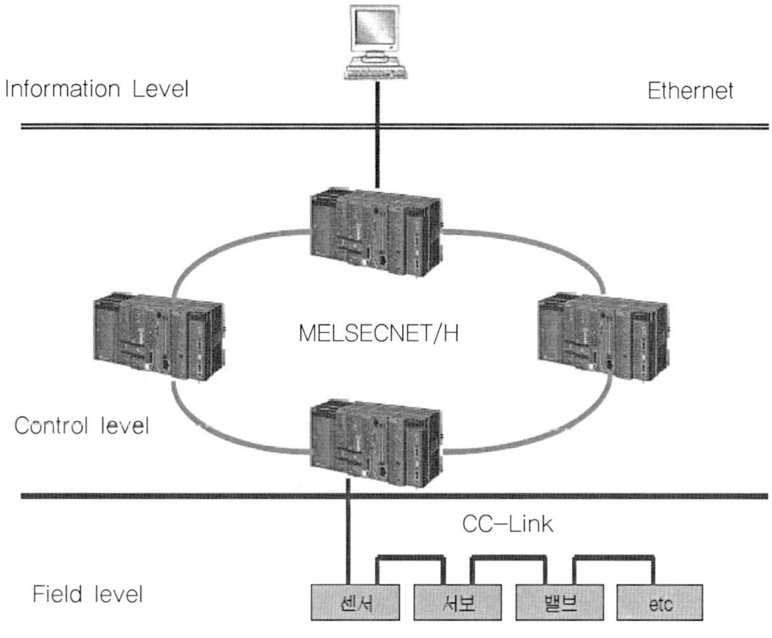

7.1.2 CC-Link란 무엇인가?

(1) 정의

① CC-Link(Control & Communication Link).

② FA 시스템의 다양한 사용자 요구에 응답 하기위해 제어와 정보의 데이터 처리를 동시에 게다가 고속으로 실현 가능한 필드 네트워크 시스템.

③ mitsubishi 네트워크의 하위 네트워크 시스템.

(2) 도입 목적

PLC와 하위기기들을 일일이 생배선 접속을 다해야 하는 번거로움이 있을 뿐만 아니라, 하위기기들의 규모가 커질수록 원가 상승 및 작업이 복잡해지는 어려움이 있음.

◉ 제어 Point가 증가할수록 배선 복잡

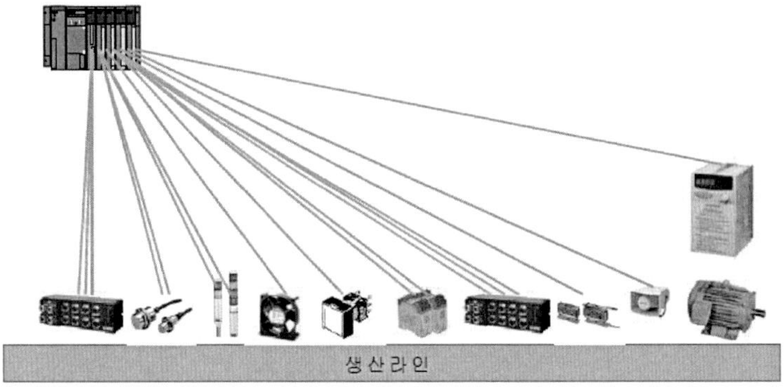

CC-Link를 사용하게 되면 하나의 그룹을 만들어서 선 하나로 연결이 가능하기 때문에 작업이 간편하고 원가 절감되며 관리가 쉬워짐.

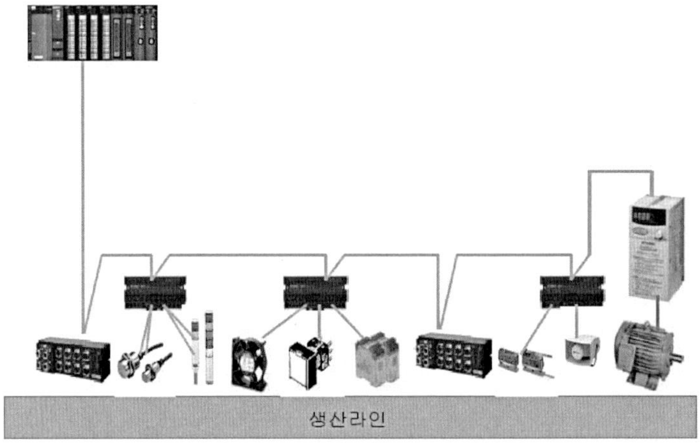

(3) 특징

① 고속, 대용량 데이터전송

- 최고 10Mbps, 비트/워드 데이터 전송 가능

② 거리 확장 가능

- 총 연장 거리 1.2Km, 리피터 사용 시 13.2Km

③ n 대 n 통신(RS-485 통신 기반)

④ 네트워크 통신 시간 안정

- 사이클릭 혹은 트랜전트 전송 시, 즉 CPU가 CC-Link 제어기기와 통신할 경우 통신 시간이 빠르건 느리건 간에 하위기기들 쪽의 통신(링크스캔 방식 등)속도에는 영향이 없기 때문에 안정화를 꾀할 수 있음.

⑤ 오픈필드 네트워크이기 때문에, 이에 따른 다양한 상품군을 보유하고 있으므로 유저의 FA 환경에 최적인 기기를 선택할 수 있는 폭이 넓음.

⑥ RAS 기능(reliability-신뢰성, avaibility-가동성, serviceability-서비스성)에 의해, 트러블 발생 시의 신뢰도 증가 및 작업이 쉬움.
ex) 대기마스터 기능, 자국 분리 기능, 자동 복렬 기능, SB.SW에 의한 이상 검출 기능 등.

7.1.3 용어 정리

(1) 국 : 『CC-Link 시스템의 데이터링크에서, 데이터의 송신 소스 또는 송신 상대가 되는 하나의 기기나 모듈의 집합체 및 CC-Link에 접속되어 있는 국번』으로 정의됨.

- CC-LINK를 특징짓는 주요한 요소로서, CC-LINK를 이해하는데 있어 기본이 되는 번호 난위(PLC의 선두 I/O와 약간 비슷힌 개념이리 생각히먼 이해하기 쉬움)

(2) 자국 : 마스터 모듈과 접속되어, 마스터 국에 의해 데이터링크가 제어되는 국들을 일컫는 말.

(3) 국수 : 하나의 CC-Link 시스템을 구성하고 있는, 즉 하나의 마스터 국에 의해 제어되는 모든 자국의 점유국수의 합계.

(4) 점유 국수 : 특정 자국이 점유하고 있는 국의 수(한 시스템상에 있는 모든 자국들이 점유하고 있는 국의 수를 합한것이 위에 있는 '국수')

(5) 국번 : CC-Link 시스템에 접속된 모듈의 존재를 표시하기 위해 각각의 모듈에 부여한 번호. 국수와는 다른 개념이며, 일종의 일렬 번호일 뿐 각 자국들이 몇국을 지니고 있는지와는 무관함.

(6) 장수 : CC-Link 시스템에 물리적으로 접속되는 기기의 갯수.

(7) 마스터 국 : 데이터 link 시스템을 제어하는 국으로서, 한 개의 시스템에는 한 개의 마스터 국만이 존재, 뒤집어 말하자면 마스터 국 한 개의 시스템이 바로 한 시스템.

(8) 로컬 국 : PLC CPU를 갖는 마스터 국 및 다른 로컬 국과 교신 가능한 국.
모듈 자체는 마스터 국으로 사용하는 마스터 모듈과 동일하며, 단지 설정에 의해 로컬 국으로 사용됨.

(9) 리모트 I/O 국 : 비트 단위의 정보만을 취급하는 리모트 국(외부기기와의 입/출력 실행)

(10) 리모트 디바이스 국 : 비트 단위의 정보와 워드 단위 정보를 사용하는 리모트 국(외부기기와의 입/출력, 아날로그 데이터 변환)

(11) 인텔리전트 디바이스 국 : 기본적인 기능은 리모트 디바이 국과 거의 같지만, 트랜전트 전송이란 것을 실행할 수 있는 국(로컬 국 포함)

(12) 자국분리 : 특정 자국에 어떠한 문제가 발생한 경우, 자동적으로 데이터링크에서 분리해 나머지 정상적인 자국들이 아무런 영향 없이 계속 작동할 수 있도록 하는 기능.

(13) 자동복렬 : 자국분리되어 데이터링크에 참가할 수 없던 모듈이 정상복귀 됐을 때 자동적으로 데이터링크에 다시 참가할 수 있게 하는 기능.

(14) 예약 국 : 마스터 국에 설정한 CC-Link용 네트워크 파라미터에는 존재하고 있으나, 실제의 CC-Link 시스템에는 접속되어 있지 않은 자국. 차후에 자국을 특정 위치에 추가하려 하는 경우에 사용됨.

(15) 대기 마스터 국 : 이상 발생에 의해 마스터 국이 데이터링크를 관할할 수 없게 되었을 때 마스터 국의 제어를 승계하여 데이터링크를 속행시키는 로컬 국(이상이 발생한 마스터 국이 원상복귀되어도, 마스터 국이 된 대기마스터 국이 계속 마스터 국 역할을 수행함).

(16) 사이클릭 전송 : 마스터 모듈과 자국 사이에 주기적으로 정보가 자동으로 교신되는 데이터 교신 기능(CC-Link의 기본적인 전송 기능).

(17) 트랜전트 전송 : 마스터 모듈과 자국 간에 송신 요구가 있는 경우에만 2개의 기기 간에 정보가 교신되는 데이터 교신 기능.

◉ RX : 사이클릭 전송에 의해 각 국에 비트 정보를 전송하기 위한 리모트 입력 신호의 이름.

◉ RY : 사이클릭 전송에 의해 각 국에 비트 정보를 전송하기 위한 리모트 출력 신호의 이름.

◉ RWr : 사이클릭 전송에 의해 각 국에 워드 정보를 전송하기 위한 리모트 레지스터(읽기용)의 이름 .

◉ RWw : 사이클릭 전송에 의해 각 국에 워드 정보를 전송하기 위한 리모트 레지스터(쓰기용)의 이름.

◉ SB : 마스터 국이나 로컬 국의 모듈상태, 데이터링크상태를 비트 정보로 표시하기 위한 링크 특수 릴레이의 이름.

◉ SW : 마스터 국이나 로컬 국의 모듈상태, 데이터링크상태를 워드 정보로 표시하기 위한 링크 특수 레지스터의 이름.

7.2 CC-Link(Q시리즈) 사용 모듈 정보

7.2.1 성능사양(QJ61BT11N)

(1) 1 시스템 최대 접속장수 : 1국 점유 리모트 I/O 국만을 장착했을 경우에 CC-Link 최대접속장수가 나오며 총 64장.
(따라서 리모트 I/O는 최대 64장, 리모트 디바이스만 장착 시 최대 42장, 로컬 국/대기마스터/인텔리전트 디바이스 국만 장착 시 최대 26장)

(2) 혼재 장착 시 아래의 공식들을 전부 만족하면 문제없이 장착 가능.

a. 시스템의 국수가 64국 이하

b. $\{(16 \times A) + (54 \times B) + (88 \times C)\} \leq 2034$

c. $A \leq 64$, $B \leq 42$, $C \leq 26$

(3) 1 시스템 최대 링크 점수 : RX/RY : 2048점 , RWw/RWr : 256점

(4) 1국 당 최대 링크 점수 : RX/RY : 32점 , RWw/RWr : 4점(단, 1국이 RX/RY를 각각 16점만을 사용하는 경우에도 마스터 모듈의 32점 영역을 차지함)

(5) 온라인 모드에서의 전송 속도와 전송 거리

Setting	속도	리피터 사용 무	리피터 사용 유
4	10Mbps	100m	1,100m
3	5Mbps	160m	1,760m
2	2.5Mbps	400m	4,400m
1	6.25Kbps	900m	9,900m
0	156Kbps	1.2km	132,000m

(6) 테스트모드에 따른 전송 속도 설정(F는 사용금지)

회선 테스트용 setting	하드웨어 테스트용 setting	속도
9	E	10Mbps
8	D	5Mbps
7	C	2.5Mbps
6	B	6.25Kbps
5	A	156Kbps

(7) 입출력 점유점수 : 32점

7.2.2 마스터 모듈의 하드웨어 사양

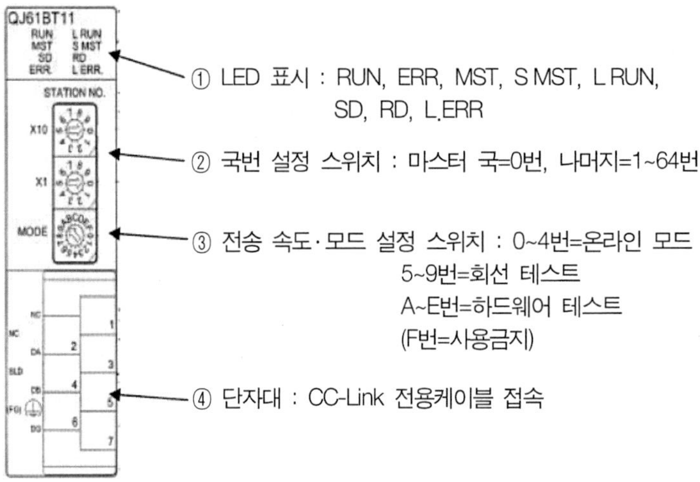

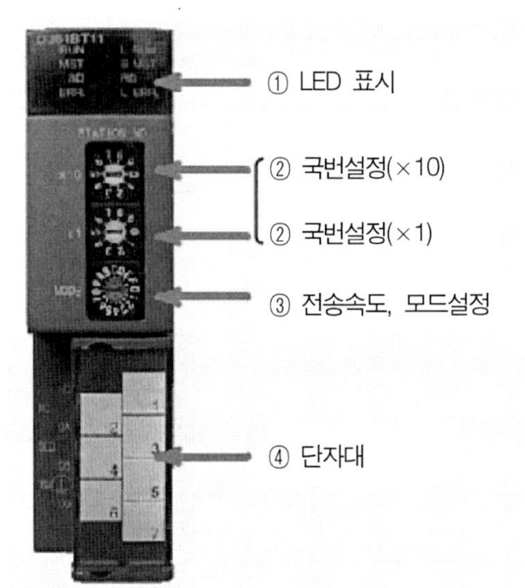

(1) 단자대의 특징

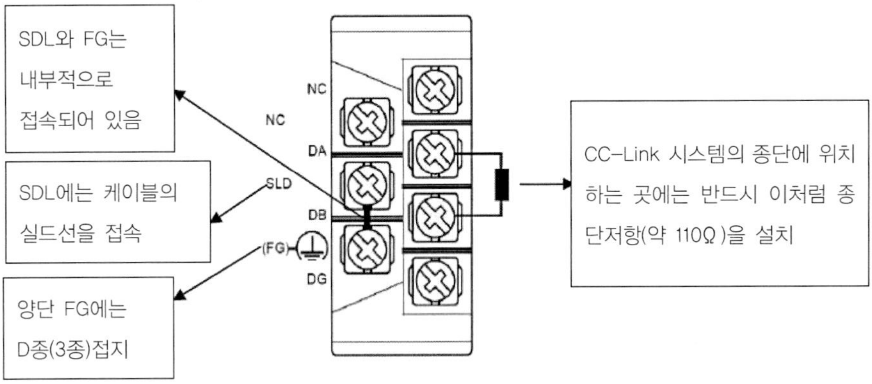

- 종단저항은 일반 CC-Link 전용 케이블일 경우 110Ω
  (CC-Link 전용 고성능 케이블의 경우는 130Ω)
- CC-Link 전용 고성능 케이블은 다른 케이블과 혼용 금지
- 데이터 FLOW를 위한 단자는 DA(청), DB(백), DG(황)

(2) 기타 CC-Link 접속 시 주의 사항

- 마스터 모듈은 양단 이외로는 접속할 수 없음
- 스타접속이나 루프접속은 할 수 없음
- 단자대 나사를 필요 이상으로 조일 경우 내부단락이 일어날 수도 있음

<table>
<tr><th>번호</th><th>명칭</th><th colspan="2">내용</th></tr>
<tr><td rowspan="4">①</td><td rowspan="4">LED 표시
QJ61BT11N
RUN L RUN
MST S MST
SD RD
ERR. L ERR.</td><td colspan="2">데이터의 링크 상태를 LED의 점등상태로 확인한다.</td></tr>
<tr><td>LED명칭</td><td>내용</td></tr>
<tr><td>RUN</td><td>점등 : 모듈 정상 시
소등 : WDT 에러 시</td></tr>
<tr><td>ERR</td><td>점등 : 모듈국 교신 이상
아래와 같은 에러 발생 시에 점등한다.
• 스위치의 설정이 이상
• 동일 회선상에 마스터 국이 중복되어 있다.
• 파라미터 내용이 이상</td></tr>
</table>

<table>
<tr><td rowspan="8">①</td><td rowspan="8">LED 표시

QJ61BT11N
RUN L RUN
MST S MST
SD RD
ERR. L ERR.</td><td colspan="2">• 데이터링크 감시 타이머가 동작하였다.
• 케이블이 단선되어 있다.
또는 전송로가 잡음 등의 영향을 받고 있다.
점멸 : 교신 이상국 있음</td></tr>
<tr><td>MST</td><td>점등 : 마스터 국으로 동작하고 있다(데이터링크 제어 중)</td></tr>
<tr><td>S MST</td><td>점등 : 대기 마스터국으로 동작하고 있다(대기 중)</td></tr>
<tr><td>L RUN</td><td>점등 : 데이터링크 실행 중</td></tr>
<tr><td>L ERR.</td><td>점등 : 교신에러(자국)
일정 간격으로 점멸 : 전원 on 중에 스위치 ②, ③의 설정을 변경.
부정 간격으로 점멸 : 중단저항 미부착, 모듈, CC-Link 전용 케이블이 노이즈 등의 영향을 받고 있다.</td></tr>
<tr><td>SO</td><td>점등 : 데이터 송신 중</td></tr>
<tr><td>RD</td><td>점등 : 데이터 수신 중</td></tr>
<tr><td colspan="2"></td></tr>
<tr><th>번호</th><th>명칭</th><th colspan="2">내용</th></tr>
<tr><td>②</td><td>국번설정 스위치
STATION NO.
×10
×1
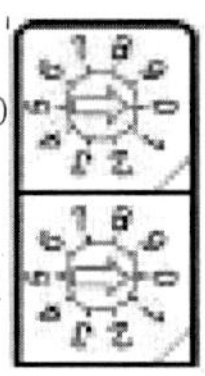</td><td colspan="2">모듈의 국번을 설정한다(출하시의 설정:0).
〈설정범위〉
마스터 국 : 0
로컬 국 : 1~64
대기 마스터 국 : 1~64
0~64 이외를 설정한 경우에는 'ERR.' LED가 점등한다.</td></tr>
</table>

<table>
<tr><td rowspan="7">③</td><td rowspan="7">전송 속도·모드설정 스위치
MODE
</td><td colspan="3">모듈의 전송속도와 운전상태를 설정한다(출하 시의 설정:0)</td></tr>
<tr><th>번호</th><th>전송 속도 설정</th><th>모드</th></tr>
<tr><td>0</td><td>전송 속도 156kbps</td><td rowspan="5">온라인</td></tr>
<tr><td>1</td><td>전송 속도 625kbps</td></tr>
<tr><td>2</td><td>전송 속도 2.5Mbps</td></tr>
<tr><td>3</td><td>전송 속도 5Mbps</td></tr>
<tr><td>4</td><td>전송 속도 10Mbps</td></tr>
</table>

③	전송속도·모드설정 스위치 MODE 	5	전송 속도 156kbps	회선 테스터 국번 설정 스위치의 설정이 0인 경우 : 회선 테스트 1 국번 설정 스위치의 설정이 1~64인 경우 : 회선 테스트 2
		6	전송 속도 625kbps	
		7	전송 속도 2.5Mbps	
		8	전송 속도 5Mbps	
		9	전송 속도 10Mbps	
		A	전송 속도 156kbps	
		B	전송 속도 625kbps	하드웨어 테스트
		C	전송 속도 2.5Mbps	
		D	전송 속도 5Mbps	
		E	전송 속도 10Mbps	
		F	설정금지	
④	단자대 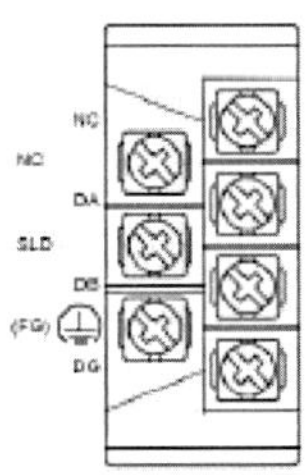	데이터링크를 하기 위한 CC-Link 전용 케이블을 접속한다. 단자 SLD와 FG는 모듈 내부에서 접속되어 있다. 2: 나사 방식의 단자대이며, 단자대의 신호선을 뚫지 않고 모듈 교환이 가능하다. (교환할 모듈을 전원 off하고 나서 교환을 실행하라.)		

7.2.3 하드에어 테스트 및 회선 테스트 방법

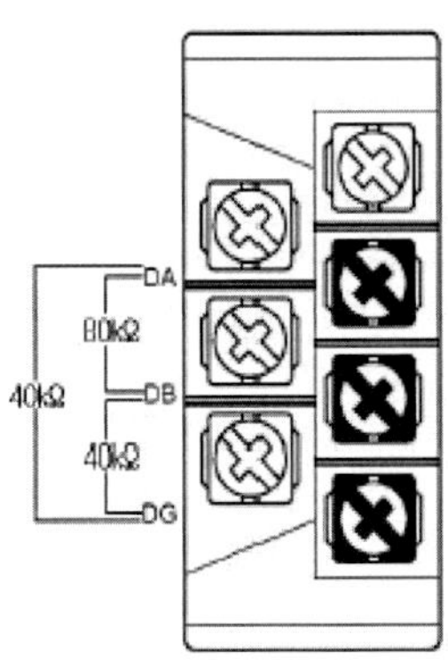

직접 단자대의 저항값을 측정하여 각 단자의 상태를 파악할 수도 있음(값이 왼쪽 그림과 같은 저항값으로 나온다면 정상, 아니면 내부 이상).

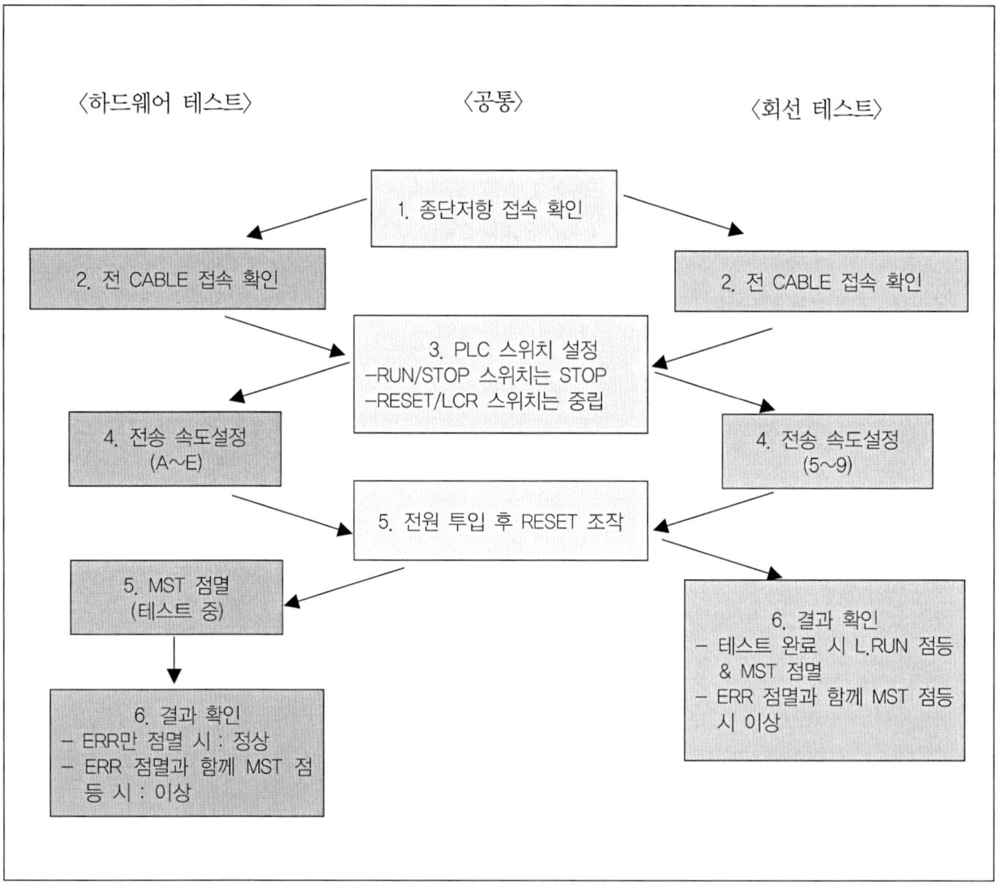

7.2.4 Remote I/O 모듈의 하드웨어 사양(AJ65SBTB1-16T)

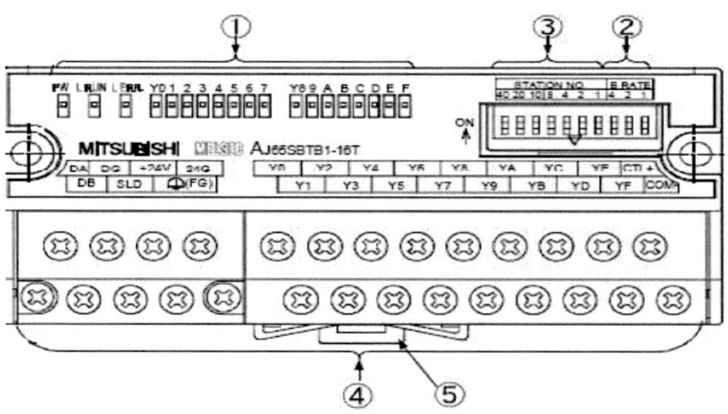

<table>
<tr><th>번호</th><th>명칭</th><th>내용</th></tr>
<tr><td>①</td><td>동작표지 LED</td><td>
<table>
<tr><td>LED 명칭</td><td>상세내용</td></tr>
<tr><td>PW</td><td>on → 전원 on
off → 전원 off</td></tr>
<tr><td>L RUN</td><td>on → 교신 정상 시
off → 교신 단절</td></tr>
<tr><td>L ERR</td><td>on → 교신 에러 시
규칙적 점멸 → 교신 중 국설정 스위치나 속도 스위치 조작 시
불규칙 점멸 → 종단저항이 없을 때 케이블에 이상 시
off → 정상 교신 중</td></tr>
<tr><td>Y0 ~ F</td><td>on → 출력 on, off → 출력 off</td></tr>
</table>
</td></tr>
<tr><td>②</td><td>전송 속도설정</td><td>
<table>
<tr><td rowspan="2">설정치</td><td colspan="3">설정 스위치 값</td><td rowspan="2">전송속노</td></tr>
<tr><td>4</td><td>2</td><td>1</td></tr>
<tr><td>0</td><td>off</td><td>off</td><td>off</td><td>156Kbps</td></tr>
<tr><td>1</td><td>off</td><td>off</td><td>on</td><td>625Kbps</td></tr>
<tr><td>2</td><td>off</td><td>on</td><td>off</td><td>2.5Mbps</td></tr>
<tr><td>3</td><td>off</td><td>off</td><td>on</td><td>5.0Mbps</td></tr>
<tr><td>4</td><td>on</td><td>off</td><td>off</td><td>10Mbps</td></tr>
</table>
</td></tr>
<tr><td>③</td><td>국번 설정 스위치</td><td>
<table>
<tr><td rowspan="2">국번</td><td colspan="3">10자리</td><td colspan="4">1자리</td></tr>
<tr><td>40</td><td>20</td><td>10</td><td>8</td><td>4</td><td>2</td><td>1</td></tr>
<tr><td>10</td><td>10</td><td>off</td><td>on</td><td>off</td><td>off</td><td>off</td><td>off</td></tr>
</table>
</td></tr>
<tr><td>④</td><td>단자대</td><td>전원, 전송 모듈에 출력 신호를 연결하는 단자대</td></tr>
<tr><td>⑤</td><td>DIN 레일 후크</td><td>모듈 고정을 위한 후크</td></tr>
</table>

7.2.5 각 모듈의 형명법

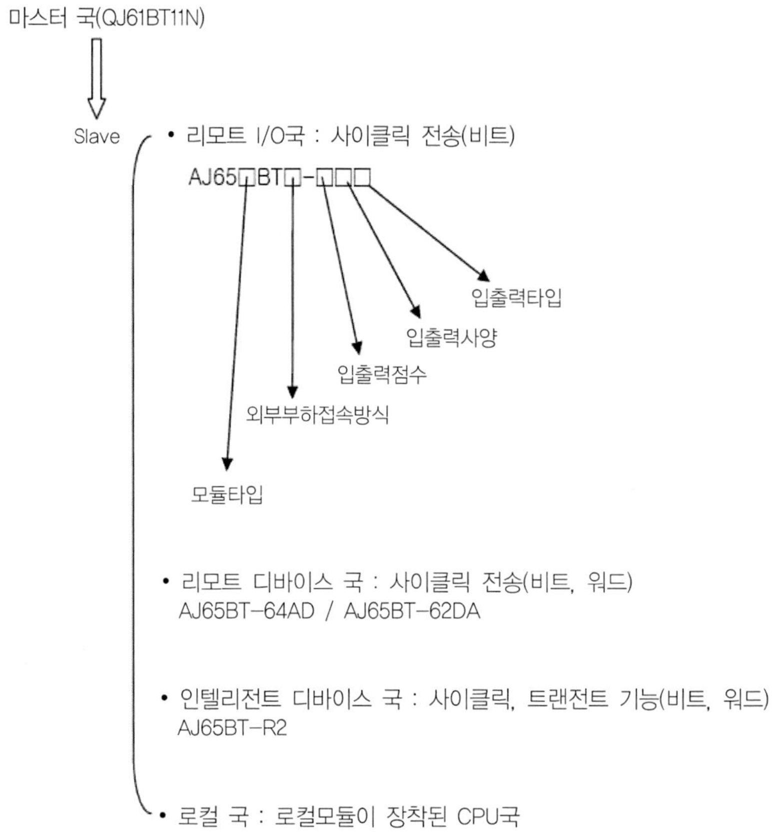

(1) 리모트 I/O 국 :

- AJ65BTB2-16D(단자대 2선식, 16점, DC24V 입력)
- AJ65SBTCF1-32T(소형 타입 모듈, FCN 커넥터 1선식, 32점, 트랜지스터 출력)

(2) 리모트 디바이스 국

- AJ65VBTCU-68ADVN(커넥터 타입 소형, 원터치 커넥터, 8 채널, AD 모듈, 전압 입력)
- AJ65SBT-62DA(소형 타입 모듈, 단자대 타입, 2채널, DA 모듈, 전압 & 전류 출력)

(3) 인텔리전트 디바이스 국

- AJ65BT-R2(RS-232C 1 채널, DC 입력 2점, 트랜지스터 출력 2점)

(4) 로컬 국 : QJ61BT11N, AJ61BT11, A1SJ61BT11, AJ61QBT11, A1SJ61QBT11(마스터/로컬로 사용할 수 있는 모듈군)

7.2.6 CC-Link Cable종류

① LG 전선㈜

- PLFEV-AMESB(고정부용) Ver.1.10 제품

② Kuramo Electric

- Ver.1.00 제품 : FANC-SB(100Ω) / FANC-SBH(130 Ω) → 고정부용
  FANC-SBZ(100Ω) → 가동부용
- Ver.1.10 제품 : FANC-110SBH(110Ω) → 정부용
  FANC-110SBZ-5(110Ω) → 가동부용

③ 기타

- 고정부용 : FANC-110SBH
  알루미늄 테이프와 주석도금 연구리 철사편조의 병용으로 우수한 차폐 특성을 발휘한다.
- 고성능 가동부용 : SCC110-HMV
  굴곡 특성이 우수한 절연체 (ETFE)와 소선 구소에 의하여, 100만 회＊1의 고 굴곡 성능을 실현했다(*1 규정 조건하에서의 측정 값이다.).
- 가동부용 : FANC-110SBZ-5
  편조 밀도를 높인 것에 의하여, 굴곡 특성과 차폐성을 양립시키고 있다.
- 전원 내장형 : PW110SBH
  유닛의 전원도 동시에 배선할 수 있는 전원선을 내장한 복합 타입이다.
- 에코 케이블 : EM110SBH
  외피에 난연성 폴리올레핀을 사용하였다. 환경에 쉬운 케이블이다.
- 옥외·배관용 : WR110SBH
  외피에 폴리에틸렌을 사용하였다. 내후성에 잘 견디는 케이블이다(배관·옥외 처마밑 용도).
- 저온 고정부 : LT110SBH
  외피에 내한성 비닐을 사용하여, 저온 하에서도 경화하고 어려운 케이블이다. 사용온도 범위 : −40 ~ 60°

(1) CC-LINK 전용 케이블의 모듈 접속

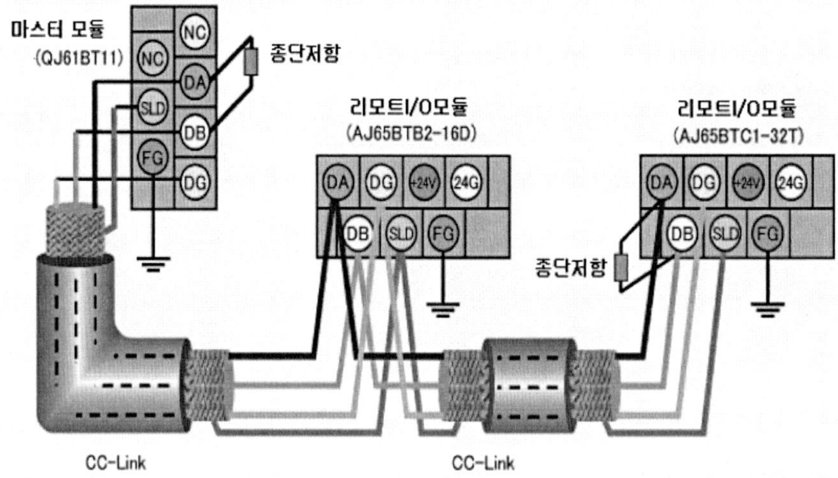

(2) 종단저항은 DA-DB사이에 접속(시스템 양단의 모듈)

- CC-LINK 전용 케이블 사용 시 : 110 Ω, 1/2W(갈색 갈색 갈색)
- CC-LINK 전용 고성능 케이블 사용 시 : 130 Ω, 1/2W(갈색 주황 갈색)

(3) DC 24V 전원

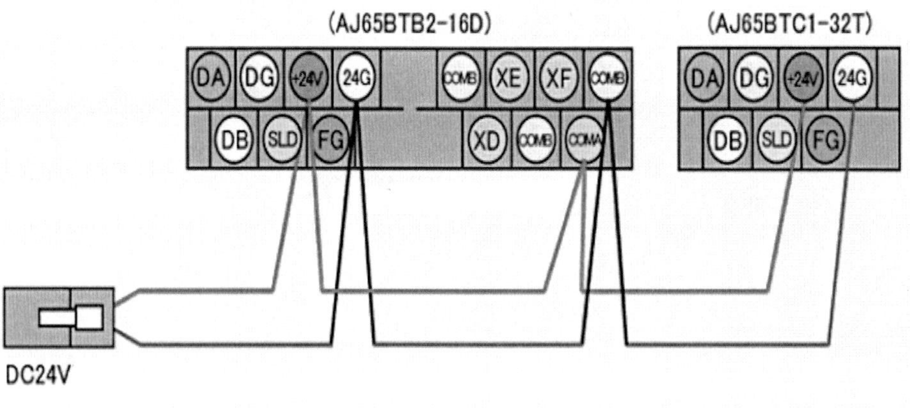

7.2.7 모듈상태의 검사(하드웨어 테스트)

(1) 마스터, 로컬 모듈의 단자 DA-DB 사이에 종단저항을 접속.

(2) CPU의 RUN/STOP 스위치가 'STOP'인지를 확인.
CPU의 RESET 스위치를 '중앙 위치'인지를 확인.

(3) 마스터, 로컬 모듈의 '전송 속도, 모드설정을 스위치'를 'A ~ E'로 설정.

(4) 전원 투입

(5) CPU의 RESET 스위치를 RESET에서 중앙 위치로 한다.

(6) 'MST' LED가 점멸(TEST 중)

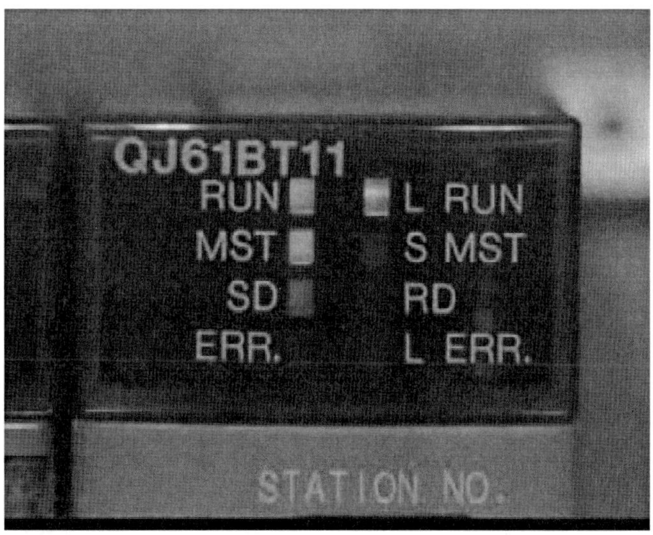

(7) CPU 모듈의 'LED'로 데스트 결과가 표시된다.

[정상 시] - TEST 시 개시 20초 후에 CPU의 'ERR' LED가 점멸.

[이상 시] - 'MST' LED가 점등하고 동시에 'ERR' LED가 점멸.
이상 시에는, 종단저항 접속 불량, 모듈 불량.

7.2.8 접속상태의 검사(회선 테스트)

(1) CPU의 RUN/STOP 스위치가 'STOP'인지를 확인.
CPU의 RESET 스위치를 '중앙 위치'인지를 확인.

(2) 국번 설정 '스위치'를 '0'으로 설정.

(3) '전송 속도, 모드설정을 스위치'를 '5 ~ 9'로 설정.

(4) CPU의 RESET 스위치를 RESET에서 중앙 위치로 한다.

(5) QJ61BT11N LED에 TEST 결과가 나타납니다.
[정상 시] - 'L RUN' LED가 점등.
[이상 시] - 'MST' LED가 점등하고, 동시에 : 'ERR' LED가 점멸.
TEST 결과는 특수 릴레이 SW00B4~B7에 저장된다.

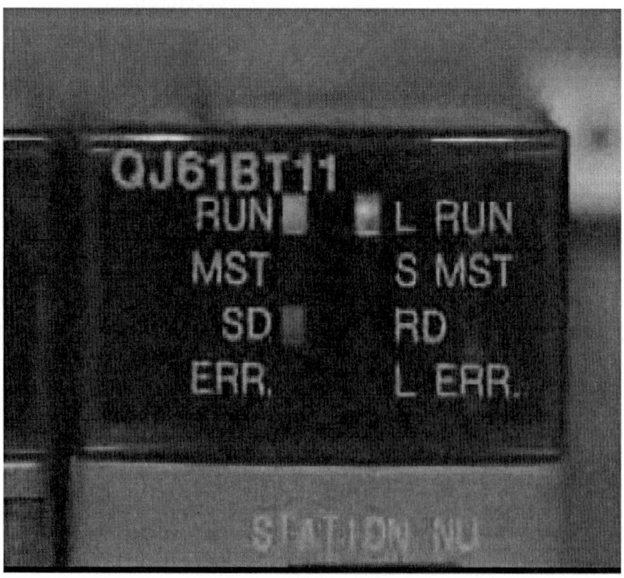

7.2.9 Buffer Memory 구조

(1) Buffer Memory란?

- 각 번지수로 구성(16비트), 각 번지마다 미리 정해진 메모리에 맞는 데이터를 넣어주게 됨.
- 각 국은 1국당 RX/RY 각각 32점, RWw/RWr 각 4점씩 해당하는 buffer memory를 가짐.
  (2국을 점유하는 모듈일 경우, 각각 RX/RY 64점, RWw/RWr 8점씩의 buffer memory를 가짐)

(2) 데이터 Flow의 이해

- 자국이 1국 점유 리모트 디바이스 국이 2장인 CC-LINK 시스템

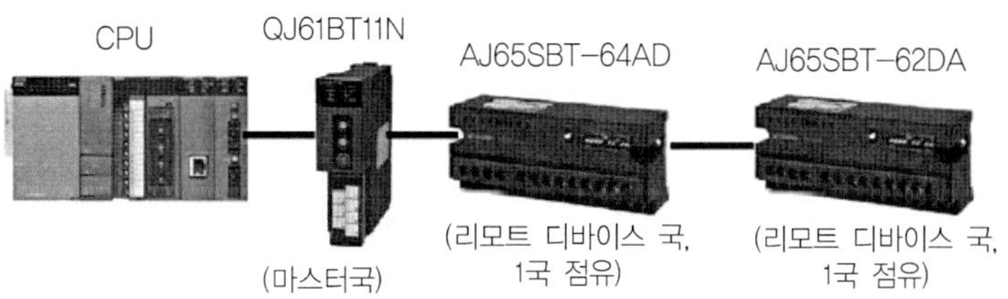

↓↓↓

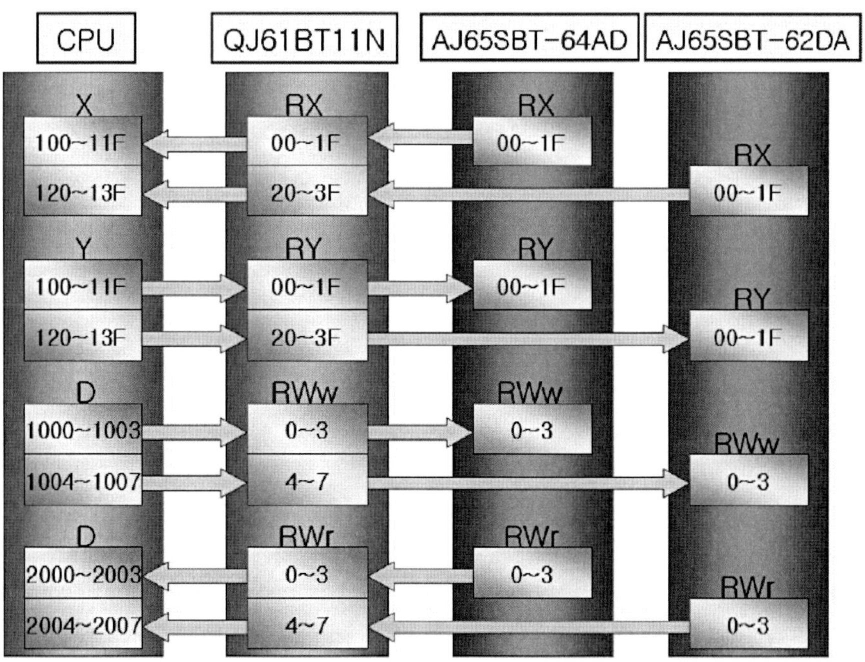

- 자국이 로컬 국 및 1국 점유 리모트 디바이스 국이 각각 1장씩인 CC-LINK 시스템

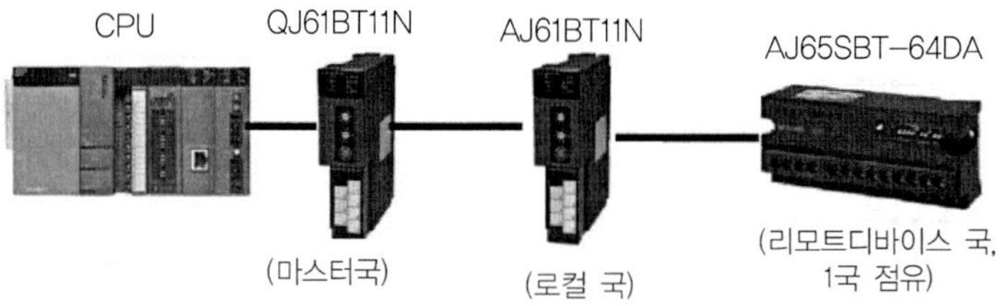

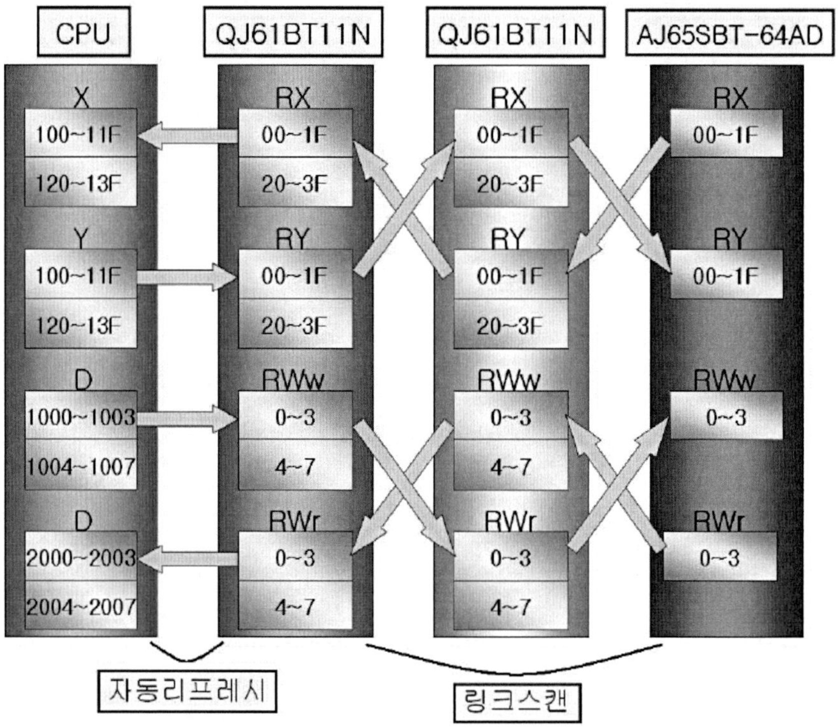

- 마스터 모듈에선 링크스캔을 통해 Slave의 데이터를 자신의 buffer memory에 저장 (64국까지)
- 마스터 모듈의 buffer memory에 저장된 데이터가 자동 리플래시를 통해 CPU에 저장.
- 로컬 국만이 RX↔RY, RWw↔RWr으로 엇갈린 데이터 Flow
- 마스터 국과 자국과의 통신은 기본적으로 링크스캔 방식
- 링크스캔은 주기적 데이터전송인데 반해, 그때그때 필요한 데이터만을 불러오는 트랜전트 전송도 가능(RIWT, RIRD 등의 전용 명령을 통해 사용, 상대적으로 데이터 처리량이 더 많음)

7.2.10 I/O 할당

(1) 각 모듈이 점유하고 있는 국수에 맞게 I/O를 할당한다.

(2) 1국당 RX/RY 각각 32점씩 할당한다.
ex) 1국 점유하는 모듈이라면, RX32점 = X100 ~ X11F , RY32점 = Y100 ~ Y11F

(3) 1국당 RWw/RWr 각각 4점씩 할당한다.
ex) 1국 점유하는 모듈이라면, RWw 4점 = D0 ~ D3 , RWr4점 = D100 ~ D103

(4) 1번 국부터 최종 국까지 순차적으로 연속된 I/O를 할당한다.

(5) 로컬 국의 경우는 임의로 1 ~ 4국 사이에서 설정이 가능하므로, 설정 값에 맞춰 I/O 할당한다.

(6) 마스터 국은 0번국이 되고, 자국이 아니므로 점유 국 수가 존재하지는 않으며, PLC 상에서의 각 모듈별 I/O 할당만 잡아주면 된다.

(7) 예약 국, 대기마스터 국, 무효 국이 존재할 경우 이를 고려하여 설정한다.

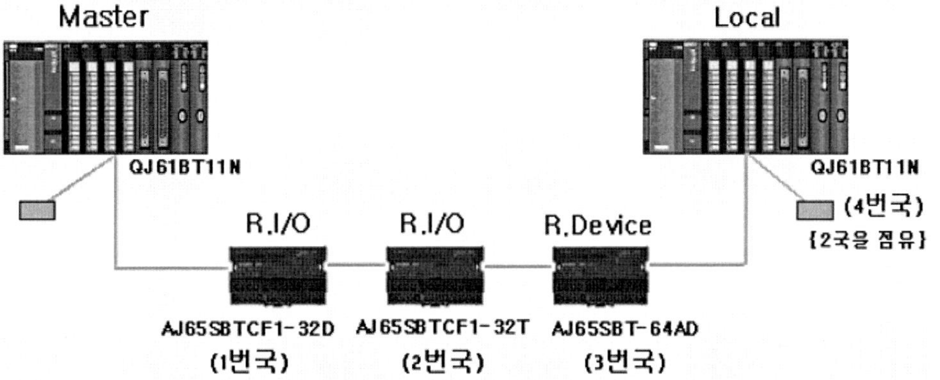

- 시스템의 리프레시 디바이스 설정에서 X, Y를 각 100번부터, RWw 대응 D는 0, RWr 대응 D는 100번부터로 설정했을 때.

	RX(32점)	RY(32점)	RWw(32점)	RWr(32점)
1번국(1국 점유)	X100 ~ X11F	Y100 ~ Y11F	D0 ~ D3	D100 ~ D103
2번국(1국 점유)	X120 ~ X13F	Y120 ~ Y13F	D4 ~ D7	D104 ~ D107
3번국(1국 점유)	X140 ~ X15F	Y140 ~ Y15F	D8 ~ D11	D108 ~ D111
4번국(2국 점유)	X160 ~ X19F	Y160 ~ Y19F	D12 ~ D19	D112 ~ D119

7.2.11 CC-LINK Ver.2 모드

(1) 특징

① QJ61BR11의 Ver.1 모드로도 세팅이 가능하여 종래 모듈과의 호환성 확보.

② RX, RY의 리모트 입/출력 비트 데이터를 8단위로 분해 가능.

③ 확장 사이클릭 체배설정에 따른 사이클릭 점수 확장이 가능.

④ Ver.2 모드에 따르는 추가적인 케이블, 배선변경은 없음.

⑤ QJ61BT11N은 Ver.2을 지원하는 마스터/로컬 모듈이며, 나머지 CC-LINK 대응 모듈 중 Ver.2을 지원하는 모듈은 명판 혹은 모듈 전면의 V2의 로고를 통해 확인 가능.

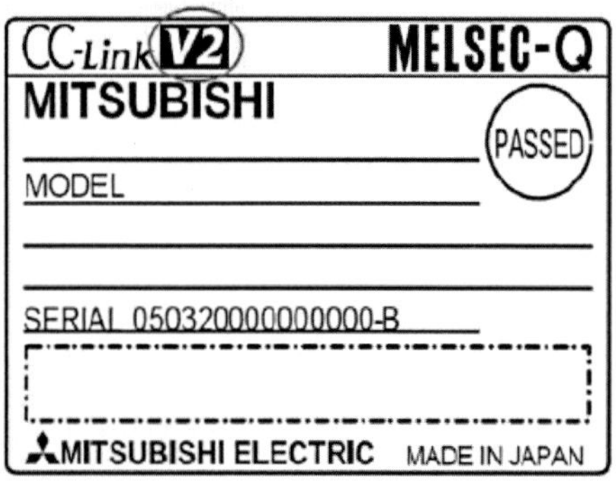

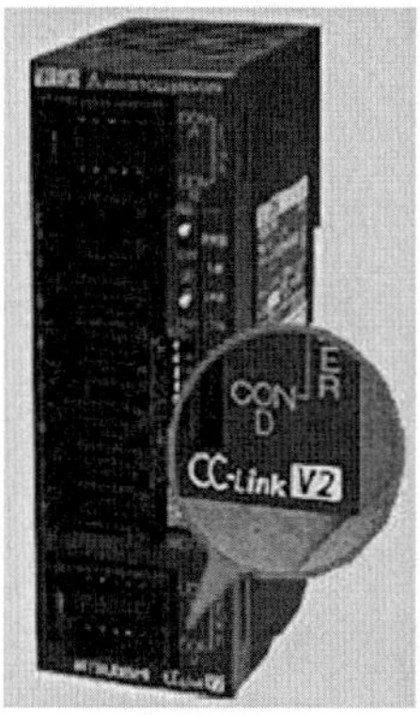

(2) 상세 기능

① 입/출력 비트 데이터 분해 기능

- 리모트 I/O국에 한해 설정이 가능(따라서 단지 RX, RY의 비트 데이터에 한해 이용 가능).
- 8점, 8점 (+)8점 공백, 16점, 32점으로 선택할 수 있음.
- Ver.1에서 32점을 전부 사용하지 않아도 CPU의 32점 영역을 전부 차지하던 것과는 달리, PLC CPU의 리프레시 디바이스 점수를 절약할 수 있음.
- 리모트 I/O 모듈은 Ver.2 모델이 없으므로, 자국 모듈이 단지 리모트 I/O국이라면 분해설정을 할 수 있음.

② 확장 사이클릭 체배설정 기능

- 링크스캔을 위한 사이클릭 전송에서, 종래의 Ver.1보다 약 8배의 송수신용량 실현.
- '사이클릭전송'이란 링크스캔에서 기본적으로 이용되는 전송 방식.
- 자국 모듈은 Ver.2 대응국이어야 하고, GX-DEVELOPER는 8.03D 이후 버전이어야 설정 가능.

- 리모트 네트워크 추가 모드를 통하면, 기존의 Ver.1 시스템에 Ver.2 대응 국을 추가하여 사용하는 것도 가능.

- 최대 링크 점수 비교

–	RX	RY	RWw	RWr
Ver.1	2,048	2,048	256	256
Ver.2	8,192	8,192	2,048	2,048

→ 비트 데이터의 경우 4배, 워드 데이터의 경우 8배까지 최대 링크 점수가 늘어남.

- 최대 접속 대수 비교

–	리모트 I/O국	리모트 디바이스국	인텔리전트 디바이스 국
Ver.1	최대 64대	최대 42대	최대 26대
Ver.2	최대 34대	최대 42대	최대 26대

- 체배설정에 따른 점유국수

확장 사이클릭 설정			1배설정	2배설정	4배설정	8배설정
1국당 링크 점수		리모트 입출력(RX, RY)	각 32점	각 32점	각 64점	각 128점
		리모트 레지스터(RWw)	4워드	8워드	16워드	32워드
		리모트 입출력(RWr)	4워드	8워드	16워드	32워드
각 점유국수의 링크 점수	1국 점유	리모트 입출력(RX, RY)	각 32점	각 32점	각 64점	각 128점
		리모트 레지스터(RWw)	4워드	8워드	16워드	32워드
		리모트 레지스터(RWr)	4워드	8워드	16워드	32워드
	2국 점유	리모트 입출력(RX, RY)	각 64점	각 96점	각 192점	각 384점
		리모트 레지스터(RWw)	8워드	16워드	32워드	64워드
		리모트 레지스터(RWr)	8워드	16워드	32워드	64워드
	3국 점유	리모트 입출력(RX, RY)	각 96점	각 160점	각 320점	각 640점
		리모트 레지스터(RWw)	12워드	24워드	48워드	96워드
		리모트 레지스터(RWr)	12워드	24워드	48워드	96워드

확장 사이클릭 설정			1배설정	2배설정	4배설정	8배설정
	4국 점유	리모트 입출력(RX, RY)	각 128점	각 224점	각 448점	각 896점
		리모트 레지스터(RWw)	16워드	32워드	64워드	128워드
		리모트 레지스터(RWr)	16워드	32워드	64워드	128워드

7.3 CC-Link 파라미터 설정

7.3.1 파라미터 설명

(1) PLC 파라미터 : CPU가 전원 off→on 시에 가장 먼저 찾는 데이터로서, PLC 기동 및 실행을 위해서 지정할 기본적 사항

(2) 네트워크 파라미터 : MELSECNET/H, Ethernet, CC-Link 모듈을 PLC와 조합하여 사용할 때 설정하는 파라미터 .

7.3.2 CC-Link 파라미터 설정 방법

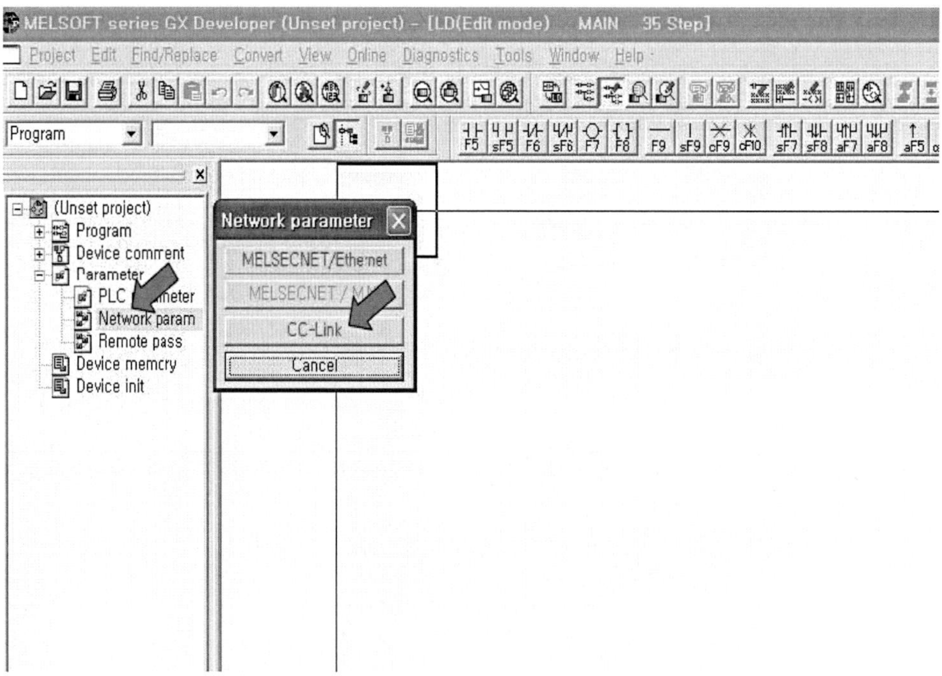

(1) 네트워크 파라미터 선택 후 대화상자가 표시되면, CC-Link 버튼을 클릭.

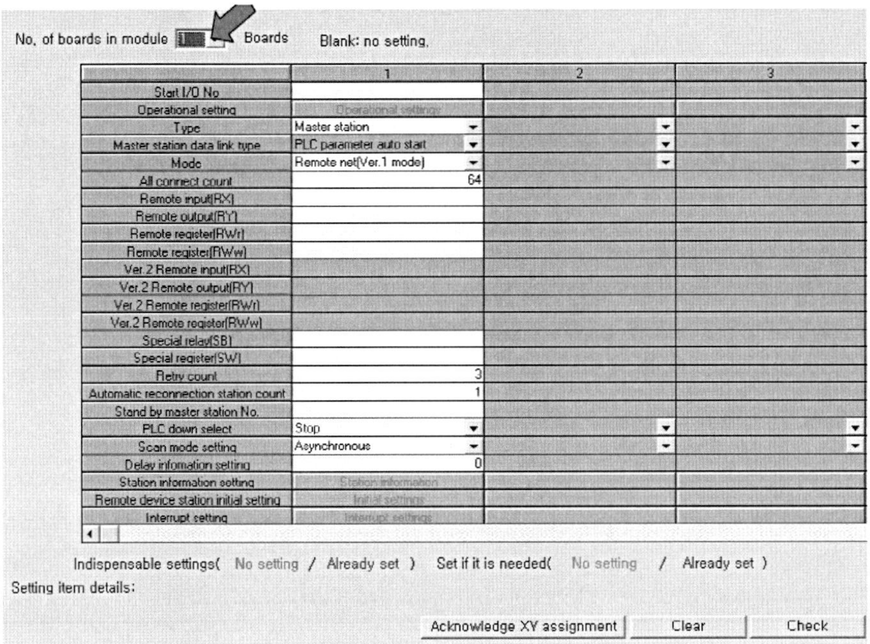

(2) CC-Link의 네트워크 파라미터 설정 화면이 표시되면, '모듈장수'를 1장으로 설정(모듈장수 : PLC에 사용되고 있는 모든 마스터/로컬 모듈의 수)

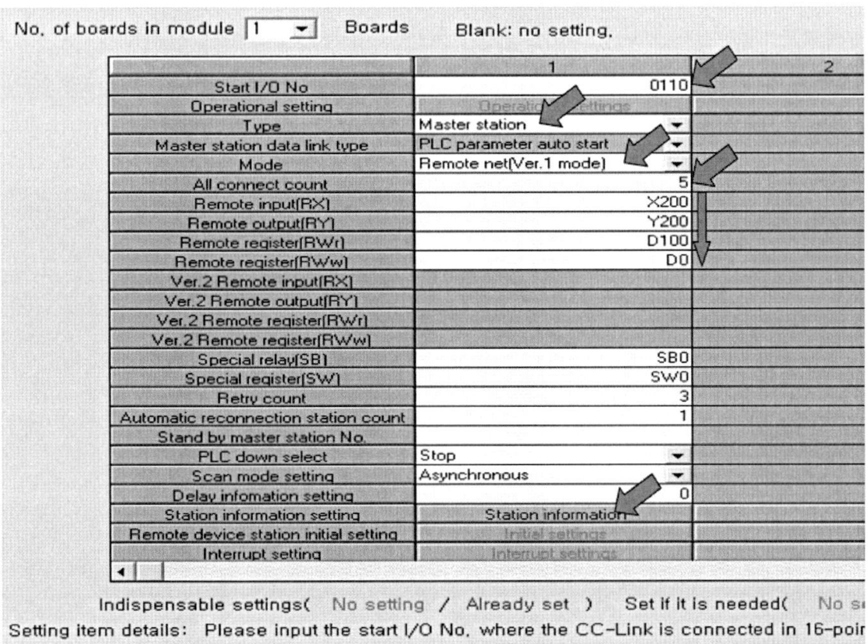

(3) 위의 화면과 같이 설정

- 선두 I/O 번호 : 마스터 모듈이 장착된 선두 I/O(해당 모듈의 선두 I/O를 입력)
- 종류 : 마스터 국으로 설정(마스터 국, 로컬 국, 대기마스터 국 이중화 마스터 국 중 하나를 선택)
- 모드설정 : 리모트 네트워크 Ver.1 모드로 설정

  a. 리모트 네트워크 Ver.1 모드
- Ver.1로 동작하는 모드

  b. 리모트 네트워크 Ver.2 모드
- Ver.2로 동작하는 모드

  c. 리모트 네트워크 추가 모드
- 이미 구축되어 있는 Ver.1 시스템에 Ver.2자 국을 추가할 경우에 사용되는 모드

  d. 리모트 I/O 네트워크 모드
- 리모트 I/O국만으로 시스템을 구성하는 경우에 사용되는 모드(링크스캔 타임을 단축할 수 있음)

  e. 오프라인
- 총 접속 장수 : 마스터 모듈과 연결된 총 접속 장수를 입력(자국 수)
- 리모트 입력(RX) : 마스터와 CPU 사이에서 자동 리플레시 할 디바이스를 입력(입력한 번호부터 사용됨, 나머지 디바이스도 마찬가지)
- 리모트 출력(RY) : 마스터와 CPU 사이에서 자동 리플레시할 디바이스를 입력
- 리모트 레지스터(RWr) : 마스터와 CPU 사이에서 자동 리플레시할 디바이스를 입력(읽기)
- 리모트 레지스터(RWw) : 마스터와 CPU 사이에서 자동 리플레시할 디바이스 를 입력(쓰기)
- 특수 릴레이(SB) : 마스터나 로컬 국의 모듈상태 및 데이터링크상태 표시
- 특수 레지스터(SW) : 마스터나 로컬 국의 모듈상태 및 데이터링크상태 표시
- 재시도 횟수 : 교신 이상 시의 재시도 횟수를 설정(1 ~ 7회)
- 자동복렬 장수 : 한번의 링크스캔에서 복렬 가능한 자국의 장수를 설정(1 ~ 10장)
- 대기마스터 국번 : 대기마스터 국 사용 시 대기마스터 국의 국번을 설정
- CPU다운 지정 : 마스터 국 이상 시 데이터링크를 속행할 것인지를 설정
- 스캔 모드 지정 : 자동 리프레시 속도와 링크스캔의 속도를 동기화시킬 것인지를 설정
- 지연 시간 지정 : 링크스캔 간격을 임의로 지정해 줄 수 있음

(4) 국 정보설정

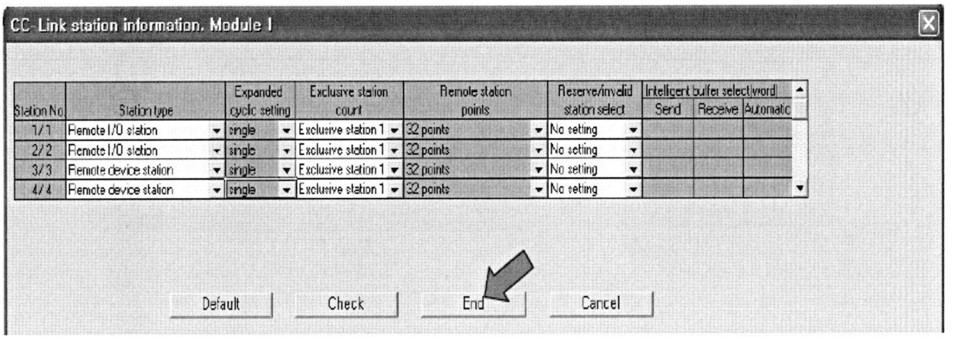

(5) 위의 대화상자가 표시되면 연결된 국의 종류와 점유 국수 등을 확인하고 종료 버튼 클릭.

a. 국 종류 : 해당되는 자국의 종류를 선택.

b. 확장 사이클릭설정 : Ver.2 모드에서의 Ver.2 모듈에 한해 설정 가능.

c. 점유 국수 : 해당 자국이 점유하는 국수를 설정

d. 리모트 국 점수 : Ver.1은 점유 국수에 따라 자동설정, Ver.2는 임의 설정이 가능한 점수.

e. 예약국/무효국 지정 : 예약국 및 무효국을 사용할 경우에 설정.

f. 인텔리전트용 버퍼 지정 : 전용 명령 사용에 따른 트랜전트 전송 시 버퍼 메모리의 사이즈를 할당.

- 송/수신 버퍼 : 64 ~ 4,096 워드 내에서 설정(단, 전체 송/수신 버퍼값이 4,096 워드 이내)
- 자동 갱신 버퍼 : 128 ~ 4,096 워드 내에서 설정(단, 전체 자동 갱신 버퍼값이 4,096 워드 이내)

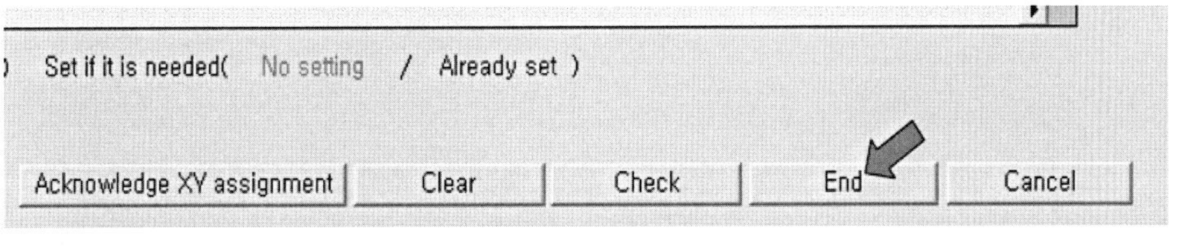

(6) 그 후 네트워크 파라미터의 종료 버튼을 클릭하여 파라미터 설정을 완료함.

7.3.3 리모트 I/O 국의 교신

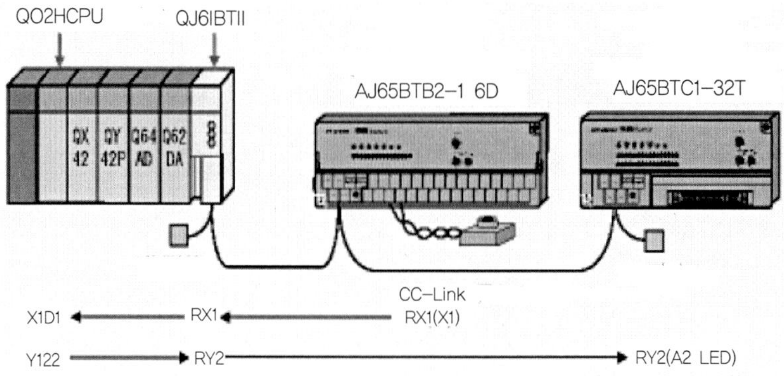

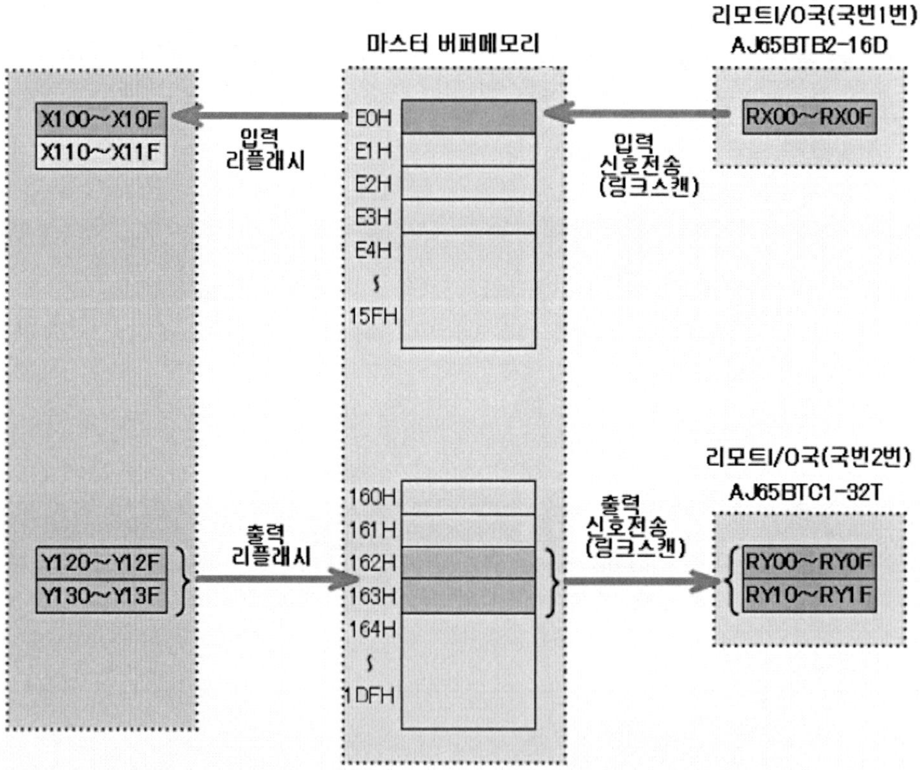

◉ 프로그램

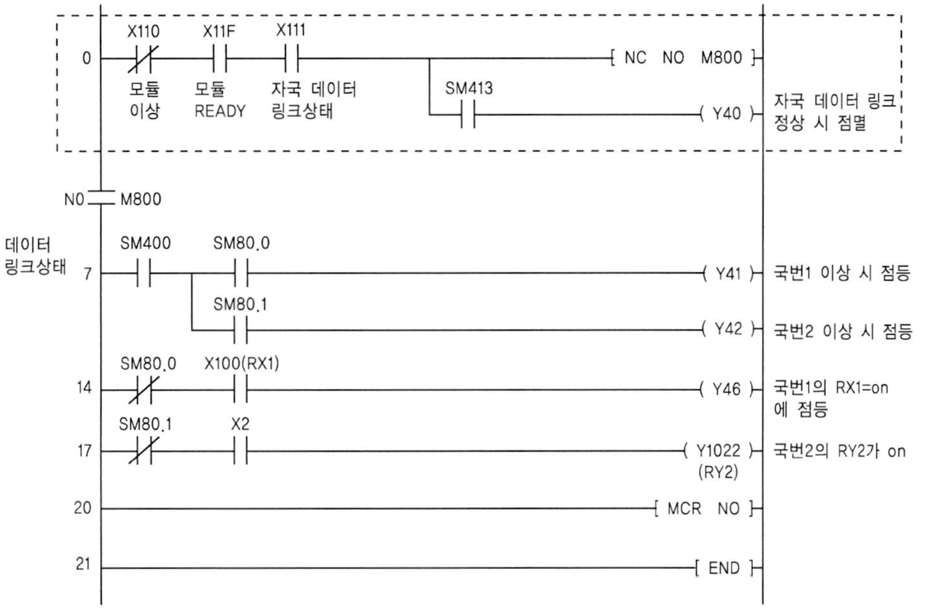

7.3.4 리모트 디바이스 국의 교신

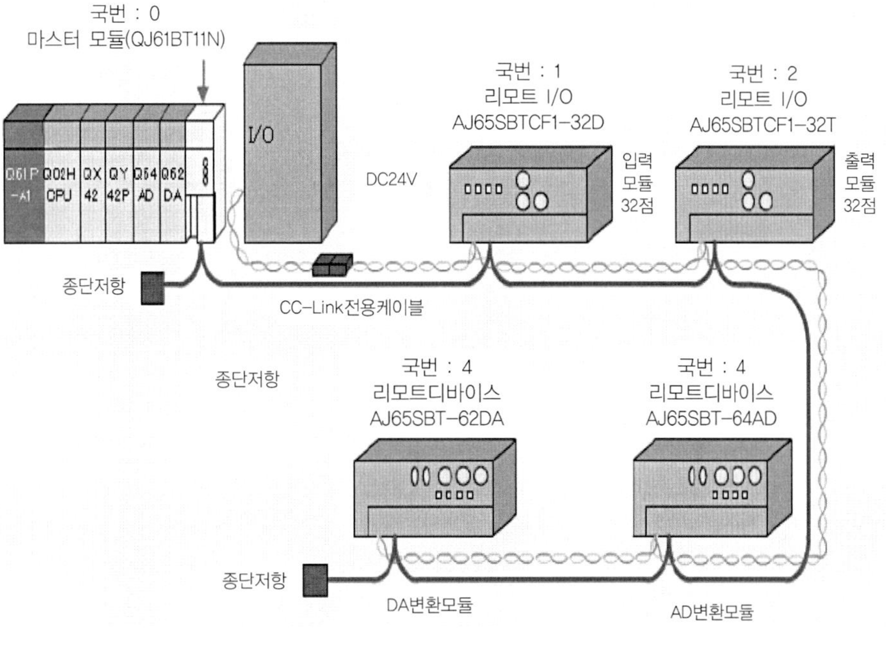

(1) AJ65SBT-64AD

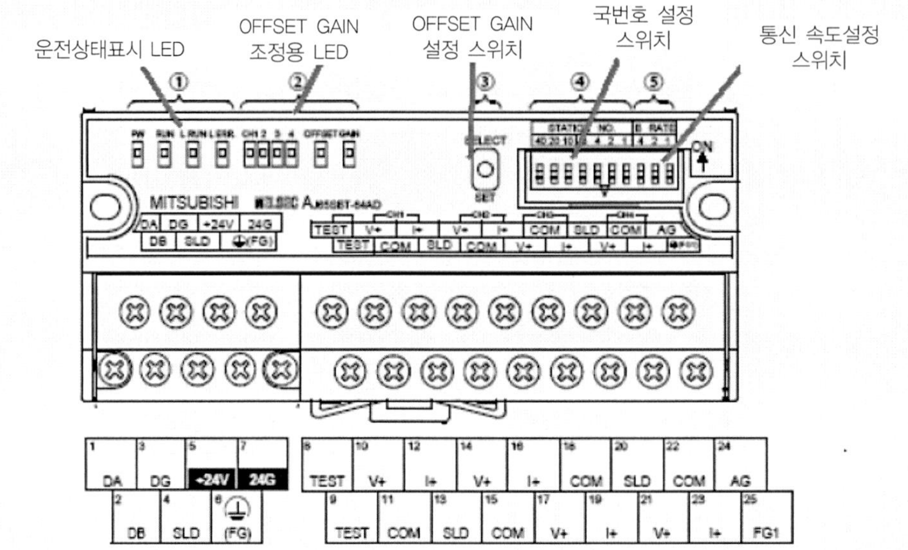

(2) AJ65SBT-62DA

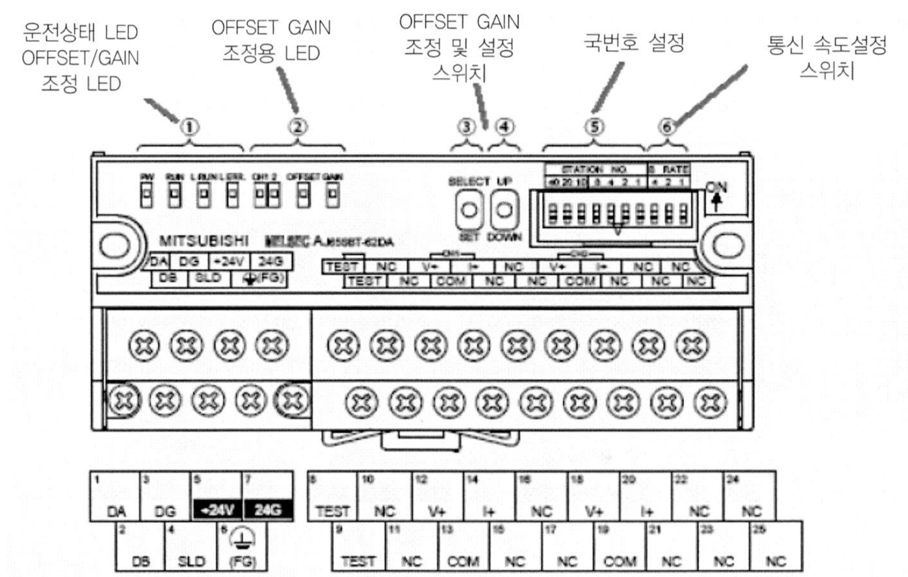

(3) CC-LINK CABLE 접속

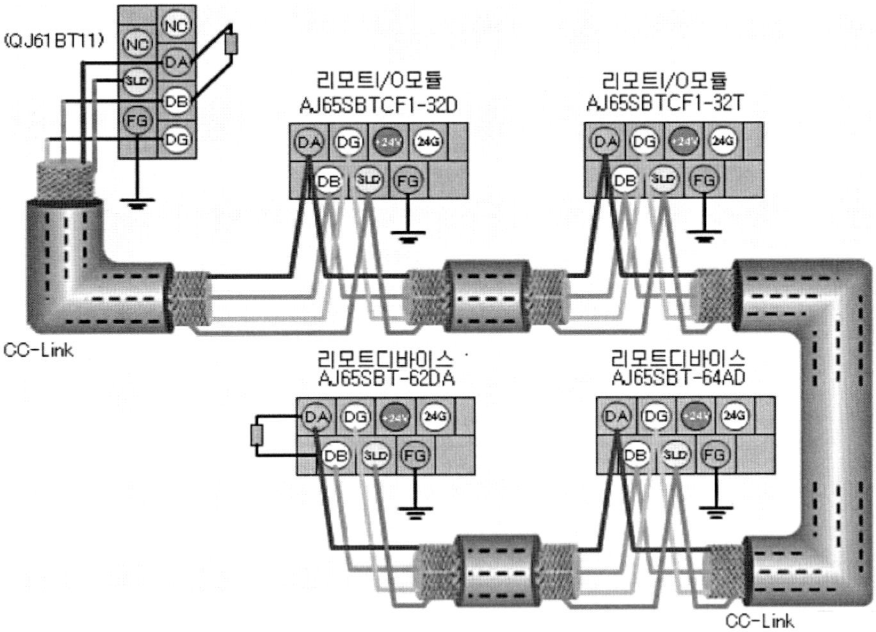

7.3.5 네트워크 파라미터 설정

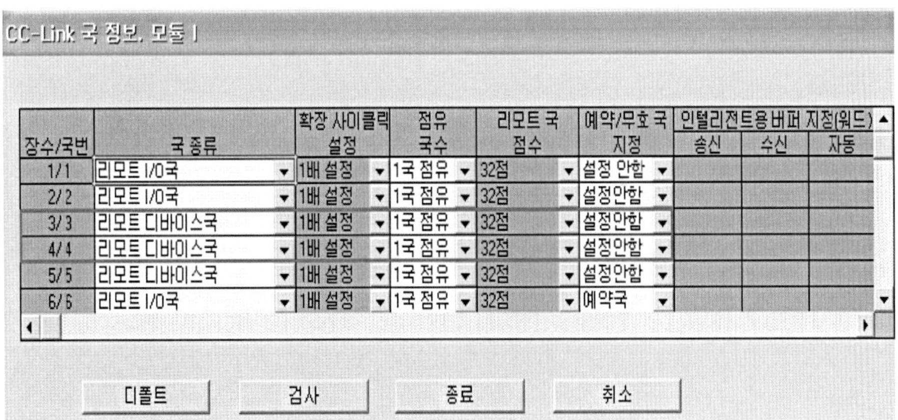

CC-Link 국 정보. 모듈 I

장수/국번	국 종류	확장 사이클릭 설정	점유 국수	리모트 국 점수	예약/무효 국 지정	인텔리전트용버퍼 지정(워드) 송신	수신	자동
1/1	리모트 I/O국	1배 설정	1국 점유	32점	설정 안함			
2/2	리모트 I/O국	1배 설정	1국 점유	32점	설정안함			
3/3	리모트 디바이스국	1배 설정	1국 점유	32점	설정안함			
4/4	리모트 디바이스국	1배 설정	1국 점유	32점	설정안함			
5/5	리모트 디바이스국	1배 설정	1국 점유	32점	설정안함			
6/6	리모트 I/O국	1배 설정	1국 점유	32점	예약국			

디폴트 검사 종료 취소

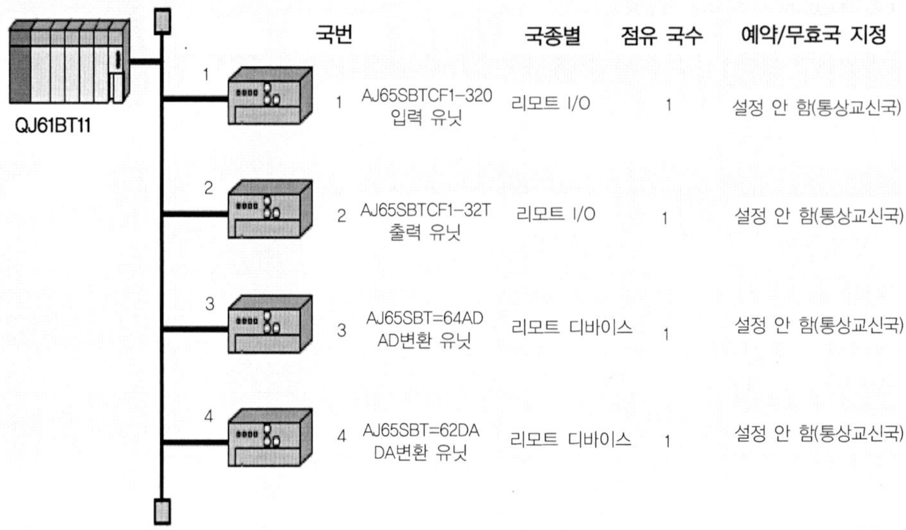

(1) AJ65SBT-64AD

① 리모트 디바이스 일괄

신호방향 : AJ65SBT-64AD → 마스터 국		신호방향 : 마스터 국 → AJ65SBT-64AD	
리모트 출력(RX)	신호 명칭	리모트 출력(RY)	신호 명칭
RXn0	CH.1 A/D 변환 플래그	RYn0	CH.1 이동평균 처리 지정 플래그
RXn1	CH.2 A/D 변환 플래그	RYn1	CH.2 이동평균 처리 지정 플래그
RXn2	CH.3 A/D 변환 플래그	RYn2	CH.3 이동평균 처리 지정 플래그
RXn3	CH.4 A/D 변환 플래그	RYn3	CH.4 이동평균 처리 지정 플래그
RXn4	CH1 범위 에러 플래그	RYn4 ~ RY(n+1)7	사용 불가
RXn5	CH2 범위 에러 플래그		
RXn6	CH3 범위 에러 플래그		
RXn7	CH4 범위 에러 플래그		
RXn8 ~ RXnB	사용 불가		
RXnC	E^2PROM 쓰기 에러 플래그		
RXnD	사용 불가		
RXnE			

리모트 출력(RX)	신호 명칭	리모트 출력(RY)	신호 명칭
RXnF	TEST 모드 플래그	RYn4 ~ RY(n+1)7	사용 불가
RX(n+1)0 ~ RX(n+1)7	사용 불가		
RX(n+1)8	초기화 데이터처리 요구 플래그	RY(n+1)8	초기화 데이터처리 완료 플래그
RX(n+1)9	초기화 데이터설정 완료 플래그	RY(n+1)9	초기화 데이터설정 요구플래그
RX(n+1)A	에러상태 플래그	RY(n+1)A	에러 리셋 요구 플래그
RX(n+1)B	리모트 READY	RY(n+1)B ~ RY(n+1)F	사용 불가
RX(n+1)C ~ RX(n+1)F	사용 불가		

② 리모트 레지스터

신호방향	어드레스	내용	초기값
마스터→리모트	RWwm	A/D 변환 허가, 금지 지정	0
	RWwm+1	입력 범위설정	0
	RWwm+2	이동 평균 처리 회수설정	0
	RWwm+3	사용 금지	0
마스터→리모트	RWrn	CH.1 디지털 출력값	0
	RWrn+1	CH.2 디지털 출력값	0
	RWrn+2	CH.3 디지털 출력값	0
	RWrn+3	CH.4 디지털 출력값	0

③ RWwm

b15	b14	b13	b12	b11	b10	b9	b8	b7	b6	b5	b4	b3	b2	b1	b0
–	–	–	–	–	–	–	–	–	–	–	–	CH.4	CH.3	CH.2	CH.1

b15~b4: 무효

b3~b0:
1 : A/D 변환 허가
0 : A/D 변환 금지

④ RWwm+1

b15 ~ b12	b11 ~ b8	b7 ~ b4	b3 ~ b0
CH.4	CH.3	CH.2	CH.1

입력 범위	설정 값
−10~+10V	0_H
0~5V	1_H
1~5V	2_H
0~20mA	3_H
4~20mA	4_H
사용자 범위 설정 1 (−10~+10V)	5_H
사용자 범위 설정 2 (0~5V)	6_H
사용자 범위 설정 3 (0~20mA)	7_H

⑤ RWwm+2

b15 b14	b13 b12	b11 b10	b9 b8	b7 b6	b5 b4	b3 b2	b1 b0
−	CH.4	−	CH.3	−	CH.2	−	CH.1
무효		무효		무효		무효	

설정회수	설정값
4회	0_H
8회	1_H
16회	2_H
32회	3_H

(2) AJ65SBT-62DA

① 리모트 입출력 일괄

신호방향 : AJ65SBT-62DA → 마스터 국		신호방향 : 마스터 국 → AJ65SBT-62DA	
리모트 출력(RX)	**명칭**	**리모트 출력(RY)**	**명칭**
RXn0 ~ RXnB	사용 불가	RYn0	CH.1 아날로그 출력 허가 /금지 플래그
RXnC	E²PROM 쓰기 에러 플래그	RYn1	CH.1 아날로그 출력 허가 /금지 플래그
RXnD	사용 불가	RYn2 ~ RY(n+1)7	사용 불가
RXnE			
RXnF	TEST 모드 플래그		
RX(n+1)0 ~ RX(n+1)7	사용 불가		
RX(n+1)8	초기화 데이터 요구 플래그	RY(n+1)8	초기화 데이터완료 플래그
RX(n+1)9	초기화 데이터설정 완료 플래그	RY(n+1)9	초기화 데이터설정 요구 플래그
RX(n+1)A	에러상태 플래그	RY(n+1)A	에러 리셋 요구 플래그
RX(n+1)B	리모트 READY	RY(n+1)B	사용 불가
RX(n+1)C ~ RX(n+1)F	사용 불가	RY(n+1)B ~ RY(n+1)F	

② 리모트 레지스터

신호방향	어드레스	내용	초기값
마스터→리모트	RWwm	CH.1 디지털 값 설정	0
	RWwm+1	CH.2 디지털 값 설정	0
	RWwm+2	아날로그 출력허가/금지 설정	0
	RWwm+3	출력범위/HOLD/CLEAR설정	0

신호방향	어드레스	내용	초기값
마스터→리모트	RWrn	CH.1 체크 코드	0
	RWrn+1	CH.2 체크 코드	0
	RWrn+2	에러 코드	0
	RWrn+3	사용 금지	0

③ RWwm+2

b15	b14	b13	b12	b11	b10	b9	b8	b7	b6	b5	b4	b3	b2	b1	b0
														CH.2	CH.1

b15~b2: 무효

b1, b0:
0:변환 금지
1:변환 허가

④ RWwm+3

b15 ~ b12	b11 ~ b8	b7 ~ b4	b3 ~ b0
CH.2	CH.1	CH.2	CH.1

b15~b8: 출력 범위설정

0_H : −10~+10V
1_H : 0~5V
2_H : 1~5V
3_H : 0~20mA
4_H : 4~20mA
5_H : 사용자 범위설정1(−10~+10V)
6_H : 사용자 범위설정2(0~5V)
7_H : 사용자 범위설정3(0~20mA)

b7~b0: HOLD/CLEAR설정

0_H : CLEAR
$1\sim F_H$: HOLD

7.3.6 리모트 디바이스 국의 초기화 설정

리모트 디바이스 국에 사용하는 유닛의 초기화 내용을 네트워트 파라미터에서 등록 가능하다. 예를 들면, AJ65SBT-64AD의 경우 'AD변환의 허가, 금지 설정', '평균처리의 설정' 등을 설정한다.

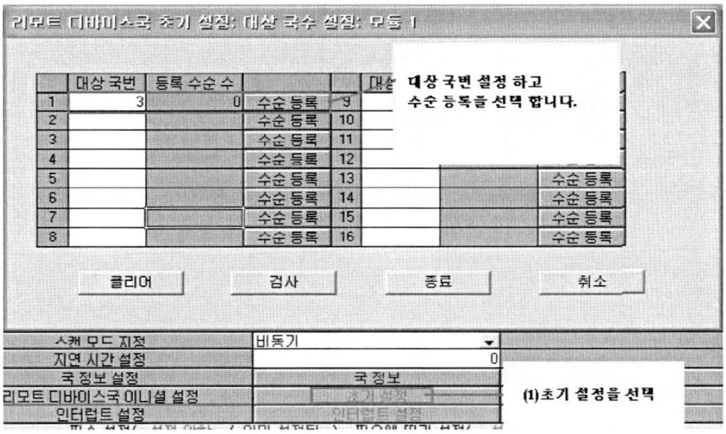

(1) AJ65SBT-64AD

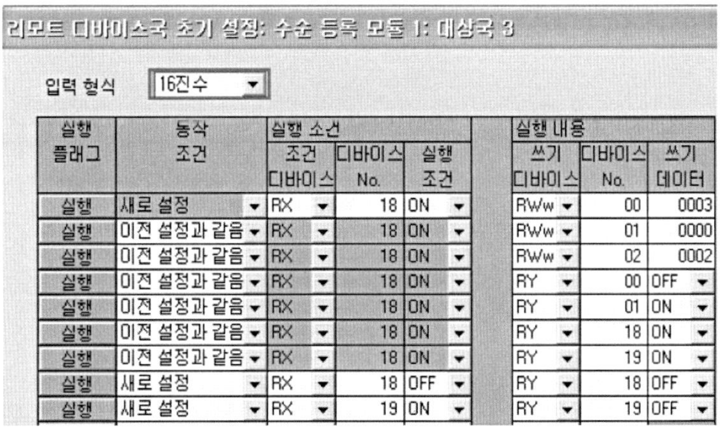

리모트 디바이스국 초기 설정: 수순 등록 모듈 1: 대상국 3

입력 형식 16진수

실행 플래그	동작 조건	실행 조건: 조건 디바이스	실행 조건: 디바이스 No.	실행 조건: 실행 조건	실행 내용: 쓰기 디바이스	실행 내용: 디바이스 No.	실행 내용: 쓰기 데이터
실행	새로 설정	RX	18	ON	RWw	00	0003
실행	이전 설정과 같음	RX	18	ON	RWw	01	0000
실행	이전 설정과 같음	RX	18	ON	RWw	02	0002
실행	이전 설정과 같음	RX	18	ON	RY	00	OFF
실행	이전 설정과 같음	RX	18	ON	RY	01	ON
실행	이전 설정과 같음	RX	18	ON	RY	18	ON
실행	이전 설정과 같음	RX	18	ON	RY	19	ON
실행	새로 설정	RX	18	OFF	RY	18	OFF
실행	새로 설정	RX	19	ON	RY	19	OFF

(2) AJ65SBT-62DA

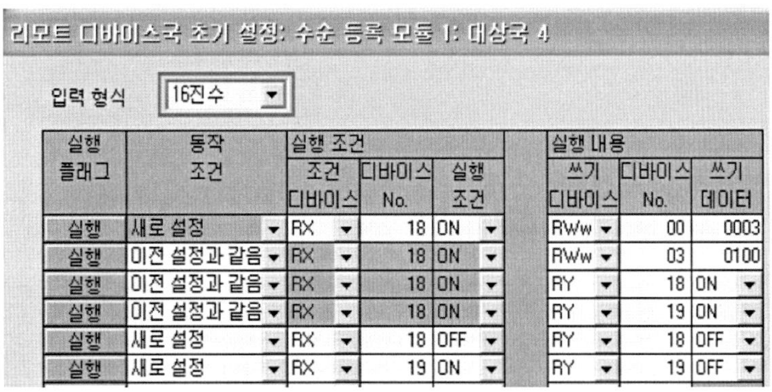

리모트 디바이스국 초기 설정: 수순 등록 모듈 1: 대상국 4

입력 형식 16진수

실행 플래그	동작 조건	실행 조건: 조건 디바이스	실행 조건: 디바이스 No.	실행 조건: 실행 조건	실행 내용: 쓰기 디바이스	실행 내용: 디바이스 No.	실행 내용: 쓰기 데이터
실행	새로 설정	RX	18	ON	RWw	00	0003
실행	이전 설정과 같음	RX	18	ON	RWw	03	0100
실행	이전 설정과 같음	RX	18	ON	RY	18	ON
실행	이전 설정과 같음	RX	18	ON	RY	19	ON
실행	새로 설정	RX	18	OFF	RY	18	OFF
실행	새로 설정	RX	19	ON	RY	19	OFF

- 초기화 수순 등록 지시

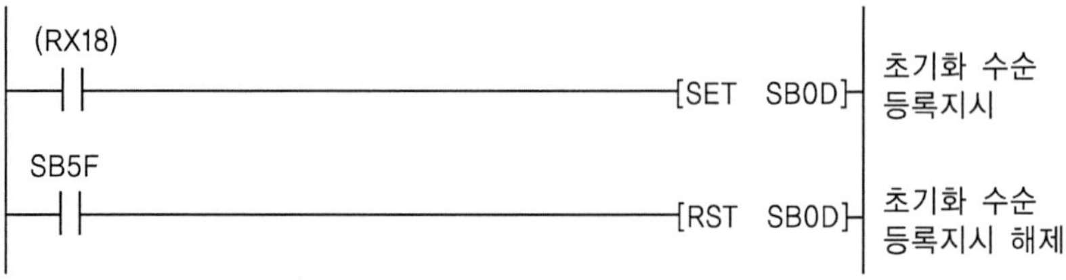

7.4 MELSECNET/H의 개요

7.4.1 Mitsubishi 네트워크의 구조

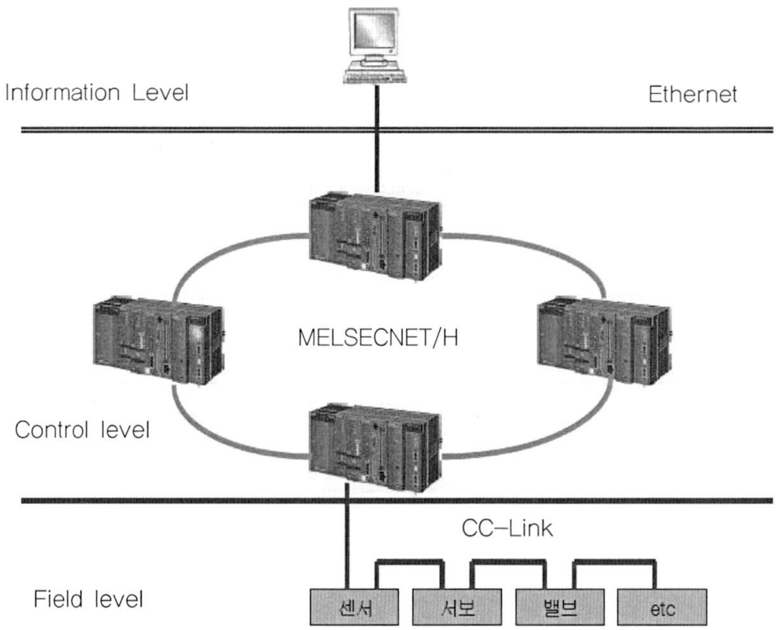

7.4.2 MELSECNET이란?

(1) Mitsubishi 전용 protocol을 이용한 PLC 간의 네트워크

(2) CC-Link와 달리 상호 동등한 마스터의 개념을 가짐(관리국과 일반국으로 나뉘며, CC-Link에서의 마스터와 slave의 개념이 아님)

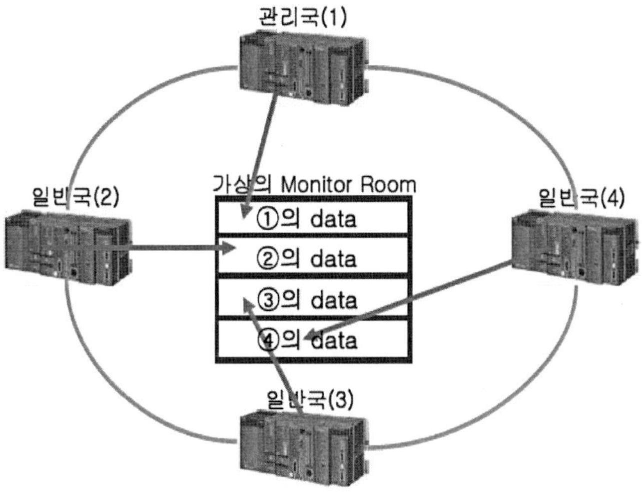

(3) 위의 그림처럼 가상의 monitor room에 관리국(1번국)에서부터 일반국(4번국)까지의 데이터를 자신의 영역에다가 저장함.

(4) 따라서 모든 PLC가 서로 상호간에 데이터를 공유할 수 있음.
(각 PLC는 타 PLC의 어떠한 데이터던지 모두 다 볼 수 있음)

(5) 관리국에서 이 monitor room 영역을 각각의 PLC에 할당함.

7.4.3 MELSECNET의 종류

	MELSECNET	MELSECNET/II	MELSECNET/10	MELSECNET/10H	MELSECNET/H
B/W점수	1024/1024	4096/4096	8192/8192	16384/16384	16384/16384
속도	1.25Mbps	1.25Mbps	10Mbps	10Mbps	10M, 25Mbps
기종	K, An, AnN	AnA, AnS	AnU	QnA, Q	Q
형태	Loop	Loop	Loop, Bus	Loop, Bus	Loop, Bus

7.5 MELSECNET/H의 종류 및 사양

7.5.1 시스템의 구성

(1) 광루프 시스템

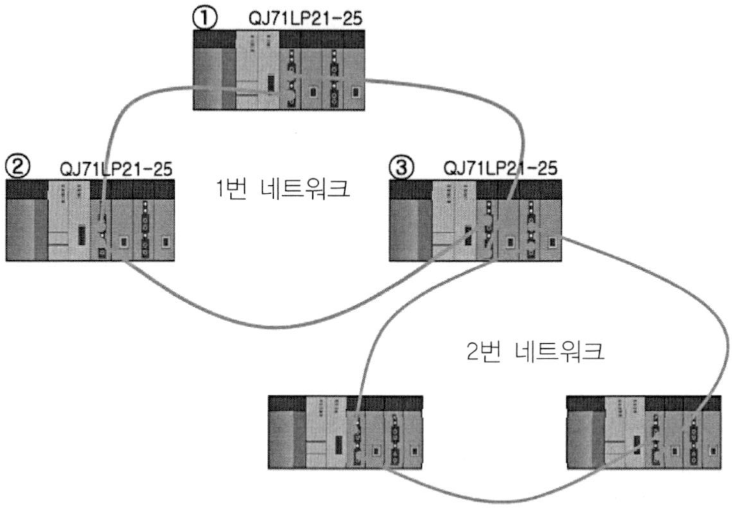

- QJ71LP21-25 모듈의 IN, OUT 단자에 광케이블을 연결하여 앞선 국의 OUT.
- 위의 그림에서처럼 복수의 네트워크 구성 가능.
- 이중 루프로 구성되어 있어 단선이 될 경우에도 데이터 통신이 가능.
  (정루프 : OUT → IN , 부루프 : IN → OUT)
- 단선될 경우 루프 백이라는 기능을 통하여 이상이 발생된 곳을 분리하고, 데이터 교신 가능국 간에서 정상적으로 전송을 계속함.
- 루프백의 원리

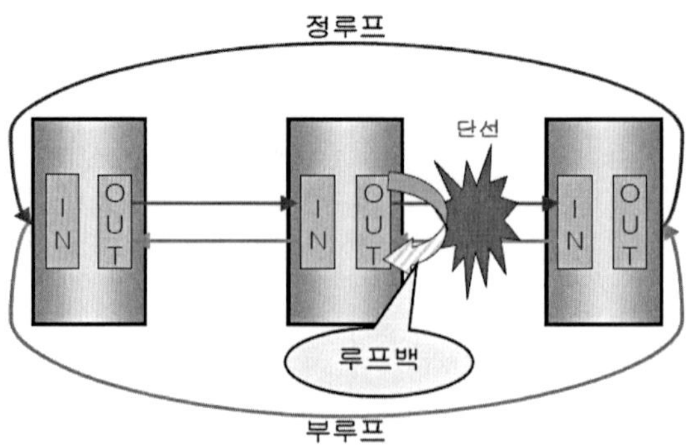

- 위의 그림에서처럼 정루프를 통해 상호 PLC끼리 데이터 링크를 하다가 중간에 단선이 발생할 경우, 루프백이라는 기능을 통하여 부루프로 돌아서 정루프로는 교신하지 못했던 모듈에까지 교신을 가능하게 하는 원리.
- 정루프 / 부루프의 정상/ 이상은 루프백국의 'RD'(수신)의 상태로써 결정됨.

(2) 동축 버스 시스템

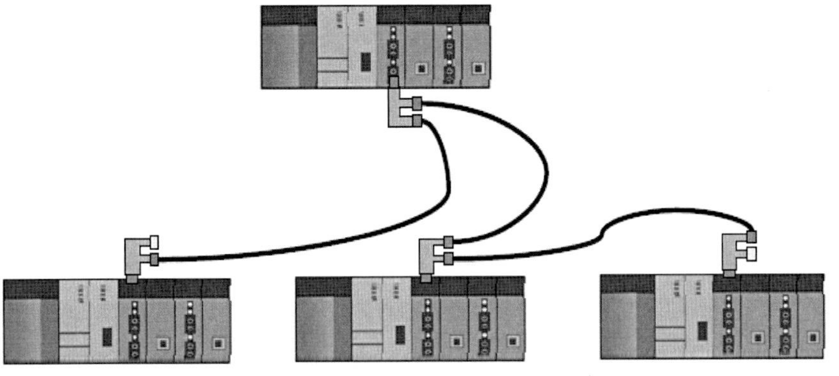

- MELSECNET/H는 광케이블뿐만 아니라 동축 케이블을 이용하여 통신이 가능.
- 동축 케이블을 이용해 통신을 할 때에는 그림에서 보이는 F형 커넥터를 이용하여 PLC 간 상호 연결을 할 수 있음.
- 버스 통신이므로 네트워크의 양 종단에 종단저항(A6RCON-R75, 75Ω)을 달아주어야 함 (종단에서 신호가 사라지지 않고 반사되어 기존 신호들과 섞여들어 올 수 있기 때문에)

7.5.2 모듈의 종류 및 성능 사양

(1) QJ71LP21-25

- 광루프 시스템
- 1네트워크의 최대 접속 국수 : 64국(관리국 1, 일반국 63)
- 1네트워크당 최대 링크 점수 : LX/LY = 8192점 , LB/LW = 16384/16384 점.
- 총 연장 거리 : 30km
- 국 간 거리 : 전송 속도와 케이블의 종류에 따라 달라짐.

종 류		국 간 거리(m)		
		QJ71LP21 QJ71LP21-25:10Mbps 시	QJ71LP21-25:25Mbps 시	QJ71LP21G
SI 광파이버 케이블 (구 타입:A-2P-□)	L 타입	500	200	사용 금지
	H 타입	300	100	-
SI 광파이버 케이블		500	200	-
H-PLCF 광파이버 케이블		1,000	400	-
광대역 H-PLCF 광파이버 케이블		1,000	1000	-
QSI 광파이버 케이블		1,000	1000	-
GI 광파이버 케이블		사용 금지	사용 금지	2,000

- 입출력 점유 점수 : 32점

(2) QJ71LP21S-25

- 외부 전원을 따로 공급할 수 있는 MELSECNET/H 모듈.
- 이 모듈을 사용할 경우 여러 국이 다운된 경우에 다운국에 둘러싸인 국도 다운되지 않고 정상적으로 데이터 링크를 할 수 있음.
- 입출력 점유 점수 : 48점(전원부 : 16점 공백 , LP21S-25 : 32점)

(3) QJ71LP21G

- 통신 속도가 10Mbps로 고정.
- GI 광케이블만 사용 가능(국 간 거리 : 2km)

(4) QJ71BR11

- 동축 버스 시스템(통신 속도 10Mpbs로 고정)
- 1네트워크 최대 접속 장수 : 32장(관리국 1 , 일반국 31)
- 총연장 거리 및 국 간 거리.

접속 국수 / 국 간 케이블 길이	2~9국		10~33국	
케이블의 종류	3C-2V	5C-2V	3C-2V	5C-2V
0~1m	×(1m 미만은 사용할 수 없다)			
1~5m	○	○	○	○
5~13m	○	○	×	×

13~17m	○	○	○	○
17~25m	○	○	×	×
25~300m	○	○	○	○
300~500m	×	○	×	○

7.6 MELSECNET/H 통신 방법

7.6.1 사이클릭 통신

- 동일한 네트워크 내의 국 간에서 링크 디바이스(LB/LW/LX/LY)를 사용하여 정기적으로 데이터 교신하는 기능.
- CPU 모듈 측의 디바이스(B/W/X/Y)와 네트워크 모듈 측의 링크 디바이스(LB/LW/LX/LY)
- 링크 릴레이(LB)와 링크 레지스터(LW)에 의한 교신
- 토큰링 방식: 각 자국이 링을 따라 연결되어 있는 토큰링 방식을 토큰이라 불리는 특별한 프레임이 링을 따라 회전하면서 데이터를 공유하는 방식.

(1) 네트워크 영역 할당(관리국에서 할당)

<Data Flow>

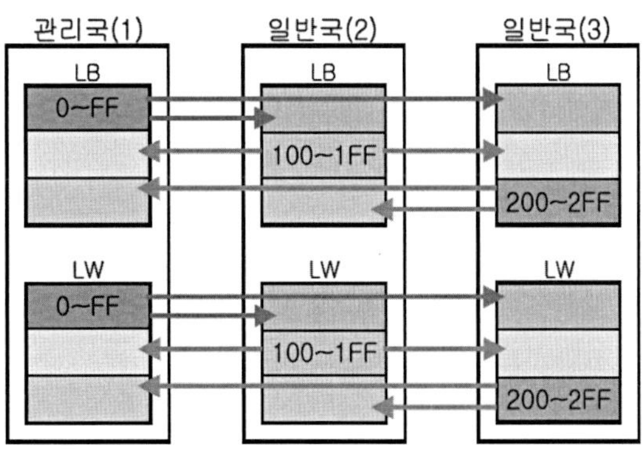

- 관리국의 데이터를 일반국에 전달하고, 마찬가지로 일반국의 데이터를 관리국에 전송.
- MELSECNET은 토큰 링 방식을 통하여 데이터를 공유(토큰이라고 불리는 특별한 프레임을 받아 데이터를 실어 타국의 영역에 전송하는 방식).

- 이 과정에서는 QJ71LP21-25 모듈 사이에서만 데이터를 상호 전달함(각 PLC의 CPU는 개입되지 않음).

(2) 리프레시 설정

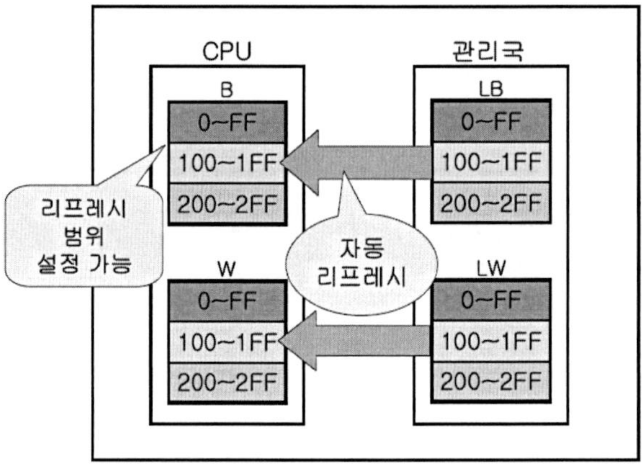

- 네트워크 영역 할당이 끝난 후 관리국은 각 일반국의 데이터 역시 모두 갖고 있게 됨.
- 이때 자동 리프레시라는 기능을 통하여 관리국의 LB, LW의 데이터를 CPU의 B, W 영역에 그대로 매핑됨.
- CPU에서 리프레시 범위 설정이 가능하기 때문에 모든 국의 전 영역의 데이터를 다 볼 수 있고, 또한 관리국의 데이터만 볼 수 도 있음.
- 일반국에서도 이러한 리프레시가 이루어 지는 데 자신이 해당된 PLC의 CPU에 할당함.

(3) 각 PLC별 프로그램

- 1번 PLC 프로그램

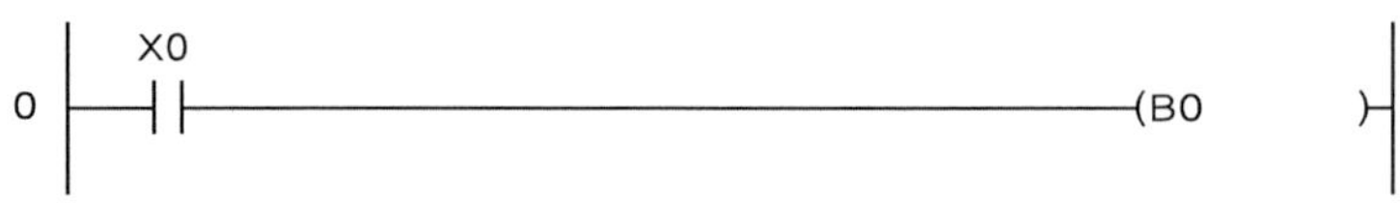

- 2번 PLC 프로그램

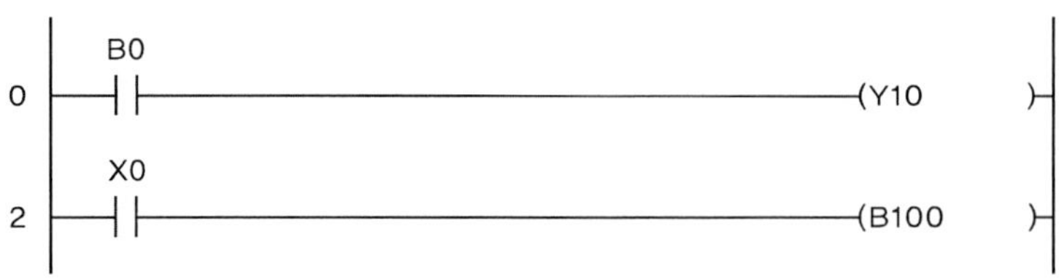

- 3번 PLC 프로그램

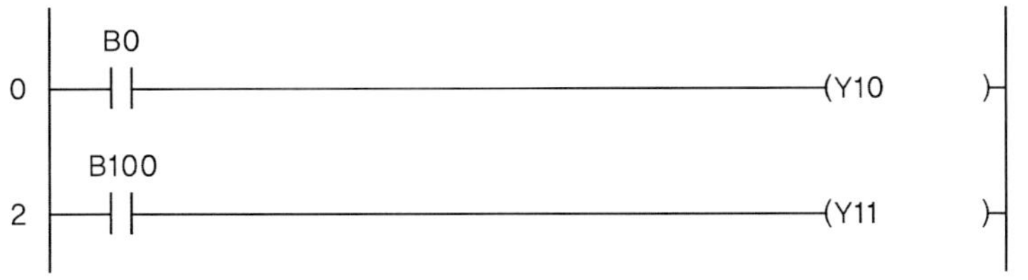

- 위의 프로그램들을 살펴보면, 각각의 프로그램들은 자기 자신의 국에서만 데이터를 올리고 타국에서는 그 데이터를 확인하는 것만 가능.
  (즉, 자기 국만 데이터를 입력할 수 있음)
- LB와 LW와 마찬가지로 SB(링크 특수 릴레이)와 SW(링크 특수 레지스터)도 할당된다.

7.6.2 트랜전트 전송

- 각국 간에 교신 요구가 있을 때만 교신하는 기능(35K 워드까지 교신 가능)
- 동일 네트워크뿐 아니라 타 네트워크와의 통신에도 사용(루틴 기능)
- 전용 명령을 사용(SEND, RECV 등)

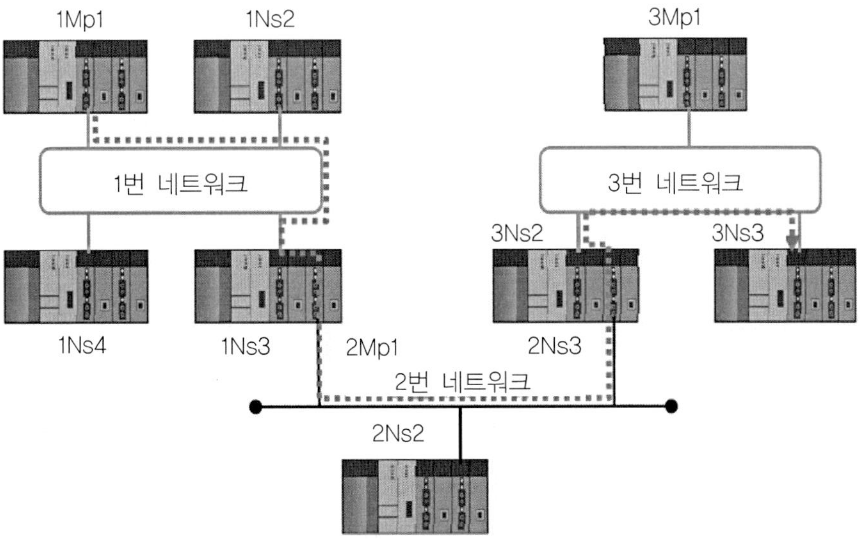

- 타 네트워크와 전송하기 위해서는 경로를 지정해야 함(루틴 파라미터설정).
- 네트워크 번호가 다르면 CPU의 연결 대상 지정으로는 접근이 불가.

- 네트워크 파라미터에서 할당 안 된 다른 영역을 사용하고자 할 때

  Ex) 1번 네트워크의 1번국에서 3번 네트워크의 3번국으로 데이터를 전송하려면, 1Ns3, 2Mp1, 2Ns3, 3Ns2를 경유하여야 한다.

(1) 이때 루틴 파라미터를 트랜전트 전송을 요구하는 1Mp1에 대한 설정.

전송 상대 네트워크 번호(3) 및 중계국(1Ns3)과 여기까지의 중계 네트워크 번호(1)지정.

전송 상대 네트워크	중계 상대 네트워크	중계 상대 국 번호
3	1	3

(2) 브리지 역할을 하는 1Ns3에의 설정

전송 상대 네트워크 번호(3) 및 중계국(2Ns3)과 여기까지의 중계 네트워크 번호(2)지정. 반환설정은 2Ns3에서의 지정에서 도달할 수 있으므로 불필요.

전송 상대 네트워크	중계 상대 네트워크	중계 상대 국 번호
3	2	3

(3) 브리지의 역할을 하는 2Ns3에서의 설정

전송 상대에의 설정은 자국의 상대가 전송 상대 네트워크(3)이므로 불필요. 단 복귀용으로 전송 소스 네트워크 번호(1)를 전송 상대 네트워크 번호로 설정하고, 돌아가기 위한 중계국(2Mp1)과 여기까지의 중계 네트워크 번호(2)를 지정.

전송 상대 네트워크	중계 상대 네트워크	중계 상대 국 번호
1	2	1

7.6.3 명령 일람

(1) 데이터 송신 SEND 명령

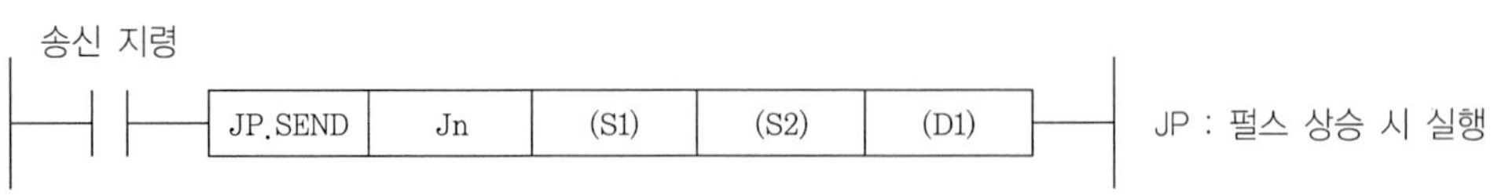

(네트워크 모듈 선두 입출력 번호 지정)

송신 지령

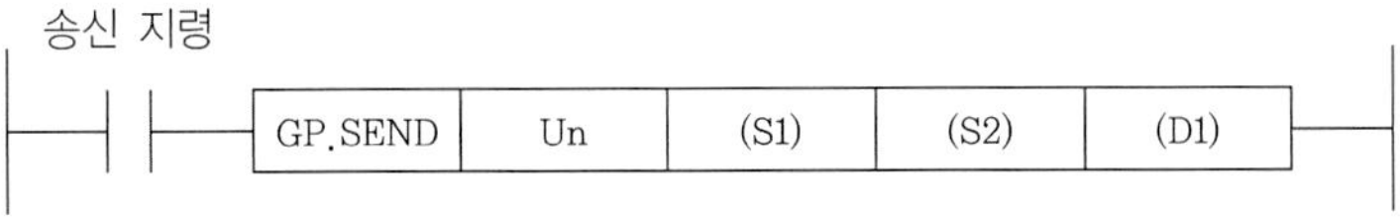

GP : 펄스 상승 시 실행

	설정 내용	설정 범위
Jn	자국의 네트워크 No.	1~239 254 : 다른 국 액세스 시의 유효 모듈에서 지정한 네트워크가 된다.
Un	자국 네트워크 모듈의 선두 입출력 번호 3자리 표현의 입출력 번호를, 상위 2자리로 지정한다.	$0 \sim FE_H$
(S1)	컨트롤 데이터 저장 선두 디바이스 컨트롤 데이터를 저장하고 있는 자국의 선두 디바이스를 지정한다.	워드 디바이스*2
(S2)	송신 데이터 저장 선두 디바이스 송신 데이터를 저장하고 있는 자국의 선두 디바이스를 지정한다.	워드 디바이스*2
(D1)	송신 완료 디바이스 송신 완료 시에 1스캔 on하는 디바이스를 지정한다. (D1)······off : 미완료 on : 완료 (D1)+1······off : 정상 on : 이상	비트 디바이스*1 워드 디바이스의 비트 지정*3

*1 : 비트 디바이스 ······ X, Y, M, L, F, V, B

*2 : 워드 디바이스 ······ T, C, D, W, ST, R, ZR(QOOJCPU는 R, ZR을 사용할 수 없다.)

*3 : 워드 디바이스의 비트 지정 ··· 워드 디바이스, 비트 No.

(2) 데이터 수신 RECV 명령

수신 지령

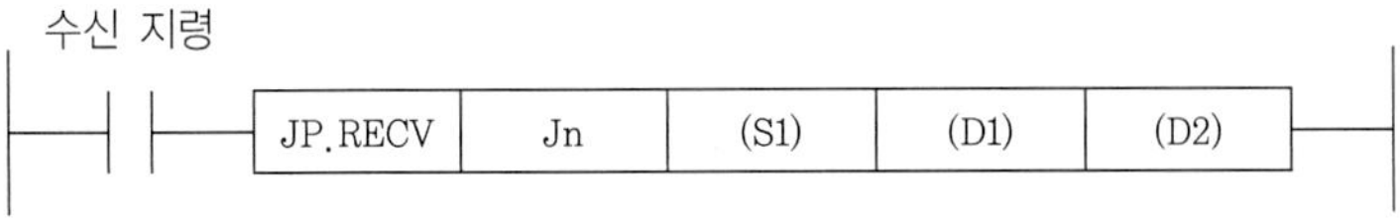

JP : 펄스 상승 시 실행

(네트워크 모듈 선두 입출력 번호 지정)

수신 지령

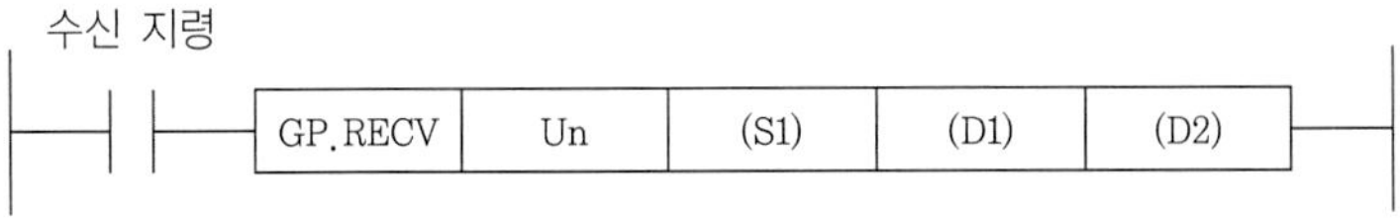

GP : 펄스 상승 시 실행

	설정 내용	설정 범위
Jn	자국의 네트워크 No.	1~239 254:다른 국 액세스 시의 유효 모듈에서 지정한 네트워크가 된다.
Un	자국 네트워크 모듈의 선두 입출력 번호 3자리 표현의 입출력 번호를, 상위 2자리로 지정한다.	0~FE_H
(S1)	컨트롤 데이터 저장 선두 디바이스 컨트롤 데이터를 저장하고 있는 자국의 선두 디바이스를 지정한다.	워드 디바이스[*2]
(D1)	송신 데이터 저장 선두 디바이스 송신 데이터를 저장하고 있는 자국의 선두 디바이스를 지정한다.	워드 디바이스[*2]
(D2)	송신 완료 디바이스 송신 완료 시에 1 스캔 ON하는 디바이스를 지정한다. (D2)……off : 미완료　on : 완료 (D2)+1……off : 정상　on : 이상	비트 디바이스[*1] 워드 디바이스의 비트 지정[*3]

*1 : 비트 디바이스 …… X, Y, M, L, F, V, B

*2 : 워드 디바이스 …… T, C, D, W, ST, R, ZR(QOOJCPU는 R, ZR을 사용할 수 없다.)

*3 : 워드 디바이스의 비트 지정 … 워드 디바이스, 비트 No.

(3) 다른 국 워드 디바이스 읽기 READ, SREAD 명령

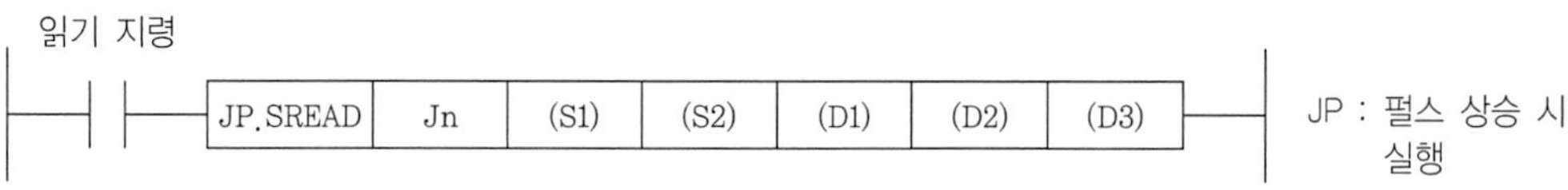

(네트워크 모듈 선두 입출력 번호 지정)

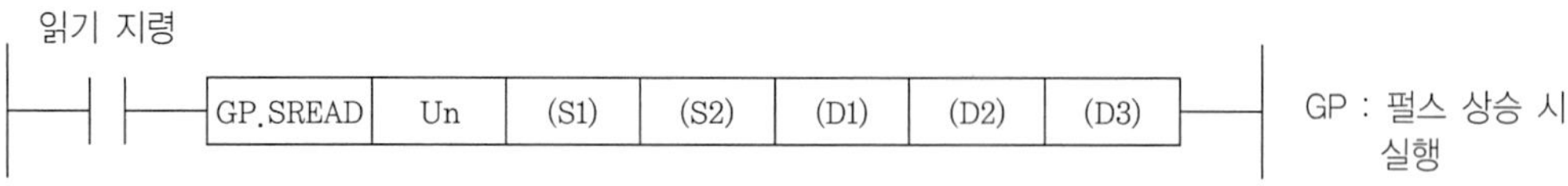

	설정 내용	설정 범위
Jn	자국의 네트워크 No.	1~239 254 : 다른 국 액세스 시의 유효 모듈에서 지정한 네트워크가 된다.
Un	자국 네트워크 모듈의 선두 입출력 번호 3자리 표현의 입출력 번호를, 상위 2자리로 지정한다.	0~FE_H
(S1)	컨트롤 데이터 저장 선두 디바이스 컨트롤 데이터를 저장하고 있는 자국의 선두 디바이스를 지정한다.	워드 디바이스[*2]
(S2)	읽기 데이터가 저장 선두 디바이스(대상국) 읽을 데이터가 저장되어 있는 대상국의 선두 디바이스를 지정한다.	워드 디바이스[*2]
(D1)	읽기 데이터 저장 선두 디바이스(자국) 읽은 데이터를 저장할 자국의 선두 디바이스를 지정한다.	워드 디바이스[*2]
(D2)	읽기 완료 디바이스(자국) 읽기 완료 시에 1 스캔 on하는 디바이스를 지정한다. (D2)……off : 미완료 on : 완료 (D2)+1……off : 정상 on : 이상	비트 디바이스[*1] 워드 디바이스의 비트 지정[*3]
(D3)	읽기 통지 디바이스(대상국) 읽기 완료 시에 1 스캔 on하는 디바이스를 지정한다. (대상국이 다른 국에서 데이터를 읽었는지를 인식할 수 있다) (D3……off : 미완료 on : 완료	비트 디바이스[*1] 워드 디바이스의 비트 지정[*3]

*1 : 비트 디바이스 …… X, Y, M, L, F, V, B

*2 : 워드 디바이스 …… T, C, D, W, ST, R, ZR(QOOJCPU는 R, ZR을 사용할 수 없다.)

*3 : 워드 디바이스의 비트 지정 … 워드 디바이스, 비트 No.

(4) 다른 국 워드 디바이스 쓰기 WRITE, SWRITE 명령

(네트워크 모듈 선두 입출력 번호 지정)

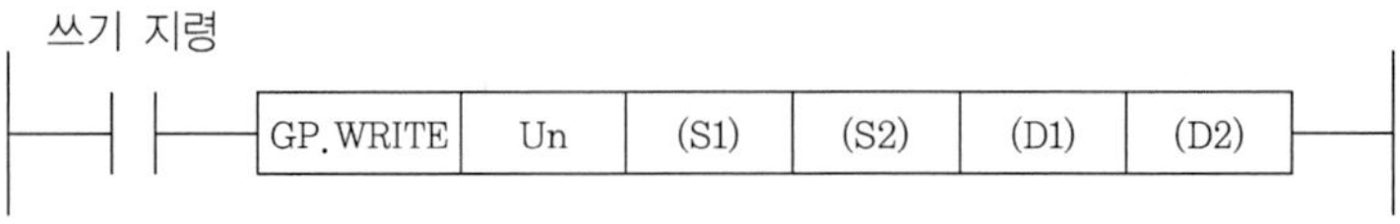

GP : 펄스 상승 시 실행

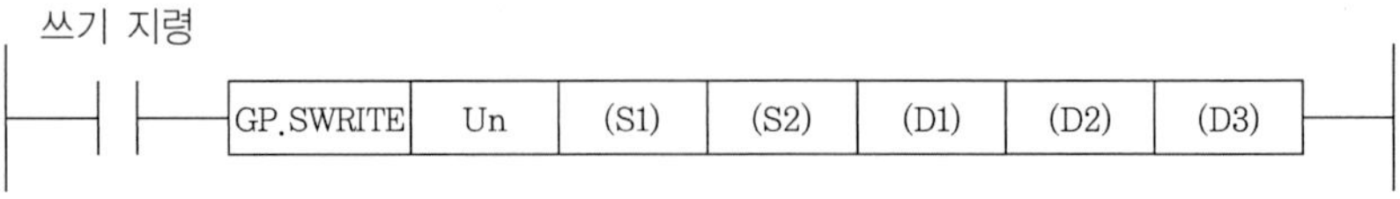

GP : 펄스 상승 시 실행

	설정 내용	설정 범위
Jn	자국의 네트워크 No.	1~239 254 : 다른 국 액세스 시의 유효 모듈에서 지정한 네트워크가 된다.
Un	자국 네트워크 모듈의 선두 입출력 번호 3자리 표현의 입출력 번호를, 상위 2자리로 지정한다.	0~FE_H
(S1)	컨트롤 데이터 저장 선두 디바이스 컨트롤 데이터를 저장하고 있는 자국의 선두 디바이스를 지정한다.	워드 디바이스*2
(S2)	쓰기 데이터가 저장 선두 디바이스(대상국) 쓸 데이터가 저장되어 있는 대상국의 선두 디바이스를 지정한다.	워드 디바이스*2
(D1)	쓰기 데이터 저장 선두 디바이스(자국) 데이터를 저장할 자국의 선두 디바이스를 지정한다.	워드 디바이스*2
(D2)	쓰기 완료 디바이스(자국) 쓰기 완료 시에 1 스캔 on하는 디바이스를 지정한다. (D2)······off : 미완료　on : 완료 (D2)+1······off : 정상　on : 이상	비트 디바이스*1 워드 디바이스의 비트 지정*3
(D3)	쓰기 통지 디바이스(대상국) 쓰기 완료 시에 1 스캔 on하는 디바이스를 지정한다. (대상국이 다른 국에서 데이터를 쓸 것인지를 인식할 수 있다) (D3······off : 미완료　on : 완료	비트 디바이스*1 워드 디바이스의 비트 지정*3

*1 : 비트 디바이스 ······ X, Y, M, L, F, V, B

*2 : 워드 디바이스 ······ T, C, D, W, ST, R, ZR(QOOJCPU는 R, ZR을 사용할 수 없다.)

*3 : 워드 디바이스의 비트 지정 ··· 워드 디바이스, 비트 No.

(5) 다른 국 트랜전트 요구(REQ)

실행 지령

J.REQ	Jn	(S1)	(S2)	(D1)	(D2)

J : ON 시 실행

실행 지령

JP.REQ	Jn	(S1)	(S2)	(D1)	(D2)

JP : 펄스 상승 시 실행

(네트워크 모듈 선두 입출력 번호 지정)

실행 지령

G.REQ	Un	(S1)	(S2)	(D1)	(D2)

G : ON 시 실행

실행 지령

GP.REQ	Un	(S1)	(S2)	(D1)	(D2)

GP : 펄스 상승 시 실행

	설정 내용	설정 범위
Jn	자국의 네트워크 No.	1~239 254 : 다른 국 액세스 시의 유효 모듈에서 지정한 네트워크가 된다.
Un	자국 네트워크 모듈의 선두 입출력 번호 3자리 표현의 입출력 번호를, 상위 2자리로 지정한다.	$0 \sim FE_H$
(S1)	컨트롤 데이터 저장 선두 디바이스 컨트롤 데이터를 저장하고 있는 자국의 선두 디바이스를 지정한다.	워드 디바이스*2
(S2)	요구 데이터가 저장 선두 디바이스(자국) 요구 데이터가 저장되어 있는 자국의 선두 디바이스를 지정한다.	워드 디바이스*2
(D1)	응답 데이터 저장 선두 디바이스(자국) 응답 데이터가 저장되는 자국의 선두 디바이스를 지정한다. 단 시계 데이터 읽기 시에만 저장된다.	워드 디바이스*2
(D2)	읽기 완료 디바이스(자국) 실행 완료 시에 1 스캔 on하는 디바이스를 지정한다. (D2)……off : 미완료 on : 완료 (D2)+1……off : 정상 on : 이상	비트 디바이스*1 워드 디바이스의 비트 지정*3

*1 : 비트 디바이스 …… X, Y, M, L, F, V, B

*2 : 워드 디바이스 …… T, C, D, W, ST, R, ZR(QOOJCPU는 R, ZR을 사용할 수 없다.)

*3 : 워드 디바이스의 비트 지정 … 워드 디바이스, 비트 No.

(6) 다른 국 워드 디바이스 읽기(ZNRD)

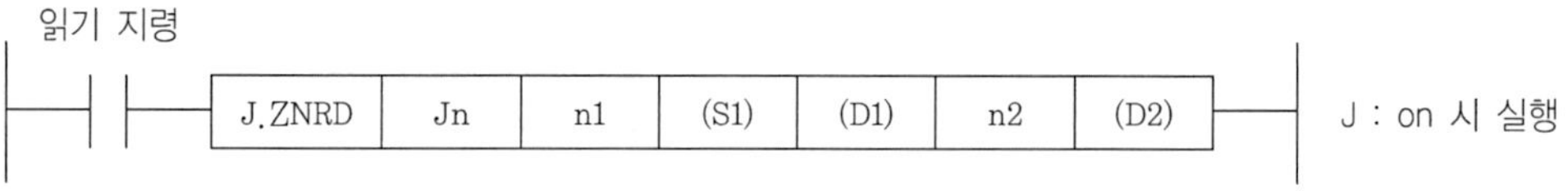

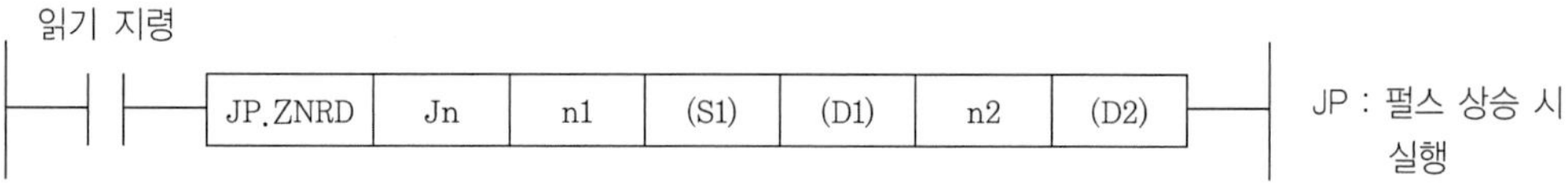

	설정내용	설정범위
Jn	대상국의 네트워크 No.	1~239
n1	대상국 번호	1~64 (정수) 비트 디바이스의 자릿수 지정[*2] 워드 디바이스[*3]
(S1)	데이터를 읽을 대상국의 선두 디바이스	T, C, D, W
(D1)	읽은 데이터를 저장할 자국의 선두 디바이스	워드 디바이스[*3]
n2	읽을 점수(워드)	1~230(정수) : 대상국이 Q/QnACPU인 경우 1~32 : 대상국이 Q/QnACPU이외인 경우 비트 디바이스의 자릿수 지정[*2] 워드 디바이스[*3]
(D2)	완료 디바이스 읽기 완료 시에 1 스캔 ON하는 자국의 디바이스를 지정한다. (D2)……OFF : 미완료 ON : 완료 (D2)+1……OFF : 정상 ON : 이상 이상 완료 시는 SW0031에 에러 코드가 저장된다. (에러 코드에 대해서는 8.3절 참조)	비트 디바이스[*1] 워드 디바이스의 비트 지정[*4]

*1 : 비트 디바이스……X, Y, M, L, F, V, B

*2 : 비트 디바이스의 자릿수 지정 …… K 자릿수, 비트 디바이스 선두 No.

*3 : 워드 디바이스 …… T, C, D, W, ST, R, ZR(QOOJCPU는 R, ZR을 사용할 수 없다.)
*4 : 워드 디바이스의 비트 지정 … 워드 디바이스, 비트 No.

(7) 다른 국 워드 디바이스 쓰기(ZNWR)

Tm기 지령

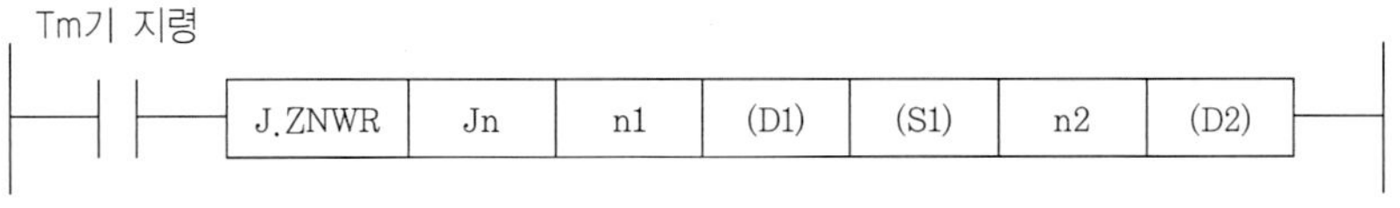

J : on 시 실행

쓰기 지령

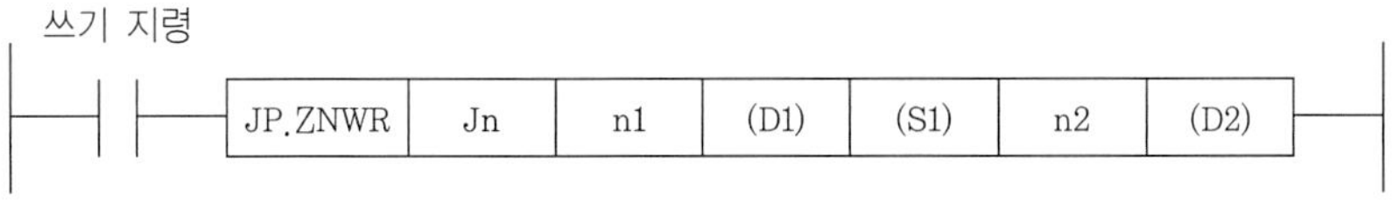

JP : 펄스 상승 시 실행

	설정 내용	설정 범위
Jn	대상국의 네트워크 No.	1~239
n1	대상국 번호	1~64 (정수) 81_H~$A0_H$: 그룹지정 FF_H : 대상 네트워크 No. 모든 국 자국은 제외 비트 디바이스의 자릿수 지정[*2] 워드 디바이스[*3] 그룹 지정시 대상국의 그룹 No.는 GX DEVELOPER로써 네트워크 파라미터에서 설정한다.
(D1)	데이터를 쓸 대상국의 선두 디바이스	T, C, D, W
(S1)	쓰기 데이터를 저장하고 있는 자국의 선두 디바이스	워드 디바이스[*3]
n2	쓰기 점수(워드)	1~230(정수) : 대상국이 Q/QnACPU인 경우 1~32 : 대상국이 Q/QnACPU이외인 경우 비트 디바이스의 자릿수 지정[*2] 워드 디바이스[*3]
(D2)	완료 디바이스 쓰기 완료 시에 1 스캔 on하는 자국의 디바이스를 지정한다. (D2)……off : 미완료 on : 완료 (D2)+1……off : 정상 on : 이상 이상 완료 시는 SW0033에 에러 코드가 저장된다. (에러 코드에 대해서는 8.3절 참조)	비트 디바이스[*1] 워드 디바이스의 비트 지정[*4]

*1 : 비트 디바이스……X, Y, M, L, F, V, B
*2 : 비트 디바이스의 자릿수 지정 …… K 자릿수, 비트 디바이스 선두 No.
*3 : 워드 디바이스 …… T, C, D, W, ST, R, ZR(QOOJCPU는 R, ZR을 사용할 수 없다.)
*4 : 워드 디바이스의 비트 지정 … 워드 디바이스, 비트 No.

7.6.4 링크 디바이스의 다이렉트 액세스

- CPU의 링크 리프레시에 관계없이, 프로그램에 의해 네트워크 모듈의 링크 디바이스(LB, LW, LX, LY, SB, SW)를 직접 읽을 수 있음.
- 리프레시 파라미터에서 링크 리프레시(CPU와 네트워크 모듈 간에 링크 디바이스의 읽기/쓰기를 실행) 범위로 설정되어 있지 않은 링크 디바이스도 읽기/쓰기 할 수 있음.
- 링크 디바이스를 다이렉트 액세스함으로써, 링크 리프레시 시간 및 전송 지연 시간의 단축 가능.

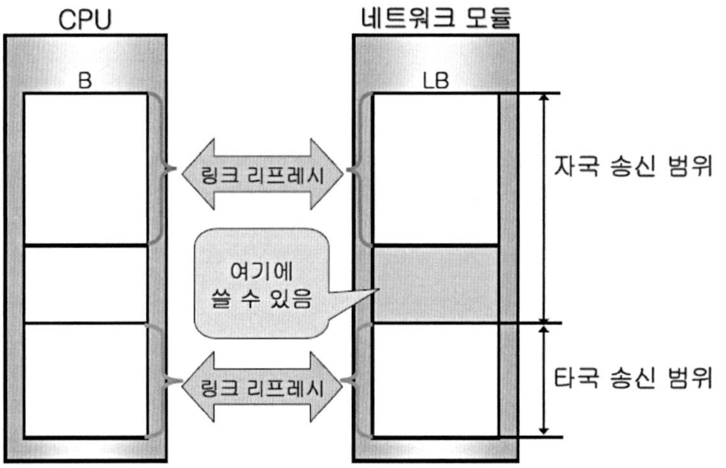

(1) J□￦□의 지정 방법

- 읽기/쓰기 할 모듈의 네트워크 번호와 링크 디바이스를 지정한다.

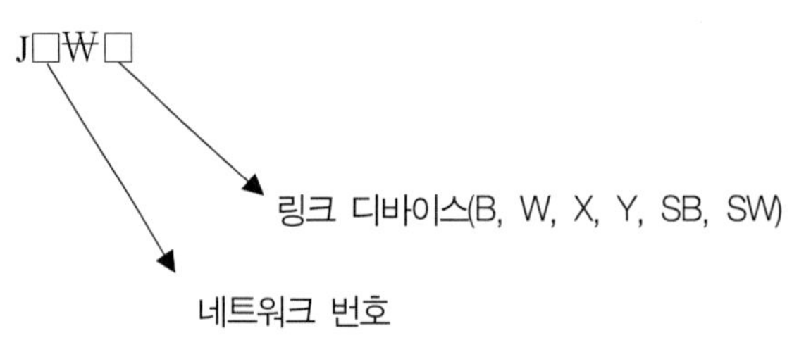

• 사용방법의 예

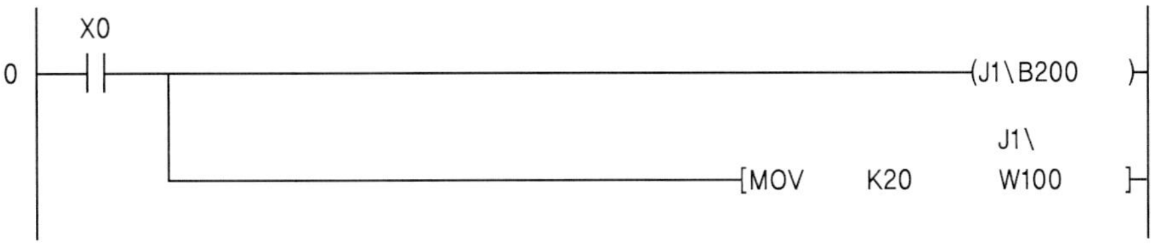

(2) 링크 리프레시 범위 내의 어드레스를 지정한 경우, 실행이 되어 쓰기가 되지만, 링크 리프레시에 의해 CPU 모듈의 링크 디바이스의 데이터가 네트워크 모듈의 링크 디바이스에 덮어 쓰임.

다이렉트 액세스하는 것과 동시에, CPU 모듈의 링크 디바이스에도 동일한 데이터를 써야 함.

• 사용 방법의 예

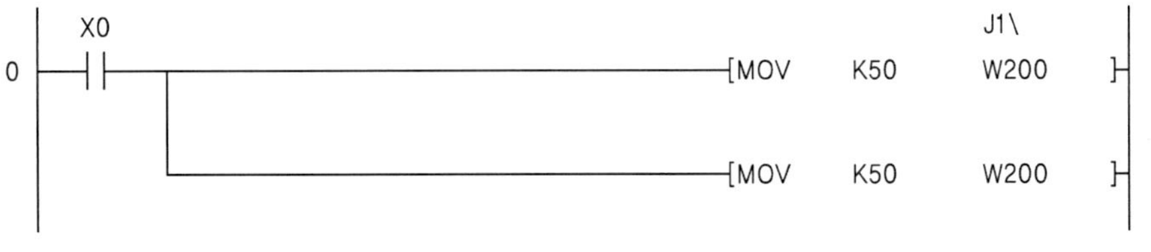

• 링크 리프레시와의 차이점

항목	다이렉트 액세스	링크 리프레시
스텝 수	1 스텝	2 스텝
네트워크 모듈과의 액세스 범위	각 네트워크 모듈의 모든 링크 디바이스	리프레시 파라미터에 설정한 범위

7.7 MELSECNET/H 모듈의 하드웨어 사양

7.7.1 QJ71LP21-25의 외형

광루프 모듈

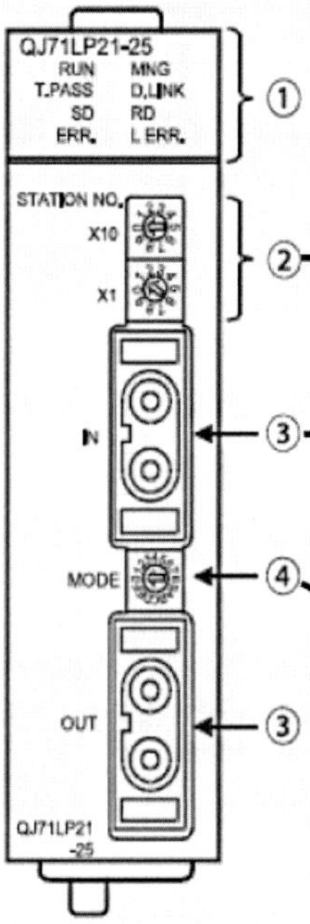

② STATION No.(국번 설정 스위치)
- 동일 네트워크 내에 국번을 설정할 수 있음
- 유효설정 범위(1~64)

③ IN / OUT 커넥터
- 광파이버 케이블을 접속하는 단자
- IN 커넥터 : 정루프 수신 / 부루프 송신용
- OUT 커넥터 : 정루프 송신 / 부루프 수신용

④ MODE 설정 스위치
- 운전 모드를 설정

설정	내 용	
0	온라인	10Mbps 사용 시
1	자기진단 TEST	
2	내부 자기진단 TEST	
3	하드웨어 TEST	
4	온라인	25Mbps 사용 시
5	자기진단 TEST	
6	내부 자기진단 TEST	
7	하드웨어 TEST	
8~F	사용 금지	

오프라인 시의 테스트 : 네트워크 모듈 또는 GX DEVELOPER를 테스트 모드로 설정하여, 시스템 기동 시에 네트워크 모듈의 하드웨어나 데이터 링크 케이블의 배선 등을 확인할 수 있다.

항목	내용	광루프 시스템	동축 버스 시스템
자기진단 테스트	네트워크 모듈 단독으로 전송계의 송수신 회로 및 케이블을 포함한 하드웨어를 점검한다.	○	○
내부 자기진단 테스트	네트워크 모듈 단독으로 전송계의 송수신 회로를 포함한 하드웨어를 점검한다.	○	○
하드웨어 테스트	네트워크 모듈 내부의 하드웨어를 점검한다.	○	○
국 간 테스트	2국 사이의 회선을 체크한다.	○	○
정루프/부루르 테스트	모든 국을 배선한 상태에서 정루프 및 부루프의 배선 상태를 점검한다.	○	×

온라인 시의 테스트: GX-DEVELOPER로써 간단하게 회선상태 등을 확인할 수 있다. 또한, 시스템 가동 중에 트러블이 발생한 경우, 온라인상태 그대로 진단 가능.

항목	내용	광루프 시스템	동축 버스 시스템	데이터링크상태 [사이클릭 전송 및 트랜전트 전송]
루프 테스트	배선상태를 체크한다.	○	×	일시 중단
설정 확인 테스트	관리국, 국번의 중복 등을 점검한다.	○	○	일시 중단
국 순서 확인 테스트	정루프 방향, 부루프 방향으로 접속되어 있는 국 순서를 점검한다.	○	×	일시 중단
교신 테스트	정상적으로 트랜전트 전송이 가능한지를 점검한다. 루턴 파라미터의 설정을 체크하는 기능이 된다.	○	○	계속

(1) LED표시부

<table>
<tr><th>No.</th><th>명칭</th><th>LED상태</th><th>내용</th></tr>
<tr><td rowspan="2">1</td><td rowspan="2">RUN</td><td>녹색 점등</td><td>모듈 정상 운전 중</td></tr>
<tr><td>소등</td><td>WDT 에러 발생(하드웨어 이상)</td></tr>
<tr><td rowspan="2">2</td><td rowspan="2">MNG</td><td>녹색 점등</td><td>관리국 또는 서브 관리국으로써 동작 중</td></tr>
<tr><td>소등</td><td>일반국(관리국 또는 서브 관리국으로써는 동작하지 않는다.)</td></tr>
<tr><td rowspan="3">3</td><td rowspan="3">T.PASS</td><td>녹색 점등</td><td>배턴패스 중(네트워크에 참가하고 있는 상태)</td></tr>
<tr><td>녹색 점멸</td><td>테스트 중, 20회 점멸(약 10초) 시에 테스트 정상 완료로 판단한다.</td></tr>
<tr><td>소등</td><td>배턴패스 미실시 중(네트워크 자국 해열 중)</td></tr>
<tr><td rowspan="2">4</td><td rowspan="2">D.LINK</td><td>녹색 점등</td><td>데이터링크 중(사이클릭 전송을 실행하고 있는 상태</td></tr>
<tr><td>소등</td><td>배턴패스 미실시 중(파라미터 수신 미완료, 자국 CPU 이상, 데이터 링크 정지 지시 등)</td></tr>
<tr><td rowspan="2">5</td><td rowspan="2">SD</td><td>녹색 점등</td><td>데이터 송신 중</td></tr>
<tr><td>소등</td><td>데이터 미송신</td></tr>
<tr><td rowspan="2">6</td><td rowspan="2">RD</td><td>녹색 점등</td><td>데이터 수신 중</td></tr>
<tr><td>소등</td><td>데이터 미수신</td></tr>
<tr><td rowspan="3">7</td><td rowspan="3">ERR.</td><td>적색 점등</td><td>• 국번 설정 에러(1~64 이외), 모드설정 에러(사용 불가능으로 설정되어 있다), 파라미터에 의한 동작 조건설정 에러, 장착 CPU 타입 에러 발생(사용 범위외의 설정, CPU 타입)
• 네트워크 중에 동일 번호의 국이 이미 존재하고 있다.
• 네트워크 중에 관리국이 이미 존재하고 있는데도, 자국이 관리국으로 지정되어 있다.
• 설정된 파라미터에 이상 있음(모순)
• 서브 관리국에서 수신한 파라미터의 자국이 갖고 있는(관리국에서 수신한) 파라미터가 다르다.
• CPU모듈에 중금/심각한 에러 발생</td></tr>
<tr><td>점멸</td><td>네트워크 모듈의 테스트 동작 시에 이상을 검출하였다.</td></tr>
<tr><td>소등</td><td>정상상태</td></tr>
</table>

<계속>

No.	명칭	LED상태	내용
8	L ERR.	적색 점등	통신 에러 있음(아래의 통신 에러가 발생하고 있다) CRC : 케이블 이상, 노이즈 등으로 에러가 된다. OVER : 수신 데이터를 내부에 수신하기 전에 다음의 데이터가 수신되어 이전의 데이터가 삭제되면 에러가 된다. 네트워크 모듈 수신부의 하드웨어 이상 등으로 에러가 발생한다. AB.IF : 프레임 중의 수신 데이터에 "1"로 되어 있는 비트가 규정 이상 있을 때, 또는 수신 데이터가 규정보다 작을 때 에러가 된다. TIME : 감시 시간 내에 자국으로 배턴패스가 돌아오지 않을 때 에러가 된다. DATA : 이상 코드의 데이터를 수신할 때 에러가 발생한다. UNDER : 송신 데이터의 내부 처리가 일정한 간격으로 실행되지 않을 때 에러가 된다. LOOP : 정 또는 부루프 회선에 이상이 있을 때, 자국으로 송신할 인접국의 전원이 off 또는 루프 송신국의 하드웨어 이상일 때 에러가 된다. 〈처리〉 케이블과 커넥터를 점검한다(커넥터 빠짐, 느슨함, IN/OUT 접속 잘못, 케이블의 단선, 흠집, 끌림 등). 상세한 내용은 네트워크 진단을 참조(8.1절)하시오
		소등	통신 에러 없음
9	EXT.PW	녹색 점등	외부 전원 공급 중
		소등	외부 전원 미 공급

◉ 운전까지의 설정과 순서

시 작

↓

모듈의 스위치 설정
- 네트워크 모듈의 동작 조건을 설정한다.
  (STATION No. MODE)
- 네트워크 모듈을 장착한다.
- CPU 모듈을 스톱한다(불의의 출력 방지)
- 입력 전원 전압을 확인한다.

↓

전원 투입
- 전원을 투입하고 전원 모듈의 POWER LED와 네트워크 모듈의 RUN LED 점등을 확인한다.

네트워크 모듈의 단독 체크
- 자기진단 테스트
- 내부 자기진단 테스트
- 하드웨어 테스트

↓

파라미터 설정
- 네트워크 종류, 선두 I/O No. 네트워크 No.
  총(자)국수
- 각국 송신 범위 할당, 페어링 설정, 이중화 설정, 기타
- CPU 모듈로의 파라미터 쓰기

↓

케이블의 접속

↓

GX DEVELOPER로의 오프라인 시의 테스트
- 국 간 테스트
- 정루프 / 부루프 테스트

GX DEVELOPER로의 네트워크 진단
- 루프 테스트(광루프 테스트만)
- 설정 확인 테스트
- 교신 테스트, 기타

↓

프로그래밍, 디버그

↓

종 료

7.7.2 QJ71LP21-25의 하드웨어 설정 방법

(1) 국 번호(Station No.)의 설정

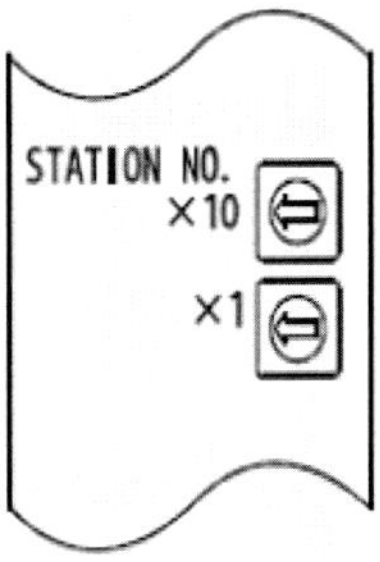

설정	내 용
0	PCL 간 네트워크 시 : 설정 에러 리모트 I/O 네트워크 시 : 유효설정 범위
1	유효설정 범위
2	설정 에러

- 네트워크 내에 있어 네트워크 모듈의 국번을 설정.
- 상단은 10의 자리, 하단은 1의 자리를 설정.
- 동일 네트워크 내에 국번은 중복 불가.

(2) 모드(MODE)의 설정

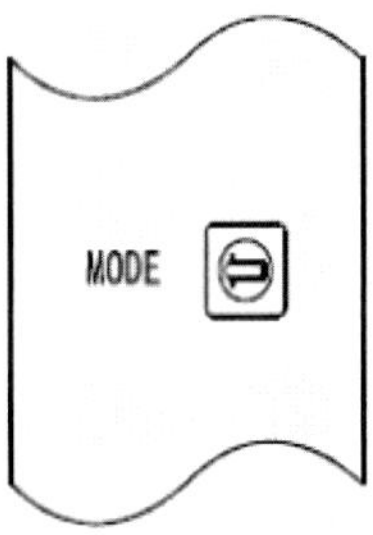

설정	내 용	
0	온라인(네트워크 파라미터의 모드 선택이 유효가 됨)	10Mbps 사용 시
1	자기진단 테스트	
2	내부 자기진단 테스트	
3	하드웨어 테스트	
4	온라인(네트워크 파라미터의 모드 선택이 유효가 됨)	25Mbps 사용 시
5	자기진단 테스트	
6	내부 자기진단 테스트	
7	하드웨어 테스트	
8~F	사용 금지	

- 네트워크 모듈의 운전 모드를 모드설정 스위치로 설정.
- 네트워크 모듈의 단독 체크(자기진단, 내부 자기진단, 하드웨어 테스트) 종료 후에 온라인으로 설정.

7.7.3 네트워크 모듈의 단독 점검

(1) 자기진단 테스트(모드설정 스위치 : 1 또는 5)

- 네트워크 모듈의 송수신 회로를 포함하는 내부 회로 및 케이블의 하드웨어를 점검.
- QJ71LP21-25의 OUT과 IN을 광파이버 케이블로 접속.
- QJ71BR11의 경우 F형 커넥터의 커넥터 양쪽에 종단저항을 접속한다.

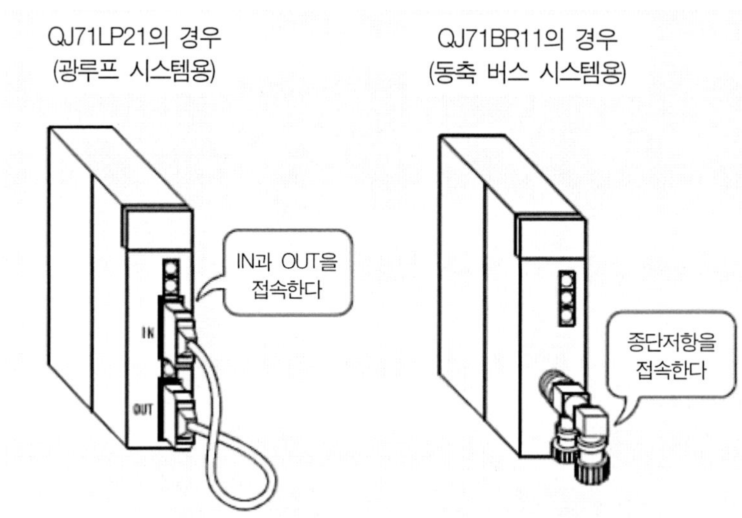

- 네트워크 모듈의 모드 설정 스위치를 1번, 25Mbps로 사용할 경우 5번으로 설정.
- 전원을 ON하면 자기진단 테스트가 시작되며 T.PASS LED가 20회 이상 점멸하면 정상. 이상이 있을 경우 ERR LED가 점멸.

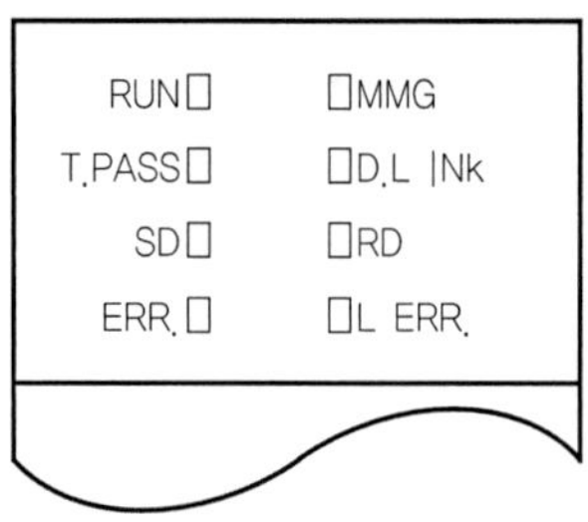

(2) 내부 자기진단 테스트(모드설정 스위치 : 2 또는 6)

- 네트워크 모듈 단독으로 전송계의 송수신 회로를 포함한 하드웨어를 점검.
- QJ71LP21-25에는 광파이버 케이블을 접속하지 않으나, 단 커넥터에 외란 광이 입력되지 않도록 주의해야 함.

QJ71BR11의 경우 케이블이나 종단저항을 접속하지 않는다.

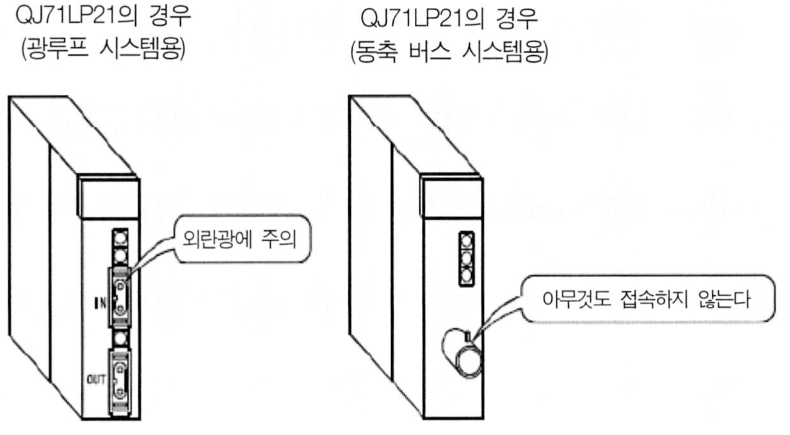

- 네트워크 모듈의 모드설정 스위치를 2번, 25Mbps로 사용할 경우 6번으로 설정.
- 전원을 on하면 내부 자기진단 테스트가 시작되며 T.PASS LED가 20회 이상 점멸하면 정상, 이상이 있을 경우 ERR LED가 점멸.

(3) 하드웨어 테스트(모드설정 스위치 : 3 또는 7)

- 네트워크 모듈 내부의 하드웨어를 점검.
- QJ71LP21-25의 IN과 OUT을 광파이버 케이블로 접속.
  QJ71BR11의 경우 케이블이나 종단저항을 접속하지 않음.

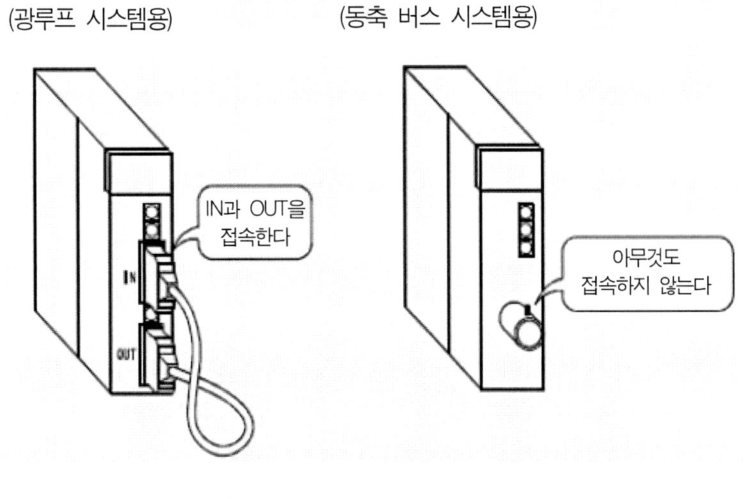

- 네트워크 모듈의 모드설정 스위치를 3번, 25Mbps로 사용할 경우 7번으로 설정.
- 전원을 on하면 하드웨어 테스트가 시작되며 T.PASS LED가 20회 이상 점멸하면 정상.
  이상이 있을 경우 ERR LED가 점멸.

◉ GX-DEVELOPER에서의 오프라인 시의 테스트

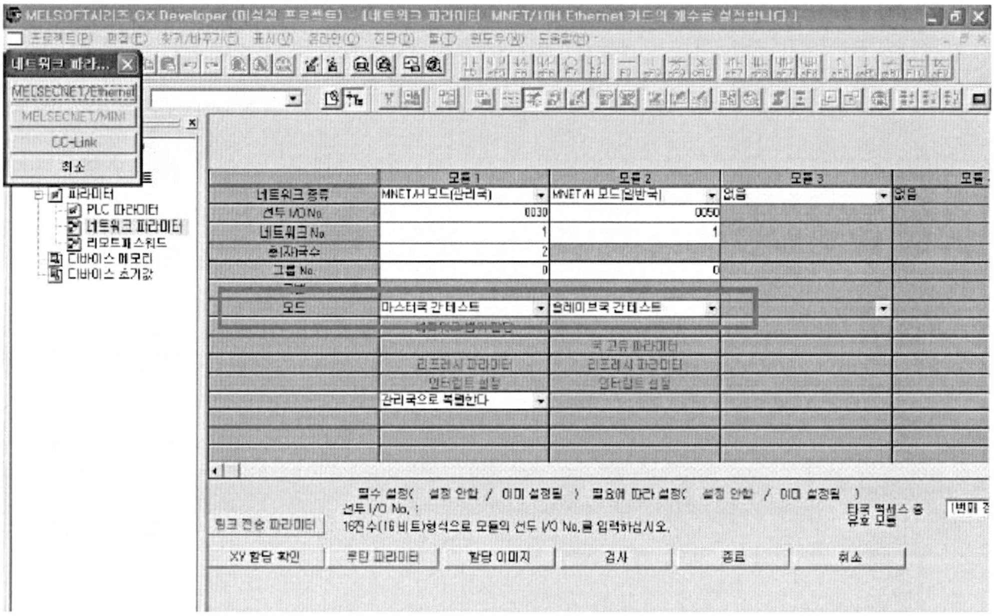

- 네트워크 파라미터에서 모드 탭에서 조정 가능.
  (국 간 테스트, 정루프/부루프 테스트)
- GX-DEVELOPER에서의 온라인 시의 테스트 → 네트워크 진단에서.

7.8 MELSECNET/H 파라미터 설정

7.8.1 네트워크 파라미터 설정

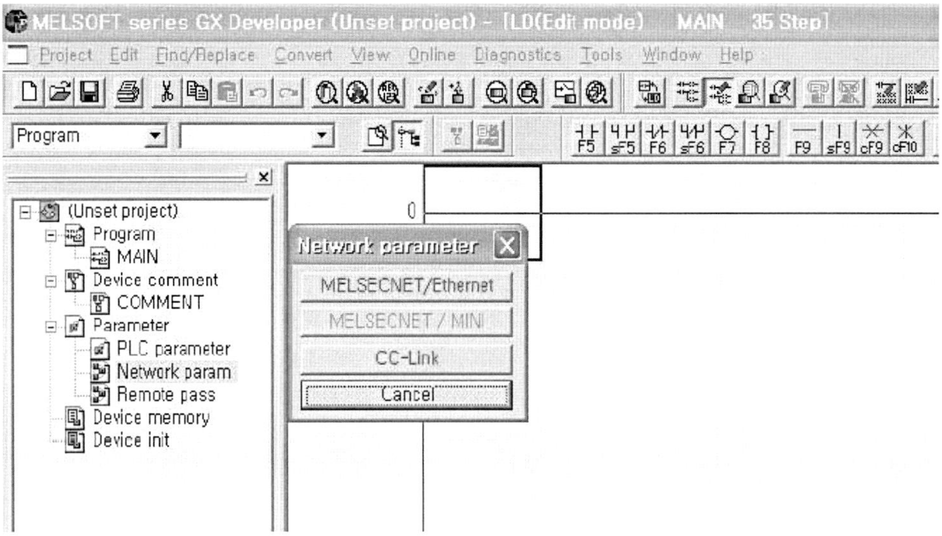

(1) 네트워크 파라미터 선택 후 대화상자가 표시되면 MELSECNET/Ethernet을 클릭.

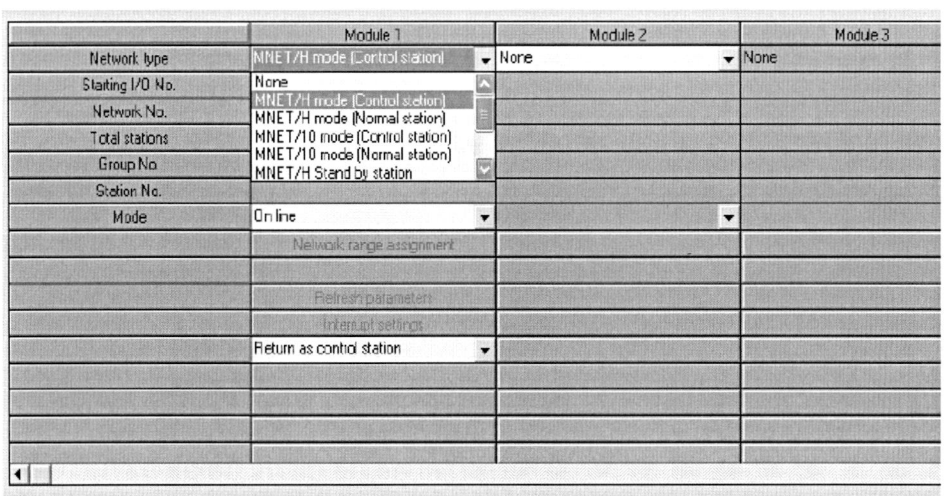

(2) 모듈1에 MNET/H모드로 설정 후 관리국이면 관리국, 일반국이면 일반국을 선택.

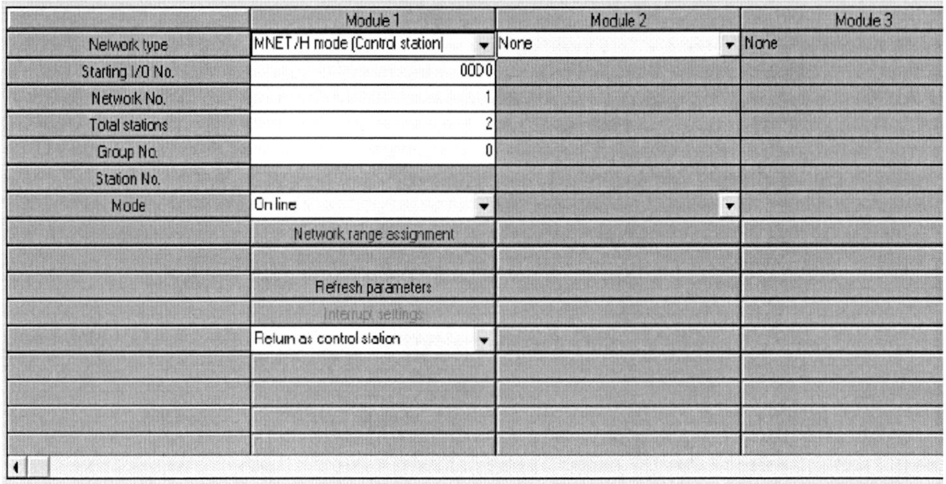

(3) 관리국일 경우 위와 같이 설정

- network type : MNET/H 모드(Control station)
- starting I/O No. : QJ71LP21-25 모듈의 선두 I/O 번호를 입력.
- network No. : 해당 모듈의 네트워크 번호를 입력.
- total stations : 해당 네트워크의 총 접속 장수를 입력.

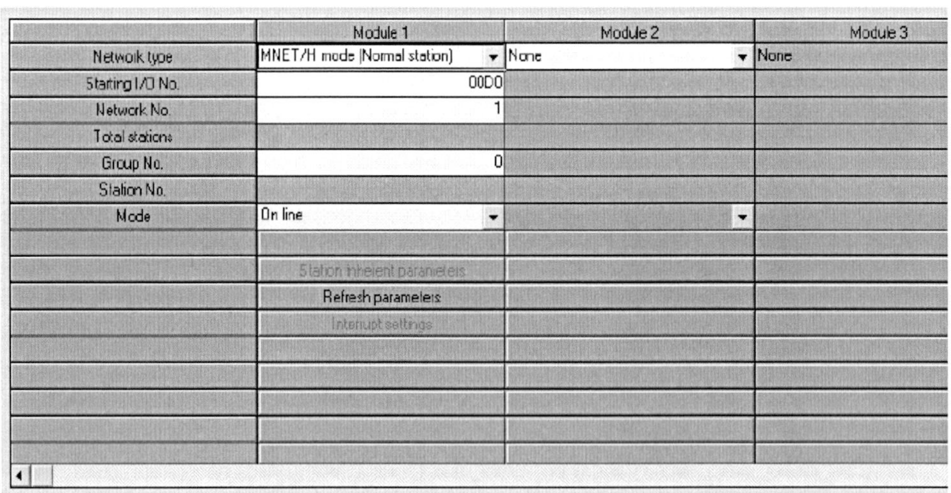

(4) 일반국일 경우 위와 같이 설정

- Network type : MNET/H 모드(Normal station)

- starting I/O No. : QJ71LP21-25모듈의 선두 I/O 번호를 입력.
- network No. : 해당 모듈의 네트워크 번호를 입력.

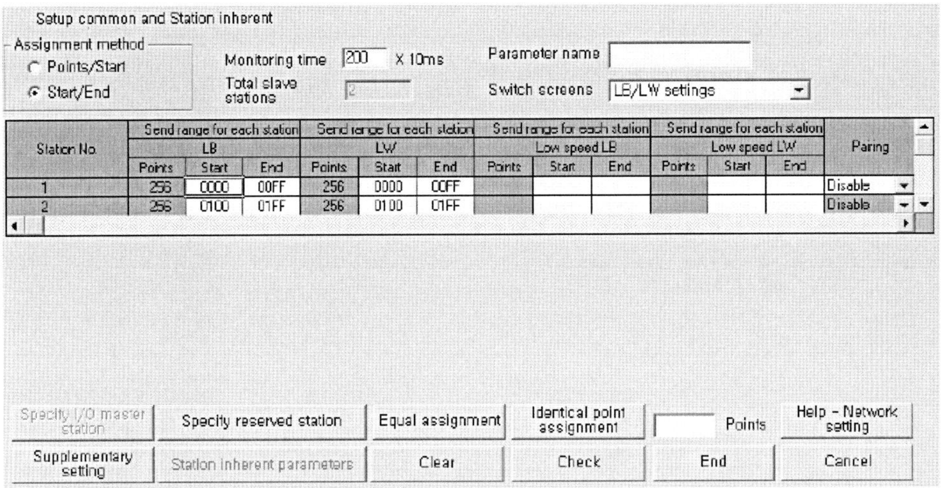

(5) 관리국으로 설정 후 네트워크 range assignment에서 네트워크 모듈의 LB, LW를 할당.

- 이 범위는 한 네트워크에 있어 각국이 송신할 수 있는 LB, LW, LX, LY의 사이클릭 전송 범위를 설정.
- 이 설정은 관리국에서만 필요.
- 일반국에서는 네트워크 기동 시에 관리국에서 네트워크 범위 할당의 데이터를 송신.

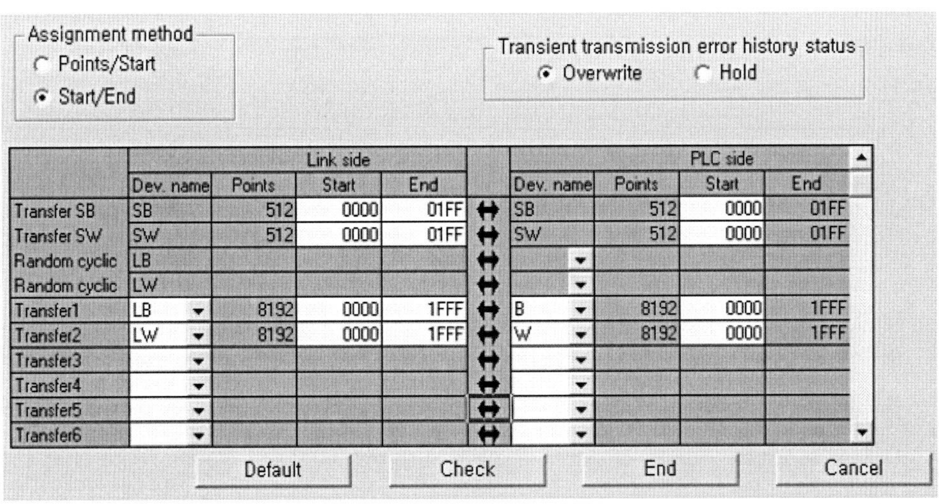

⑥ 리프레시 파라미터 설정

- 네트워크 모듈의 링크 디바이스를 시퀀스 프로그램으로 사용할 수 있도록 CPU의 디바이스에 전송하기 위한 파라미터.
- 시퀀스 프로그램으로써 사용하지 않는 링크 디바이스의 네트워크 리프레시를 줄여서 스캔 타임의 단축 효과가 있음.
- 리프레시 파라미터는 CPU 측의 디바이스 설정을 중복하여 할 수는 없음.

7.9 프로그램 작성 및 실습

7.9.1 관리국의 프로그램

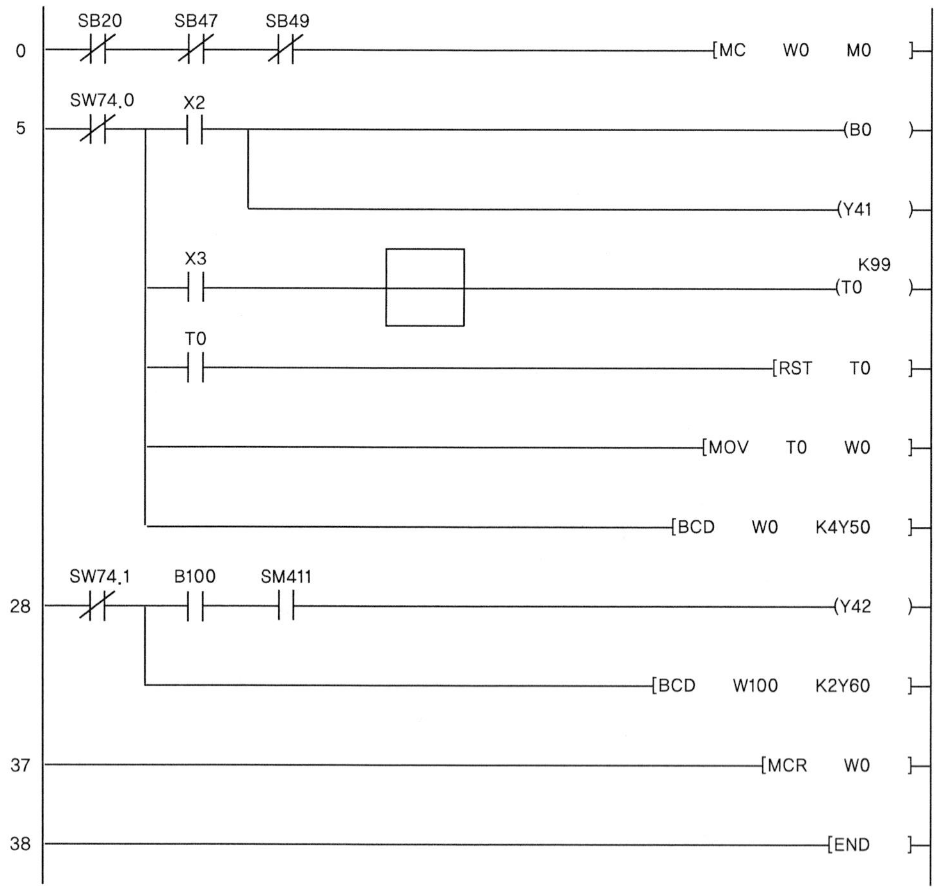

- X2를 on하면 자국의 Y41이 점등하고, 일반국의 Y41이 점멸함.
- X3을 on하면 10초 타이머의 계측이 시작되며, 자국의 Y50~Y5F에 그리고 일반국의 Y60~Y6F에 타이머 현재 값이 표시가 됨.

7.9.2 일반국의 프로그램

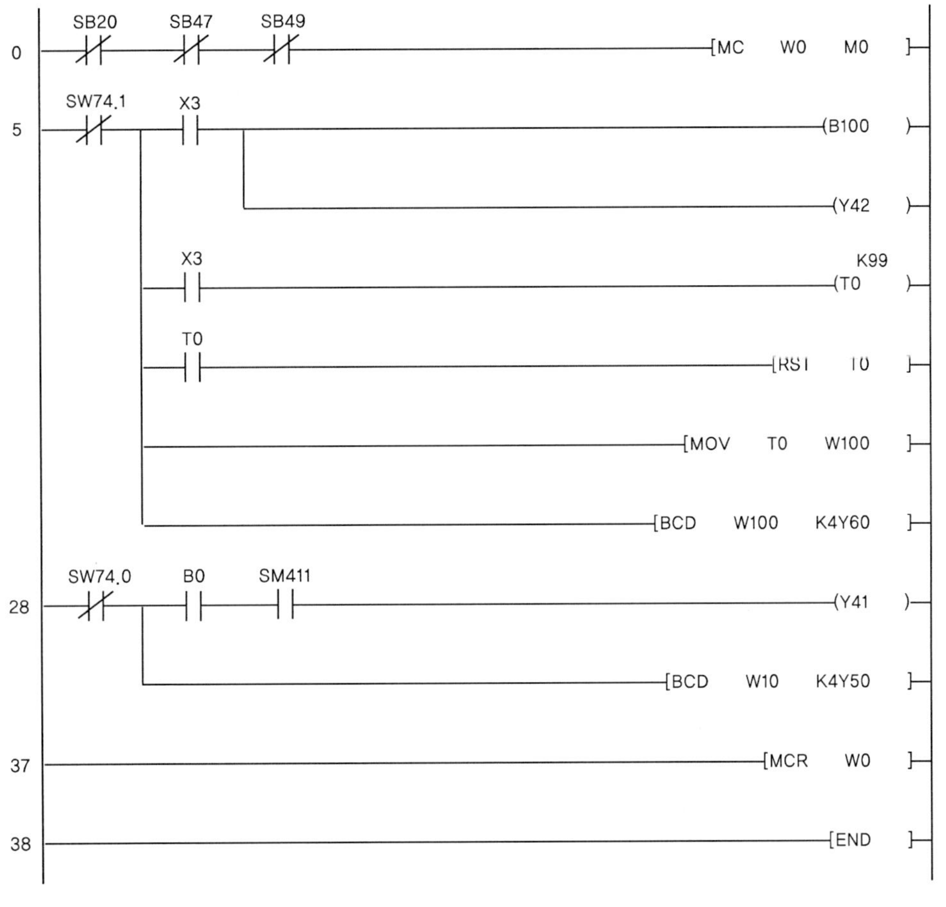

- X2를 on하면 자국의 Y42가 점등하고, 관리국의 Y42가 점멸함.
- X3을 on하면 10초 타이머의 계측이 시작되며, 자국의 Y60~Y6F에 그리고 관리국의 Y50~Y5F에 타이머 현재 값이 표시가 됨.

7.10 MELSECNET/H의 네트워크 진단 방법

7.10.1 GX-DEVELOPER의 '진단' 메뉴에서 'MELSECNET 진단'을 클릭.

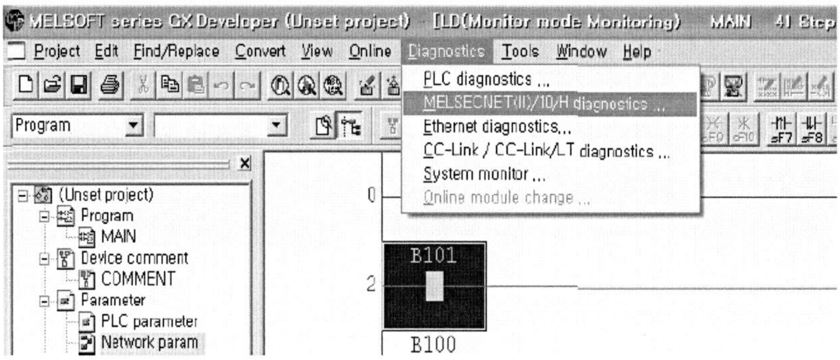

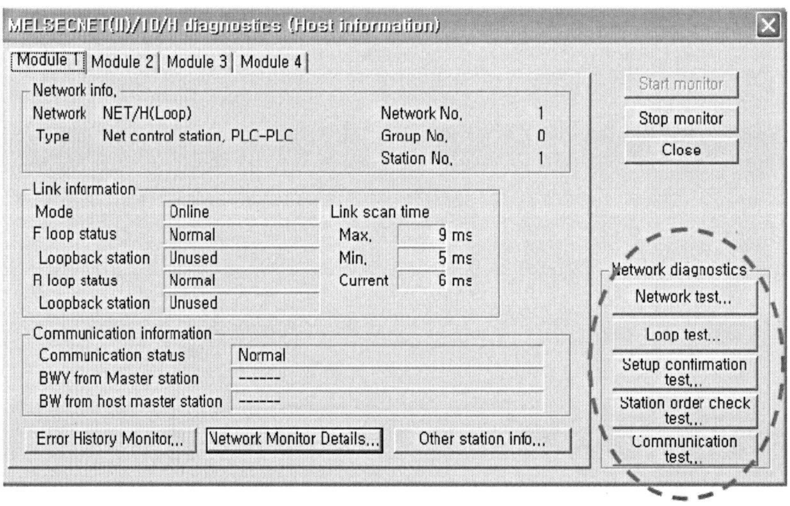

7.10.2 위와 같은 화면이 표시가 됨

- 현재 네트워크 NO.와 국 NO.가 표시되며 링크상태 정보를 볼 수 있음.
- 빨간 점선으로 표시된 부분을 택하여 테스트 항목을 선택할 수 있음.

7.10.3 네트워크 테스트

- 네트워크 테스트를 클릭하면 다음과 같은 화면이 표시됨.

• 현재 네트워크에 연결되어 있는 국들의 링크상태를 나타냄.

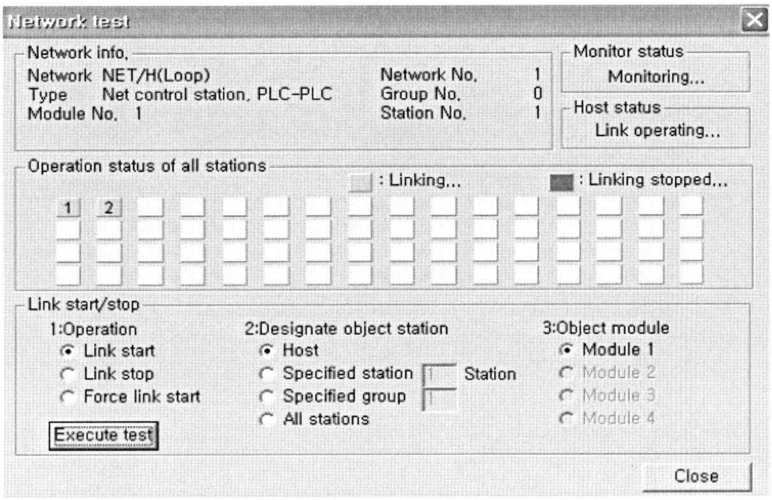

7.10.4 루프 테스트

• 광루프 시스템에서만 사용할 수 있는 기능.
• 정루프 및 부루프 상태의 회선 테스트를 실행.
• 또한 루프백을 실행하고 있을 때 루프백 실시국도 확인 가능함.

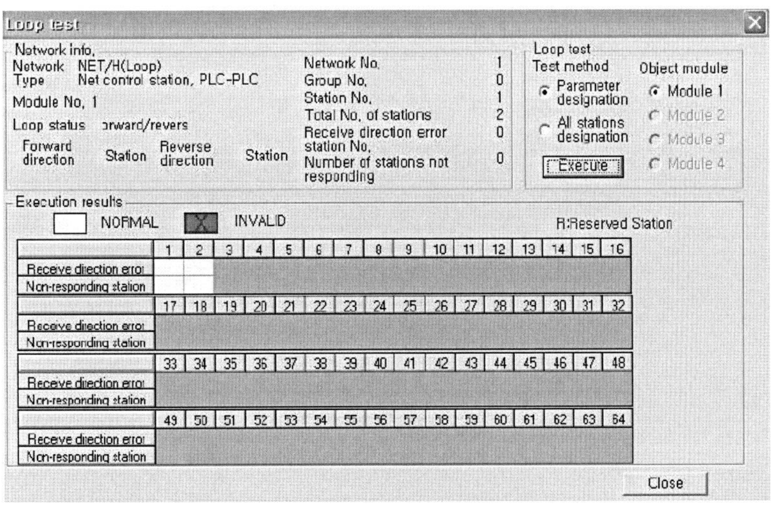

7.10.5 설정 확인 테스트

관리국, 국번호, 네트워크 NO.의 중복을 점검.

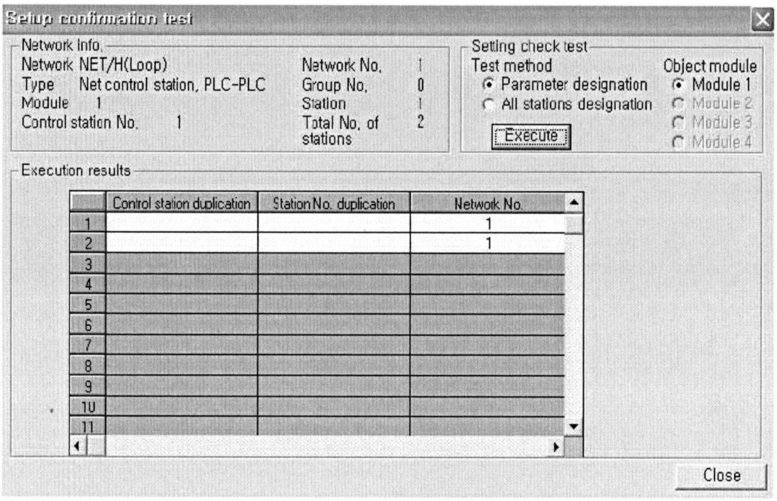

7.10.6 국 순서 확인 테스트(광루프 시스템)

- 광루프 시스템에서의 접속되어 있는 국 번호를 확인 가능.
- 테스트를 실시할 때의 루프상태에 의해, 접속순서를 확인 가능.

루프 상태	표시 내용
정부루프	자국에서 정루프 방향으로 접속되어 있는 국번호와 자국에서 부루프 방향으로 접속되어 있는 국 번호
정루프	자국에서 정루프 방향으로 접속되어 있는 국 번호만
부루프	자국에서 부루프 방향으로 접속되어 있는 국 번호만
루프백	자국에서 정루프 방향으로 접속되어 있는 국 번호만

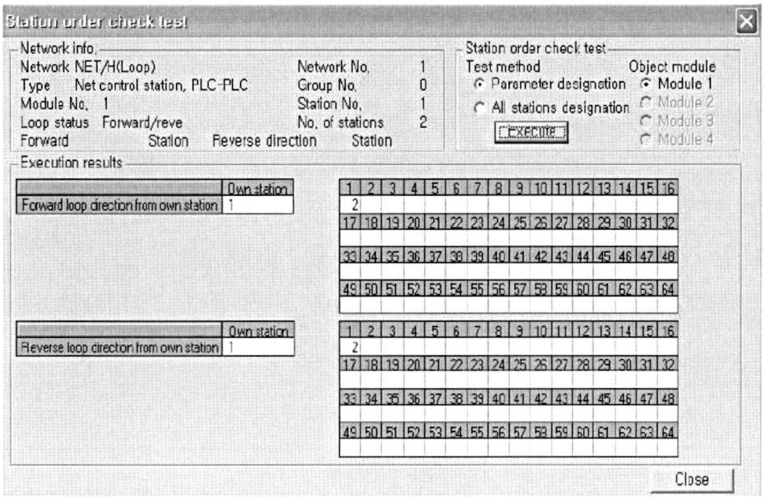

7.10.7 교신 테스트

- 자국과 교신 상대 사이에서 정상적으로 교신할 수 있는지를 확인할 수 있음.
- 교신 상대는 네트워크 NO.와 국번호를 지정하여 설정함.
- 특히 교신 상대가 다른 네트워크 NO.일 때 중계하고 있는 네트워크 NO.와 국번호를 표시 하지만, 루틴 파라미터 설정이 올바른 지를 확인해야 함.
- 루틴 파라미터의 설정이 올바르지 않으면 PLC와 교신할 수 없다는 문구가 표시되며 교신 결과가 나타나지 않음.

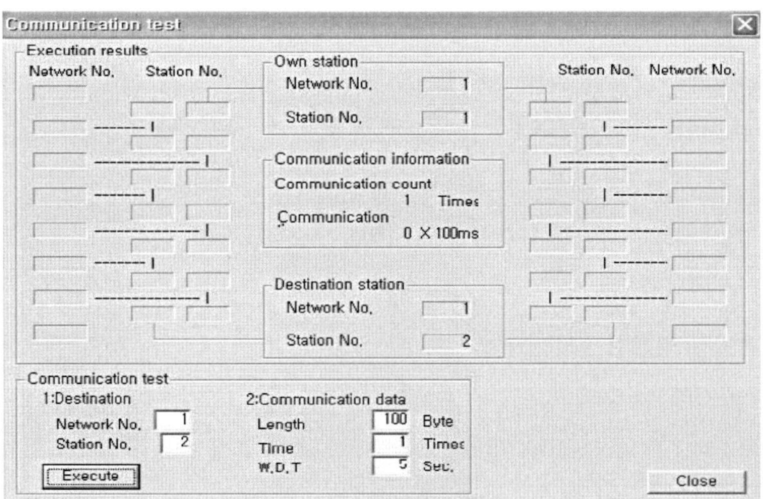

7.10.8 다른 국 정보

- 각국의 교신, 데이터 링크, 파라미터, CPU, 루프, 예약국의 상태 등을 확인 가능.
- 11개의 항목에 관한 각국의 상태를 표시.

(1) 각국 교신상태

- 배턴패스상태(트랜전트 전송 가능 여부)를 나타냄.

(2) 각국 데이터 링크상태

- 사이클릭 전송상태를 나타냄.

(3) 각국 파라미터상태

- 각국 파라미터 교신상태 및 이상 상태를 표시.

(4) 각국 CPU 동작상태

- CPU의 동작상태를 나타냄.

(5) 각국 CPU RUN상태

- CPU의 RUN/STOP상태를 나타냄.

(6) 각국 루프상태

- 광루프 시스템의 경우 정/부루프의 상태를 표시.

(7) 각국 예약국 지정

- 예약국의 설정상태를 표시.

(8) 각국 외부 전원 가동상태

- 네트워크 모듈의 외부 전원 DC24V 공급상태를 나타냄.

(9) 각국 CPU 동작 모드상태

- 이중화 CPU의 동작 모드를 나타냄.
- 이중화 CPU 이외는 '-------'로 표시됨.

(10) 각국 페어링상태

- 페어링 설정의 설정상태를 나타냄.

(11) 각국 CPU 계상태

- 이중화 CPU의 계상태(제어계, 대기계 등)를 나타냄.
- 이중화 CPU 이외는 '------'로 표시됨.

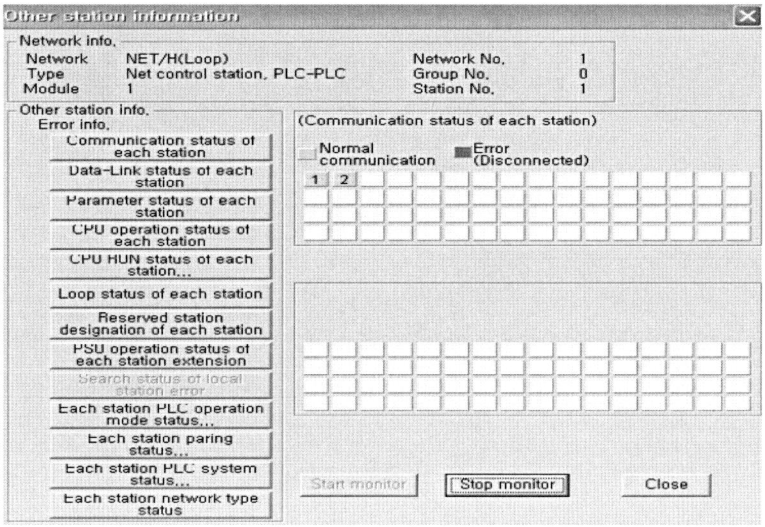
Other station information
Network info.
Network NET/H(Loop)
Type Net control station. PLC-PLC
Module 1
Network No. 1
Group No. 0
Station No. 1
Other station info.
Error info.
Communication status of each station
Data-Link status of each station
Parameter status of each station
CPU operation status of each station
CPU RUN status of each station...
Loop status of each station
Reserved station designation of each station
PSU operation status of each station extension
Search status of local station error
Each station PLC operation mode status...
Each station paring status...
Each station PLC system status...
Each station network type status
(Communication status of each station)
Normal communication
Error (Disconnected)
1
2
Start monitor
Stop monitor
Close

찾.아.보.기

본 과제(결과물)는 교육과학기술부의 재원으로 한국연구재단의 지원을 받아 수행된 광역경제권 선도산업 인재양성사업의 연구결과입니다.

Following are results of a study on the “Human Resource Development Center for Economic Region Leading Industry” Project, supported by the Ministry of Education, Science & Tehnology(MEST) and the National Research Foundation of Korea(NRF).

정가 23,000원

반도체 설비 자동화

2011년 9월 20일 초판 인쇄

2011년 9월 30일 초판 발행

저 자 : 허 준 영

발행자 : 우 명 찬 · 송 준

발행처 : 홍릉과학출판사

주 소 : ㊒ 142-885 서울시 강북구 인수동 455-60

등 록 : 1976년 10월 21일 제5-66호

전 화 : 999－2274~5, 903－7037

팩 스 : 905-6729

ISBN : 978-89-7283-951-4

hongpub@hongpub.co.kr

www.hongpub.co.kr

저자와의 협의하에 인지생략